U0363011

钢铁行业污染特征与全过程控制技术研究

周长波　党春阁　刘铮　等 / 著

中国环境出版集团・北京

图书在版编目 (CIP) 数据

钢铁行业污染特征与全过程控制技术研究 / 周长波等著 .
—北京：中国环境出版集团，2019.12
ISBN 978-7-5111-4180-4

Ⅰ. ①钢…　Ⅱ. ①周…　Ⅲ. ①钢铁行业—污染防治—研究
Ⅳ. ① X757

中国版本图书馆 CIP 数据核字（2019）第 278324 号

出 版 人　武德凯
责任编辑　曲　婷
责任校对　任　丽
封面设计　艺友品牌

出版发行　中国环境出版集团
（100062　北京市东城区广渠门内大街 16 号）
网　　址：http: //www.cesp.com.cn
电子邮箱：bjg1@cesp.com.cn
联系电话：010-67112765（编辑管理部）
010-67112736（第五分社）
发行热线：010-67125803，010-67113405（传真）

印　　刷　北京中科印刷有限公司
经　　销　各地新华书店
版　　次　2019 年 12 月第 1 版
印　　次　2019 年 12 月第 1 次印刷
开　　本　787×1092　1/16
印　　张　13.5
字　　数　248 千字
定　　价　55.00 元

编委会

《钢铁行业污染特征与全过程控制技术研究》

主编：

周长波　党春阁　刘　铮

王　璠　郭昌胜

编委：（按姓氏拼音排序）

方　刚　郭亚静　韩桂梅　李子秀

林雨琛　刘菁钧　裴莹莹　沈　忱

宋丹娜　吴　昊　袁　殷　赵　辉

赵志远

序

钢铁工业是一个国家重工业的基础，体现了一个国家的综合国力和工业化水平。钢铁也是人类使用最多的金属材料，在经济建设、军事、科技以及人民生活等各个领域都有着广泛的应用，是不可或缺的基础工业品。改革开放以来，我国的国民经济迅猛发展，钢铁工业也以满足国内需求为目标而快速发展壮大，强有力地支撑了国家建设。21 世纪以来的十几年，是我国钢铁工业发展最快的时期，到 2005 年，我国结束了钢铁进口大于出口的时代。自 2014 年开始，我国每年钢铁产量均已超过 8 亿 t。目前，我国有联合钢铁企业 650 余家，独立轧钢企业 700 余家，成为全球最大的钢铁生产国和消费国。在很多地方，钢铁工业也已成为当地国民经济的支柱产业，为地方经济建设、解决就业、维护社会稳定都起到了重要作用。

钢铁工业在不断壮大的同时，也产生了严重的环境污染问题。根据 2015 年环境统计年报显示，钢铁工业排放 SO_2、NO_x、粉尘分别为 173.6 万 t、104.3 万 t、357.2 万 t，占重点调查工业企业排放量的比例分别为 12.4%、9.6%、32.2%，钢铁工业的大量大气污染物排放也是造成我国北方重污染天气的重要成因之一。自 2015 年新《环境保护法》实施以来，国家对钢铁行业的环境保护工作提出了更高要求，排放标准不断提高，河北省等地方环境管理部门相继出台了更加严格的地方标准，超低排放已成为钢铁企业生存与发展的关键。随着我国经济从高速增长阶段转向高质量发展阶段和经济结构优化，钢铁工业面临着产业结构调整和化解过剩产能的压力，2016 年 2 月，我国发布了《关于钢铁行业化解过剩产能实现脱困发展的意见》，计划在未来五年再压减 1 亿～ 1.5 亿 t 钢铁产能。巨大的产业结构调整和环保压力，倒逼中国钢铁企业按照绿色发展要求，加大资金、人才、技术研发等各方面投入，探索可循环钢铁制造流程、绿色制造、环境经营等领域，涌现出一批节能环保先进钢铁企业，如唐钢、太钢、宝钢等企业已走在了钢铁行业绿色发展的前列。企业的环境保护工作已经从单纯的环境治理，逐步转变为全流程节能环保技术集成优化和资源能源高效利用，清洁生产和绿色制造已成为钢铁企业走向可持续发展的重要途径。

综观全国钢铁企业现状，仍然存在发展不平衡情况，企业间技术水平、工艺装备水平，以及污染物治理水平均存在较大差距。为满足日益严格的环保要求，不断提升钢铁生产的资源、能源利用效率，减少钢铁生产过程中的污染物产生和排放，众多钢铁企业也希望通过加大各项投入、推动技术升级，取得明显的节能减排效果。但目前有关钢铁行业的清洁生产技术和污染防治技术尚未有成熟的成套工艺，技术市场鱼龙混杂，造成钢铁企业技术升级的障碍。

本书分析了钢铁行业现状，系统整理了有关钢铁行业的清洁生产技术，分析和汇总了钢铁生产过程各个工序的清洁生产技术和污染防治技术，同时还收集了大量的成功案例。我们相信，《钢铁行业污染特征与全过程控制技术研究》一书的出版，将给钢铁企业技术升级改造、清洁生产技术的应用推广和提升污染治理水平提供重要的参考依据，为钢铁企业节能减排和可持续发展发挥重要作用。

本书由国家水体污染控制与治理科技重大专项“流域水环境风险管理技术集成（2017ZX07301005）”课题资助。中国环境科学研究院清洁生产与循环经济中心周长波研究员、党春阁工程师、刘铮高级工程师、王璠副研究员，中国环境科学环境健康风险评估与研究中心郭昌胜副研究员共同主持编写，党春阁、刘铮负责全书统稿和整体修改工作。第 1 章钢铁行业发展概况，主要由郭亚静、赵辉编写；第 2 章钢铁行业大气污染物产排污特征分析，主要由方刚、郭亚静、赵辉编写；第 3 章钢铁行业水污染物特征分析，主要由刘铮、郭昌胜、党春阁、裴莹莹、方刚编写；第 4 章钢铁行业法规政策，主要由刘菁钧、宋丹娜编写；第 5 章烧结（球团）工序全过程污染控制技术时政研究，主要由韩桂梅编写；第 6 章焦化工序全过程污染控制技术时政研究，主要由赵志远、李子秀编写；第 7 章炼铁工序全过程污染控制技术时政研究，主要由党春阁、沈忱编写；第 8 章炼钢工序全过程污染控制技术时政研究，主要由吴昊、刘铮编写；第 9 章轧钢工序全过程污染控制技术时政研究，主要由沈忱、林雨琛、袁殷编写；感谢中国环境出版集团的编辑在本书出版过程中提供的诸多建议与指导。

受水平所限，本书所做分析及技术案例介绍参考了诸多文献，书中不足之处在所难免，恳请广大读者批评指正。

编者

2019.10

目　录

1

钢铁行业发展概况

1.1　我国钢铁工业发展历史

铁是古代就已知的金属之一，人类最早发现的铁是从天空落下来的陨石，在融化铁矿石的方法尚未问世、人类不可能大量获得生铁的时候，铁一直被视为一种带有神秘性的最珍贵的金属。中国是发现和掌握炼铁技术最早的国家，大量的出土文物证明我国早在春秋战国之交的时期就掌握了初期炼铁技术。

现代钢铁工业开始于19世纪初期，美国、西欧和苏联等国家或地区凭借着丰富的煤铁资源、有利的经济技术和方便的运输条件使钢铁工业发展走在了其他国家的前列。

中华人民共和国成立以来，我国矿业得到全面持续发展，现已形成了一大批保证我国经济建设所需要的黑色金属原料基地。与此同时，我国钢铁行业也取得了长足发展。“六五”期间完成了鞍钢、首钢、武钢、酒钢等重点企业的改造、扩建工程；“七五”末期（1989年），钢产量达到6 159万t，成为继美国、苏联、日本之后第4个产钢大国；1996年，钢产量首次破亿吨大关，达到1.01亿t，位居世界第一，到目前已连续17年成为世界钢材产量最大的国家。长期来看，我国处于工业化中期，随着工业化的稳步推进，人均消费钢材量也逐步增加。中国钢铁需求在未来十几年仍将保持增长，钢铁消费峰值可能在2020年前后出现。中国钢铁工业的国际竞争力不会消失，仍有较大提升空间。“十二五”期间，布局调整和产业升级将成为我国钢铁工业发展的主旋律。钢铁行业产能将以东北、华北减量调整，中南、西南等量淘汰，西部适度增量的区域布局脉络发展。高性能钢铁是新材料产业，“十二五”规划中获得政策重点支持的品种之一，国家将通过税收减免、补贴、重大项目支持等形式支持企业的研发、研究成果产业化和发展相关配套设施，资金由企业和政府共同承担，保守估计达数千亿元。当传统的钢铁产能面临着高耗能瓶颈，即将遭到大规模淘汰的时候，高性能钢铁产品有望成为突破能耗、资源和环境瓶颈的领头羊。同时，“十三五”高端装备制造业的发展将是这类产品需求提升的主要推动力。

1.2 钢铁行业国内外发展现状

1.2.1 全球钢铁行业发展现状

2017 年全球粗钢产量达到 16.912 亿 t，较上年的 16.063 亿 t 增长 5.3%，增速明显加快，并且粗钢产量再创历史新高，在 2015 年短暂下滑后重回上升轨道。分地区来看，除独联体同比持平外，全球其他地区粗钢产量均保持增长。

2017 年，亚洲地区粗钢产量为 11.625 亿 t，同比增长 5.4%。其中，中国 * 粗钢产量为 8.317 亿 t，同比增长 5.7%；中国粗钢产量占全球粗钢产量的份额由 2016 年的 49.0% 上升到 2017 年的 49.2%；日本 2017 年粗钢产量为 1.047 亿 t，同比下降 0.1%；印度粗钢产量为 1.014 亿 t，同比增长 6.2%；韩国粗钢产量为 7 110 万 t，同比增长 3.7%。

2017 年，欧盟（28 国）粗钢总产量为 1.687 亿 t，同比增长 4.1%。其中，德国粗钢产量为 4 360 万 t，同比增长 3.5%；意大利粗钢产量为 2 400 万 t，同比增长 2.9%；法国粗钢产量同比增长 7.6% 至 1 550 万 t；西班牙粗钢产量为 1 450 万 t，同比增长 6.2%。

2017 年，北美地区粗钢产量为 1.16 亿 t，同比增长 4.8%。其中，美国粗钢产量为 8 160 万 t，同比增长 4.0%；墨西哥粗钢产量为 2 000 万 t，同比增长 6.3%；加拿大粗钢产量同比增幅达 8.3%，达到 1 370 万 t。

2017 年，独联体粗钢产量预计为 1.021 亿 t，与 2016 年持平。其中，俄罗斯粗钢产量为 7 130 万 t，同比增长 1.3%；乌克兰粗钢产量为 2 270 万 t，同比下降 6.4%。

2017 年，南美洲地区粗钢产量为 4 370 万 t，同比增长 8.7%。其中，巴西粗钢产量为 3 440 万 t，同比增长 9.9%。

2017 年，其他欧洲国家粗钢产量为 4 240 万 t，同比增幅高达 12.5%。其中：土耳其粗钢产量达到 3 750 万 t，同比增长 13.1%，是全球前十大钢铁生产国中同比

* 统计数据为中国大陆地区，不含港、澳、台地区。

增速最快的国家。

2017 年，中东国家粗钢产量同比增长 10.9%，达到 3 490 万 t，并且未来发展潜力仍然巨大。其中：伊朗粗钢产量为 2 170 万 t，同比增幅高达 21.4%，延续高速增长势头。

2017 年，非洲粗钢产量为 1 500 万 t，同比增幅达到 14.4%，成为全球同比增速最高的地区；大洋洲粗钢产量为 600 万 t，同比增长 2.5%。2017 年全球主要国家和地区粗钢产量见表 1-1 和图 1-1。

表 1-1　2017 年全球主要国家和地区粗钢产量

国家和地区	2017 年 /10^6t	2016 年 /10^6t	同比 /%
欧洲	313.2	301.8	3.8
欧盟 28 国	168.7	162.0	4.1
独联体	102.1	102.1	0.1
北美	116.0	110.6	4.8
美国	81.6	78.5	4.0
南美	43.7	40.2	8.7
非洲	15.0	13.1	14.4
中东	34.9	31.5	10.9
亚洲	1 162.5	1 103.2	5.4
中国	831.7	786.9	5.7
日本	104.7	104.8	−0.1
大洋洲	6.0	5.8	2.5
全球总计	1 691.2	1 606.3	5.3

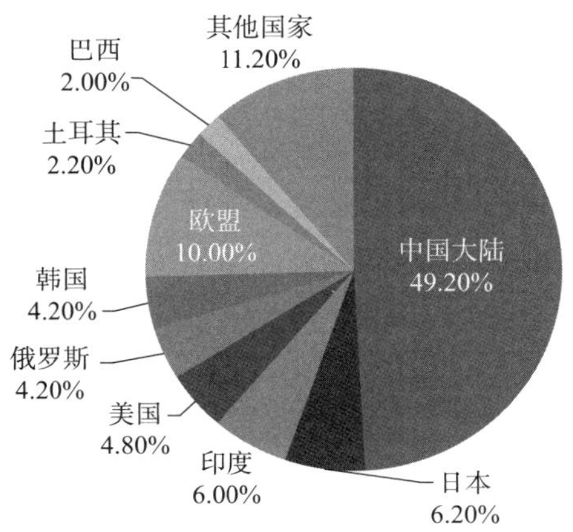

图 1-1　2017 年全球粗钢产量分布图

2017年全球粗钢产量排名前十的国家 / 地区及其年度粗钢产量增长率如表1-2所示。在全球前十大产钢国家中，日本、美国、德国、韩国和意大利为发达国家，中国、印度、俄罗斯、土耳其和巴西则为发展中国家，全球钢铁工业呈现平分秋色的局面，但新兴市场国家在全球钢铁工业地位上升的势头不可逆转。

表1-2　2017年全球粗钢产量排名前十的国家 / 地区

排名	国家 / 地区	粗钢产量 /10^6t	增长率 /%
1	中国	831.7	5.7
2	日本	104.7	–0.1
3	印度	101.4	6.2
4	美国	81.6	4.0
5	俄罗斯	71.3	1.3
6	韩国	71.1	3.7
7	德国	43.6	3.5
8	土耳其	37.5	13.1
9	巴西	34.4	9.9
10	意大利	24.0	2.9

表1-3为2017年世界各大钢厂的产量和排名情况。可以看出亚洲钢厂在世界产量中占绝对垄断地位，而作为世界第一大钢生产国的中国，更是有10家企业入围前20名。

表1-3　2017年世界前20大钢厂的产量及排名情况

2017年世界钢铁企业排名	公司名称	所在国	2017年粗钢产量 /10^6t
1	安赛乐米塔尔	卢森堡	97.03
2	宝武集团	中国	65.39
3	新日铁住金	日本	47.36
4	河钢集团	中国	45.56
5	浦项制铁	韩国	42.19
6	沙钢集团	中国	38.35
7	鞍钢集团	中国	35.76
8	日本钢铁工程控股公司	日本	30.15
9	首钢集团	中国	27.63
10	塔塔钢铁集团	印度	25.11
11	纽柯钢铁	美国	24.39

续表

2017 年世界钢铁企业排名	公司名称	所在国	2017 年粗钢产量 /10^6 t
12	山东钢铁集团	中国	21.68
13	现代制铁	韩国	21.23
14	建龙集团	中国	20.26
15	华菱集团	中国	20.15
16	马钢集团	中国	19.17
17	新利佩茨克钢铁	俄罗斯	17.08
18	盖尔道	巴西	16.50
19	京德勒西南钢铁公司	印度	16.06
20	本钢集团	中国	15.77

1.2.2 我国钢铁行业发展现状

2017 年，全国粗钢产量为 83 173 万 t，比上年增长 5.7%，增速比上年提高 4.5 个百分点；钢材产量为 104 818 万 t，增长 0.8%，回落 1.5 个百分点。焦炭产量为 43 143 万 t，下降 3.3%，上年为增长 0.6%。铁合金产量为 3 289 万 t，增长 0.5%，上年为下降 2.8%。钢材出口为 7 543 万 t，下降 30.5%；进口为 1 330 万 t，增长 0.6%。铁矿砂进口为 107 474 万 t，增长 5%。焦炭出口为 809 万 t，下降 20%。

2016 年，全国规模以上工业企业单位数有 378 599 家，其中，钢铁行业有 8 498 家，占全国规模以上企业数的 2.24%。全国规模以上主营业收入共 1 158 998.52 亿元，其中钢铁行业主营业收入 61 986.59 亿元，占全国规模以上工业主营业收入的 5.35%。钢铁行业是衡量综合国力的重要指标，在我国国民经济中占据相当大的比重。

我国钢铁行业在全国各地均有分布，东部地区分布较多，2016 年，东部地区 10 个省（区、市）钢铁行业销售产值占全国工业销售产值的 59.48%；中部 6 个省（区、市）次之，占全国工业销售产值的 19.13%；西部 12 个省（区、市）钢铁行业销售产值占全国的 16.9%。钢铁行业销售产值排名前三位的省份是：河北、江苏、山东，它们的工业销售产值分别为 10 370.26 亿元、8 954.96 亿元、4 924.61 亿元。河北、江苏、山东、天津、河南、广西、广东、四川、浙江、辽宁、安徽、湖北、山西 13 个省（区、市）的工业销售产值为 48 825.41 亿元，占全国工业销售产值的 80.91%，见图 1-2。

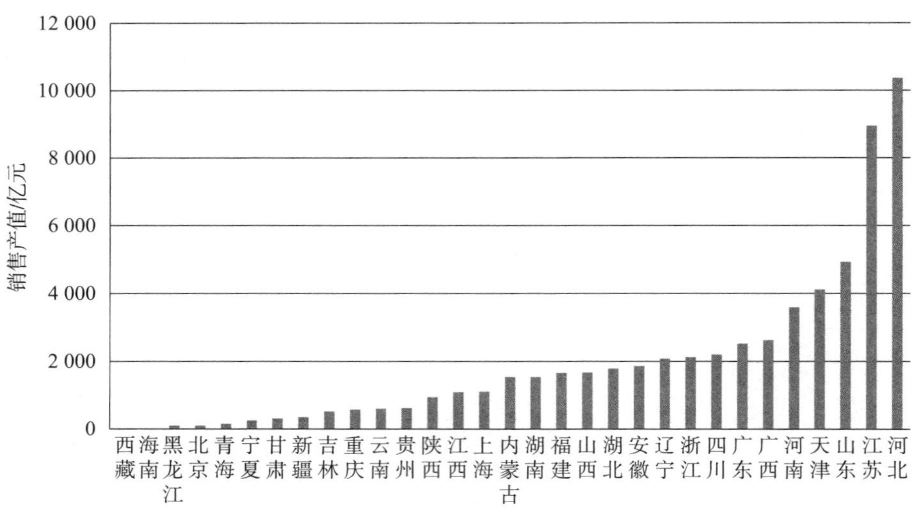

图 1-2　2016 年钢铁行业销售产值地区分布

1.3　我国钢铁行业污染状况分析

1.3.1　钢铁行业在国民经济整体行业中污染概况

钢铁行业在我国国民经济中占据重要的地位，但其污染物的排放量也在我国工业污染物排放量中占据相当大的比例，因此，钢铁行业污染排放情况不容忽视。

2015 年，我国黑色金属冶炼和压延工业企业数有 3 476 个，工业废气排放量为 173 826 亿 m^2，占工业废气总排放量的 25.37%。二氧化硫排放量为 2 037 839 t，占工业总排放量的 14.55%；氮氧化物排放量为 2 671 067 t，占工业总排放量的 24.55%；烟（粉）尘排放量为 2 402 851 t，占工业总排放量的 21.68%。

2015 年，我国黑色金属冶炼及压延加工业工业废水排放量为 91 159 万 t，占工业废水总排放量的 5.02%。化学需氧量（COD）排放量为 75 854 t，占工业总排放量的 2.97%；氨氮排放量为 5 281 t，占工业总排放量的 2.69%。

2015 年，我国黑色金属冶炼及压延加工业一般工业固体废物产生量为 42 733.5 万 t，占一般工业固体废物总产生量的 13.74%；危险废物产生量为 159.54 万 t，占工业危险废物总产生量的 4.01%，见图 1-3。

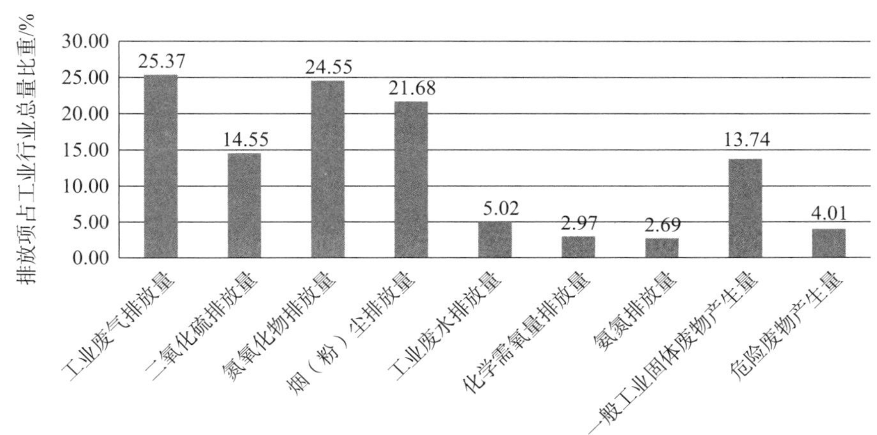

图 1-3 黑色金属冶炼及压延加工业各排放项占工业行业总量比重

1.3.2 “十二五”期间钢铁行业大气污染物排放情况

钢铁行业属于资源密集型工业，其主要是大规模对各种块状金属物、非金属物以及粉状金属物进行加工生产。而钢铁行业所排放的废气主要是来源于以下几方面：第一，原材料在装卸以及运输的过程中所产生的扬尘；第二，在生产钢铁的过程中燃烧煤或其他能源时所产生的二氧化碳、二氧化硫等；第三，在生产钢铁的过程中所产生的废气。例如，炼钢、炼焦、炼铁等工艺中都会产生氮氧化物、烟粉尘等。这些废气会不同程度地对环境造成影响。由于钢铁在生产的过程中具有工艺复杂的特点，因此还会产生其他副产品以及废气，如二噁英、含硫化合物以及颗粒物等。

钢铁行业是大气污染物排放大户，与其他行业相比，钢铁行业在生产的过程中由于具有工艺流程复杂且工艺流程众多需要的场地也大，所以对大气环境的污染范围也会比较广，污染物的类型也会比较多并且大多数是以间歇性的形式进行排放。

2011—2015 年，我国黑色金属冶炼及压延加工业废气排放量和占比分别为 173 215 亿 m^3（25.68%）、160 875 亿 m^3（25.31%）、173 002 亿 m^3（25.85%）、181 694 亿 m^3（26.17%）、173 826 亿 m^3（25.37%）。2011—2015 年，我国黑色金属冶炼及压延加工业废气排放量维持在 16 万亿～ 18 万亿 m^3，占工业总排放量比重维持在 25.3% ～ 26.2%，且年度变化趋势与工业总排放量一致，见图 1-4 和图 1-5。

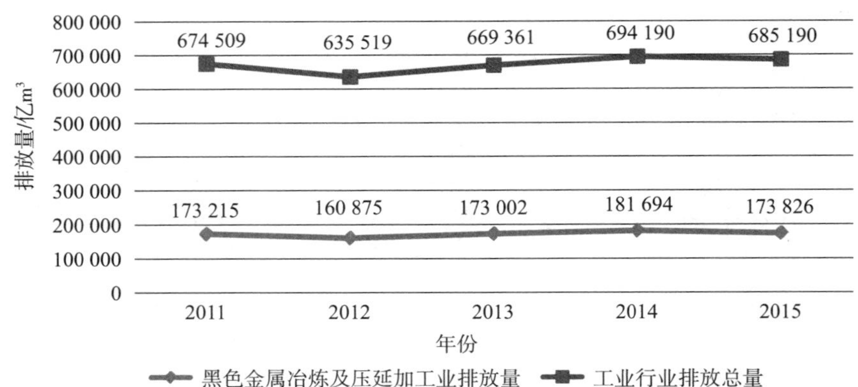

图 1-4　2011—2015 年我国黑色金属冶炼及压延加工业废气排放量变化情况

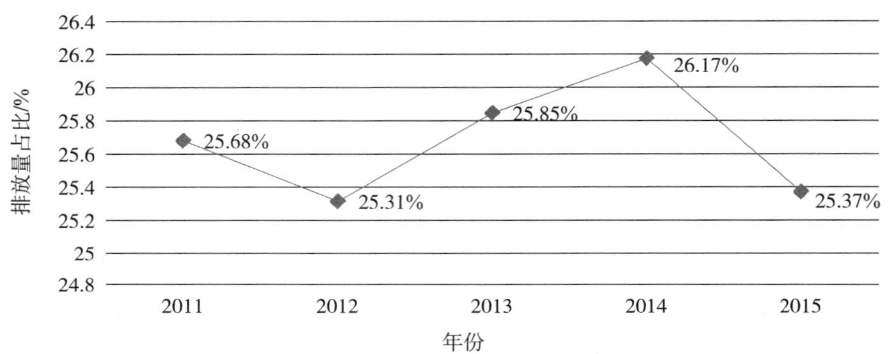

图 1-5　2011—2015 年我国黑色金属冶炼及压延加工业废气排放量占比变化情况

2011—2015 年，我国黑色金属冶炼及压延加工业二氧化硫排放量和占比分别为 2 514 490 t（13.26%）、2 406 154 t（13.55%）、2 351 201 t（13.92%）、2 150 358 t（13.57%）、2 037 839 t（14.55%）。2011—2015 年，黑色金属冶炼及压延加工业二氧化硫排放量逐年递减，降低了 18.96%。但是由于工业二氧化硫排放总量逐年递减，且 2015 年相比 2011 年降低了 26.14%，黑色金属冶炼及压延加工业二氧化硫排放量占工业二氧化硫总排放量于 2015 年达到了五年以来的最高值 14.55%，见图 1-6 和图 1-7。

2011—2015 年，我国黑色金属冶炼及压延加工业氮氧化物排放量和占比分别为 951 068 t（5.73%）、971 637 t（6.14%）、997 396 t（6.81%）、1 008 939 t（7.67%）、2 671 067 t（24.55%）。2011—2015 年，黑色金属冶炼及压延加工业氮氧化物排放量逐年增长，2015 年相比 2011 年翻了近 3 倍。加之工业行业氮氧化物总排放量逐年递减，黑色金属冶炼及压延加工业氮氧化物排放量占工业总排放量比值由 2011 年的 5.73% 增长至 24.55%，超过非金属矿物制品业，成为仅次于燃气生产和供应业的第二大氮氧化物排放行业，见图 1-8 和图 1-9。

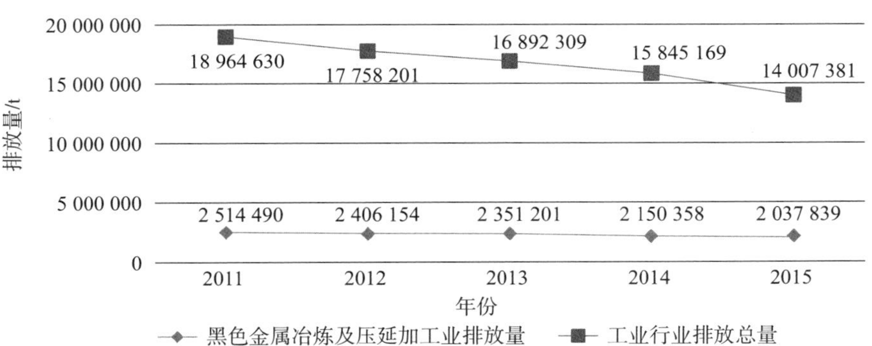

图 1-6 2011—2015 年我国黑色金属冶炼及压延加工业二氧化硫排放量变化

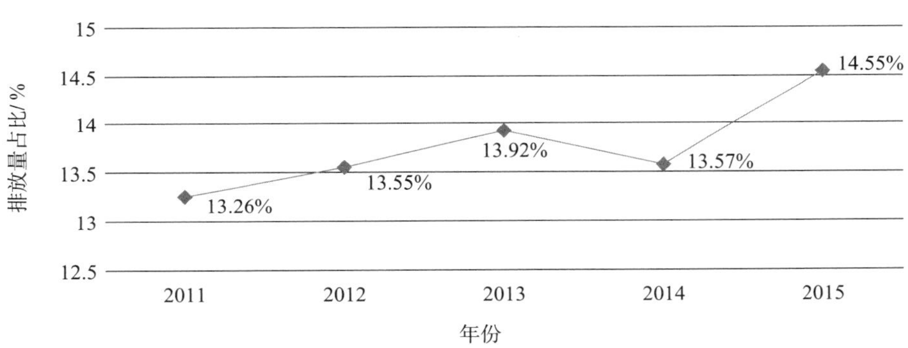

图 1-7 2011—2015 年我国黑色金属冶炼及压延加工业二氧化硫排放量占比变化

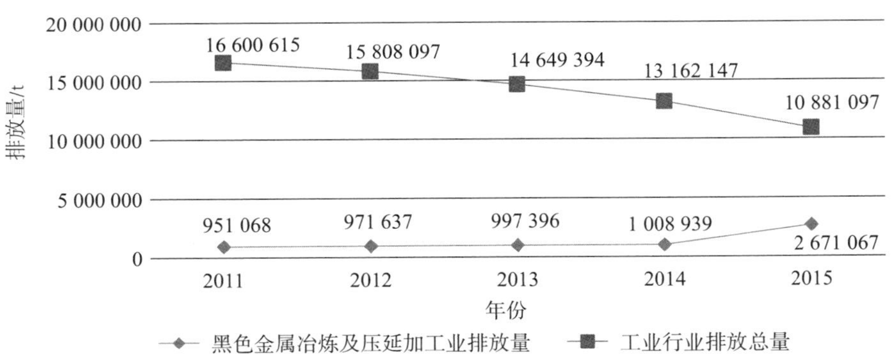

图 1-8 2011—2015 年我国黑色金属冶炼及压延加工业氮氧化物排放量变化

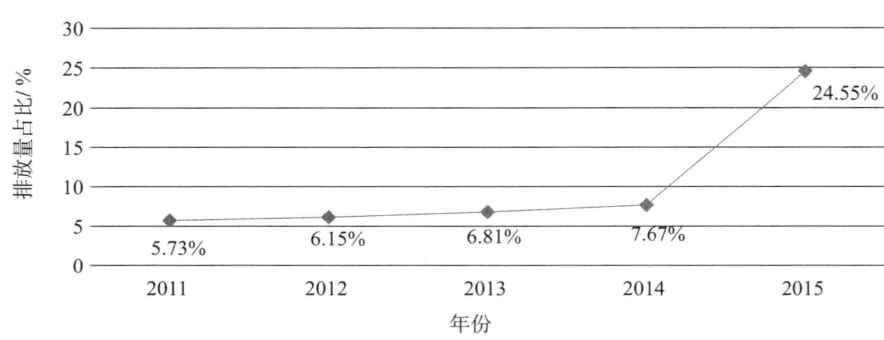

图 1-9　2011—2015 年我国黑色金属冶炼及压延加工业氮氧化物排放量占比变化

2011—2015 年，我国黑色金属冶炼及压延加工业工业烟（粉）尘排放量和占比分别为 2 061 538 t（20.05%）、1 812 773 t（18.93%）、1 935 148 t（18.93%）、4 271 819 t（33.68%）、2 402 851 t（21.68%）。2011—2015 年，黑色金属冶炼及压延加工业工业烟（粉）尘排放量变化较大，2014 年排放量达到五年最高，相较 2013 年增长了 120.75%，2015 年相较 2011 年增长 16.56%。黑色金属冶炼及压延加工业工业烟（粉）尘排放量占工业总排放量也于 2014 年排放量达到五年最高值 33.68%，其余年份维持在 20% 左右，见图 1-10 和图 1-11。

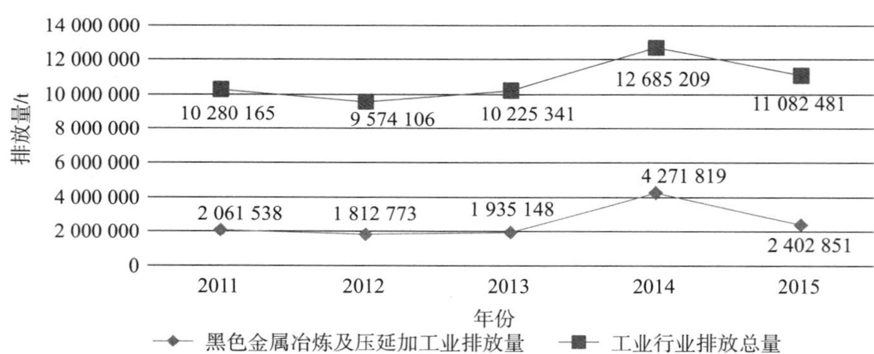

图 1-10　2011—2015 年我国黑色金属冶炼及压延加工业烟（粉）尘排放量变化

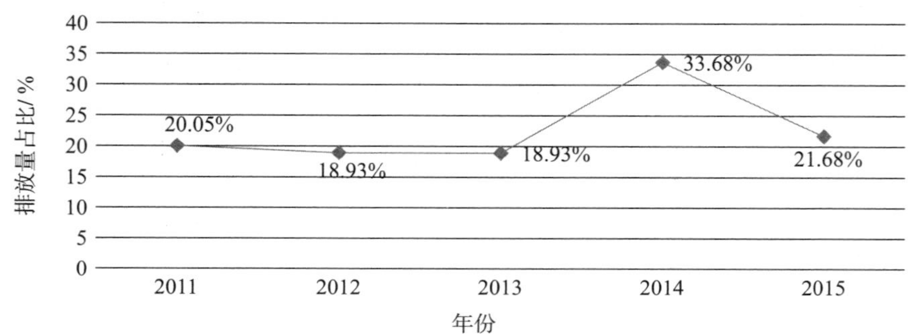

图 1-11　2011—2015 年我国黑色金属冶炼及压延加工业烟（粉）尘排放量占比变化

1.3.3 “十二五”期间钢铁行业水污染物排放情况

钢铁行业废水具有水量大、水质较复杂、温度较高的特点，含有工业废渣、油、苯、酚等有机物有害物质，对环境影响较大。因此，应重视对我国钢铁行业废水的治理。我国从 20 世纪 50 年代就开始着手工业废水的污水处理工作，实施了一系列废水排放标准等政策，如今，钢铁工业的废水处理率已经有了较大提高。

2011—2015 年，我国黑色金属冶炼及压延加工业废水排放总量分别为 12.10 亿 t、10.61 亿 t、218.63 亿 t、8.58 亿 t、9.12 亿 t。2013 年，我国黑色金属冶炼及压延加工业废水排放量比上一年增长 19.6 倍，占工业废水总排放量的 44.4%，为五年内最高。到 2015 年，废水排放量降至 9.12 亿 t，占当年工业废水总排放量的 5%，见图 1-12。

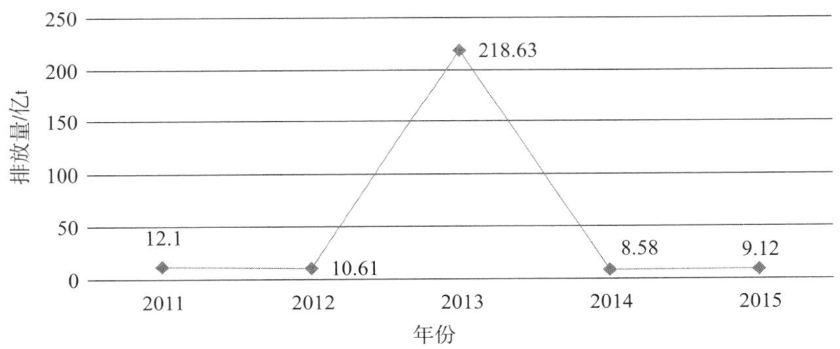

图 1-12　2011—2015 年黑色金属冶炼及压延加工业废水排放量

2011—2015 年，我国黑色金属冶炼及压延加工业 COD 排放总量和占比分别为 8.0 万 t（2.5%）、7.5 万 t（2.5%）、6.8 万 t（2.4%）、7.5 万 t（2.7%）、7.6 万 t（3.0%）。2010—2013 年，我国黑色金属冶炼及压延加工业 COD 排放量和占工业废水 COD 排放总量比重均呈下降趋势，2015 年有所增加，占工业 COD 比重 3%，见图 1-12。

2011—2015 年，我国黑色金属冶炼及压延加工业氨氮排放总量和占比分别为 0.76 万 t（2.9%）、0.65 万 t（2.7%）、0.57 万 t（2.5%）、0.56 万 t（2.7%）、0.53 万 t（2.7%）。我国黑色金属冶炼及压延加工业氨氮排放总量在 2011—2015 年呈下降趋势，从 2011 年到 2015 年减少了 30.27% 左右。我国黑色金属冶炼及压延加工业氨氮排放总量占氨氮排放总量比重在 2011—2013 年呈下降趋势，2014—2015 年比重有所增加，占 2.7%。

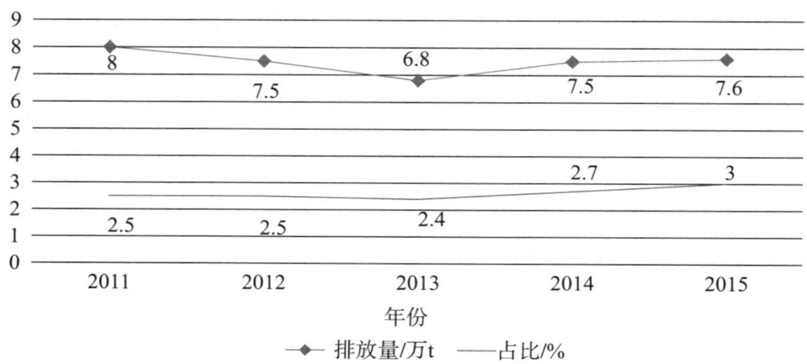

图 1-13　2011—2015 年黑色金属冶炼及压延加工业 COD 排放量及占工业 COD 排放总量比重

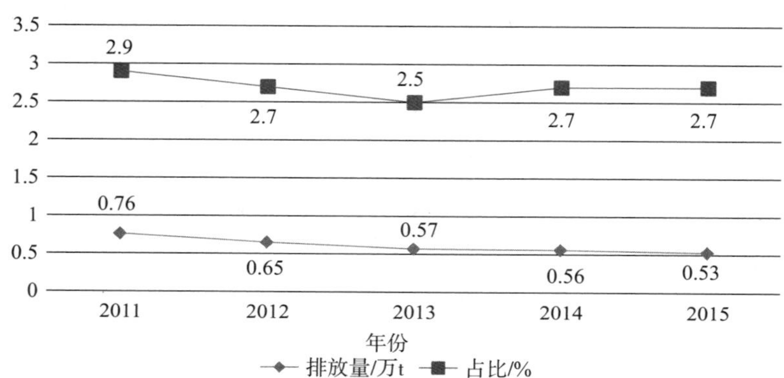

图 1-14　2011—2015 年黑色金属冶炼及压延加工业氨氮排放量及占工业氨氮排放总量比重

1.3.4 “十二五”期间钢铁行业固废产生情况

2011—2015 年，我国黑色金属冶炼及压延加工业一般工业固体废物产生量和占比分别为 42 344.2 万 t（13.83%）、42 047.3 万 t（13.39%）、44 076 万 t（14.08%）、43 601.4 万 t（13.99%）、42 733.5 万 t（13.74%），2011—2015 年，黑色金属冶炼及压延加工业一般工业固体废物产生量及占比情况较稳定，产生量维持在 4.3 亿 t 左右，占工业行业总产生量的 13% ～ 14%，见图 1-15 和图 1-16。

2011—2015 年，我国黑色金属冶炼及压延加工业危险废物产生量和占比分别为 153.55 万 t（4.48%）、161.24 万 t（4.65%）、138.99 万 t（4.40%）、131.9 万 t（3.63%）、159.54 万 t（4.01%），2011—2015 年，黑色金属冶炼及压延加工业一般工业固体废物产生量及占比情况较稳定，产生量维持在 130 万～ 160 万 t，占工业行业总产生量的 4% 左右，见图 1-17 和图 1-18。

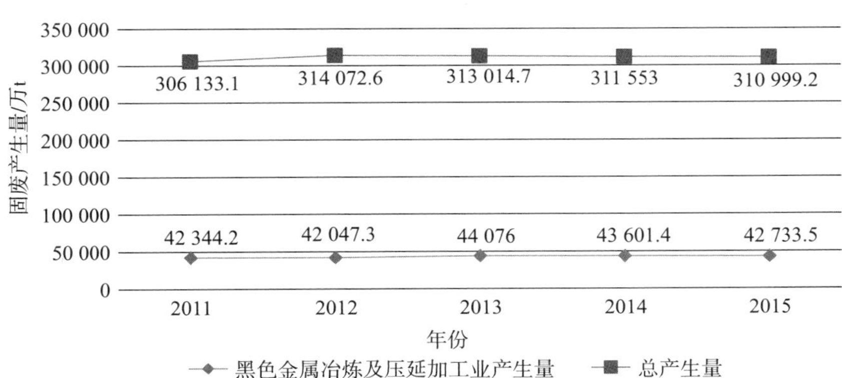

图 1-15　2011—2015 年黑色金属冶炼及压延加工业一般工业固体废物产生量变化

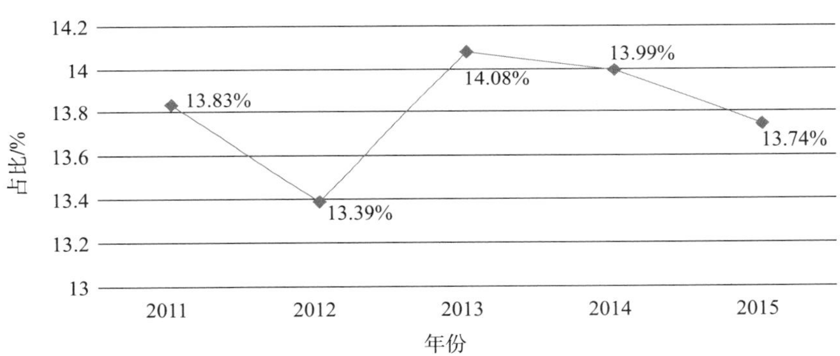

图 1-16　2011—2015 年黑色金属冶炼及压延加工业一般工业固体废物产生量占比

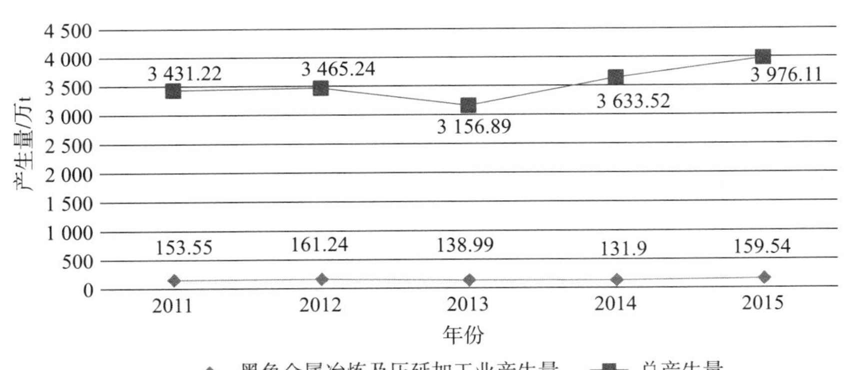

图 1-17　2011—2015 年黑色金属冶炼及压延加工业危险废物产生量变化

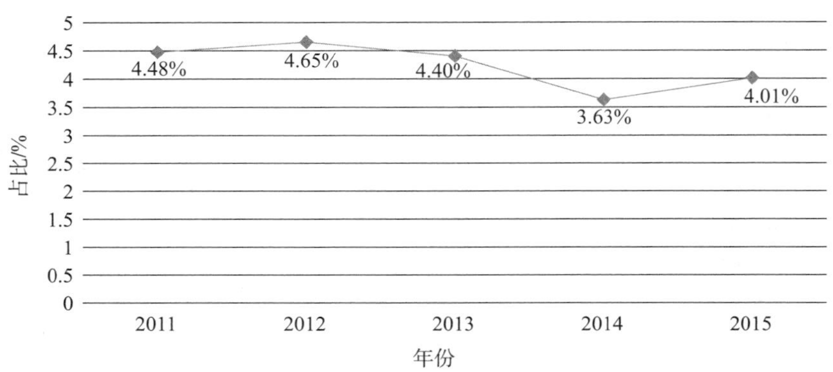

图 1-18　2011—2015 年黑色金属冶炼及压延加工业危险废物产生量占比

1.4　钢铁行业排放标准及各工序达标排放情况

1.4.1　钢铁行业排放标准对比

我国现行钢铁行业污染物排放标准中的排放限值分为两种：一般排放限值和特别排放限值，其中一般排放限值执行对象为新建企业及现有企业（2015 年 1 月 1 日后），特别排放限值执行对象为国土开发密度已经较高、环境承载力开始减弱，或环境容量较小、生态环境脆弱，容易发生严重环境污染问题而需要采取特别保护措施的地区，具体由国务院环境保护行政主管部门或省级人民政府规定。GB 28661—2012 中的颗粒物和二氧化硫特别排放限值比一般排放标准稍低，其余污染物指标排放限值相同。美国污染物排放标准分为新建和现有，日本则分为一般和特别，而欧盟则按照技术手段的不同分类。总之，以上国家中仅欧盟和美国的标准浓度限值较我国更严，而日本和印度均明显较我国宽松。

2018 年 10 月，河北省发布地方标准《钢铁工业大气污染物超低排放标准》（DB13/2169—2018），并于 2019 年 1 月 1 日开始实施。河北省钢铁行业新建企业及现有企业（2020 年 10 月 1 日后），将执行烧结（球团）工段颗粒物 10 mg/m^3、二氧化硫 35 mg/m^3、氮氧化物 50 mg/m^3 的排放标准，均严于美国和欧盟标准。据测算，到 2020 年 10 月，钢铁行业全部达到超低排放标准后，全省钢铁行业颗粒物、二氧化硫、氮氧化物削减比例分别为 15.9%、64.8%、64.9%。大气污染物排放相关标准比较见表 1-4。

表 1-4 烧结（球团）工段大气污染物排放相关标准比较

标准		烧结机头、球团焙烧设备						烧结机机尾、带式焙烧机机尾以及其他生产设备
		颗粒物 /（mg/m³）	二氧化硫 /（mg/m³）	氮氧化物 /（mg/m³）	氟化物 /（mg/m³）	铅及其化合物 /（mg/m³）	二噁英类（ng-TEQ/m³）	颗粒物 /（mg/m³）
国家标准（GB 28661—2012）	新建企业及现有企业（2015 年 1 月 1 日后）	50	200	300	4.0	—	0.5	30
	特别排放限值	40	180	300	4.0	—	0.5	20
河北标准（DB 13/2169—2018）	现有企业（2020 年 10 月 1 日前）	40	180	300	4.0	0.7	0.5	20
	新建企业及现有企业（2020 年 10 月 1 日后）	10	35	50	4.0	0.7	0.5	10
山东标准（DB 37/990—2013）	特别排放限值	30	100	300	3.0	0.9	0.5	20
中国台湾地区	新建企业（2012 年 6 月 14 日后）	20	102.5	133	—	—	—	—
	现有企业	30	205	205	—	—	—	—
美国	烧结	16 ～ 28	—	—	—	—	—	—
	球团	14 ～ 23	—	—	—	—	—	—
德国	—	10	100	350	—	—	—	—
欧盟（BAT）	措施一	20 ～ 40（静电除尘）	100（RAC 活性炭）	120 ～ 500	—	—	0.2 ～ 0.4（静电除尘）	200
	措施二	1 ～ 15（袋式除尘）	350 ～ 500（袋式除尘）	120 ～ 500	—	—	0.05 ～ 0.2（袋式除尘）	200
日本	一般区域	200	—	220 ppm	10 ～ 20	—	0.6×10^{-3}	100
	特别区域	100	—	220 ppm	10 ～ 20	—	0.6×10^{-3}	
韩国	2010 年 1 月起	30	772	450	—	—	—	
印度		150	—	—	—	—	—	150

表 1-5　炼铁工段大气污染物排放相关标准比较

<table>
<tr><td colspan="2" rowspan="2">标准</td><td colspan="3">热风炉</td><td colspan="2">原料系统、煤粉系统、高炉出铁场、其他生产设施</td></tr>
<tr><td>颗粒物 /（mg/m³）</td><td>二氧化硫 /（mg/m³）</td><td>氮氧化物 /（mg/m³）</td><td colspan="2">颗粒物 /（mg/m³）</td></tr>
<tr><td rowspan="2">国家标准（GB 28663—2012）</td><td>新建企业及现有企业（2015 年 1 月 1 日后）</td><td>20</td><td>100</td><td>300</td><td colspan="2">25</td></tr>
<tr><td>特别排放限值</td><td>15</td><td>100</td><td>300</td><td>15（出铁场）</td><td>10（其他）</td></tr>
<tr><td rowspan="2">河北标准（DB 13/2169—2018）</td><td>现有企业（2020 年 10 月 1 日前）</td><td>15</td><td>80</td><td>300</td><td>15（出铁场）</td><td>10（其他）</td></tr>
<tr><td>新建企业及现有企业（2020 年 10 月 1 日后）</td><td>10</td><td>50</td><td>150</td><td colspan="2">10</td></tr>
<tr><td>山东标准（DB 37/990—2013）</td><td>特别排放限值</td><td>15</td><td>80</td><td>300</td><td>15（出铁场）</td><td>10（其他）</td></tr>
<tr><td rowspan="2">日本</td><td>一般</td><td>50</td><td rowspan="2">—</td><td rowspan="2">100 ppm</td><td rowspan="2">—</td><td rowspan="2">—</td></tr>
<tr><td>特别</td><td>30</td></tr>
<tr><td rowspan="2">美国</td><td>—</td><td>—</td><td>—</td><td>—</td><td colspan="2">11 ～ 18 原料系统</td></tr>
<tr><td>—</td><td>—</td><td>—</td><td>—</td><td colspan="2">7 ～ 23 出铁场</td></tr>
<tr><td>英国</td><td></td><td>10</td><td>250</td><td>350</td><td colspan="2">10 出铁场</td></tr>
<tr><td>欧盟（BAT）</td><td></td><td>10</td><td>200</td><td>100</td><td colspan="2">原料系统、煤粉系统：20
出铁场：1 ～ 15</td></tr>
</table>

表 1-6 炼钢工段大气污染物排放相关标准比较

标准		转炉一次烟气	混铁炉及铁水预处理（包括倒罐、扒渣等）、转炉（二次烟气）、精炼炉	钢渣处理	电炉		连铸切割及火焰清理、石灰窑、白云石窑焙烧	电渣冶金	其他尘源	石灰窑、白云石窑	
		颗粒物 /（mg/m³）	颗粒物 /（mg/m³）	颗粒物 /（mg/m³）	颗粒物 /（mg/m³）	二噁英 /（ng-TEQ/m³）	颗粒物 /（mg/m³）	氟化物 /（mg/m³）	颗粒物 /（mg/m³）	二氧化硫 /（mg/m³）	氮氧化物 /（mg/m³）
国家标准（GB 28664—2012）	新建企业及现有企业（2015 年 1 月 1 日后）	50	20	100	20	0.5	30	5.0	20	—	—
	特别排放限值	50	15	100	15	0.5	30	5.0	15	—	—
河北标准（DB 13/2169—2018）	现有企业（2020 年 10 月 1 日前）	50	15	100	15	0.5	30	5.0	15	80	400
	新建企业及现有企　业（2020 年 10 月 1 日后）	50	10	50	10	0.5	10	5.0	10	50	150
山东标准（DB 37/990—2013）	特别排放限值	50	15	50	15	0.2	20	3.0	15	/	/
美国	—	22.9～68.7	6.9～22.9	—	—	—	—	—	—	/	/
德国（BAT）	—	—	5～30	—	5～15	0.1～0.5	—		—	/	/

表 1-7　轧钢工段大气污染物排放相关标准比较

标准		热处理炉			热轧精轧机	拉矫、精整、抛丸、修磨、焊接机及其他生产设施	废酸再生				酸洗机组					涂镀层机组	涂层机组				脱脂	轧制机组
		颗粒物/（mg/m³）	二氧化硫/（mg/m³）	氮氧化物/（mg/m³）	颗粒物/（mg/m³）	颗粒物/（mg/m³）	颗粒物/（mg/m³）	氯化氢/（mg/m³）	硝酸雾/（mg/m³）	氟化物/（mg/m³）	氯化氢/（mg/m³）	硫酸雾/（mg/m³）	铬酸雾/（mg/m³）	硝酸雾/（mg/m³）	氟化物/（mg/m³）	铬酸雾/（mg/m³）	苯/（mg/m³）	甲苯/（mg/m³）	二甲苯/（mg/m³）	非甲烷总烃/（mg/m³）	碱雾/（mg/m³）	油雾/（mg/m³）
国家标准（GB 28665—2012）	新建企业及现有企业（2015年1月1日后）	20	150	300	30	20	30	30	240	9.0	20	10	0.07	150	6.0	0.07	8.0	40	40	80	10	30
	特别排放限值	15	150	300	20	15	30	30	240	9.0	15	10	0.07	150	6.0	0.07	5.0	25	40	50	10	20
河北标准（DB 13/2169—2018）	现有企业（2020年10月1日前）	15	150	300	20	15	30	30	240	9.0	15	10	0.07	150	6.0	0.07	5.0	25	40	50	10	20
	新建企业及现有企业（2020年10月1日后）	10	50	150	10	10	10	30	240	9.0	15	10	0.07	150	6.0	0.07	5.0	25	40	50	10	20

1.4.2　钢铁行业各工序达标排放情况

据《中国 2017 年钢铁工业年鉴》数据显示，2016 年统计的中钢协会会员钢铁生产企业应考核污染源数比上年下降 1.65%，比 2012 年增长 7.49%；已治理污染源比上年下降 1.54%，比 2012 年增长 18.97%。合格污染因子比上年下降 1.35%，比 2012 年增长 19.77%。污染物综合排放合格率比上年提高 0.22 个百分点，比 2012 年提高 0.67 个百分点。

经过对唐山市 2014—2018 年国控企业废气监测数据的分析，可以看出，2014 年和 2016 年的第一季度和第二季度，唐山市钢铁国控企业废气监测超标点位较多，主要集中在炼铁（高炉热风炉、高炉出铁场）和烧结机机头、机尾等工序，超标污染物以颗粒物和二氧化硫为主。由于执行标准的改变，2016 年上半年超标点位数明显上升，但自 2016 年第三季度起，超标点位数显著降低，且基本维持在零超标的水平。可以看出，钢铁行业一系列排放标准的实施提高了行业环保准入门槛，有助于淘汰落后产能、削减主要污染物，促进钢铁工业大气污染物防治工艺技术发展，见图 1-19 ～图 1-21。

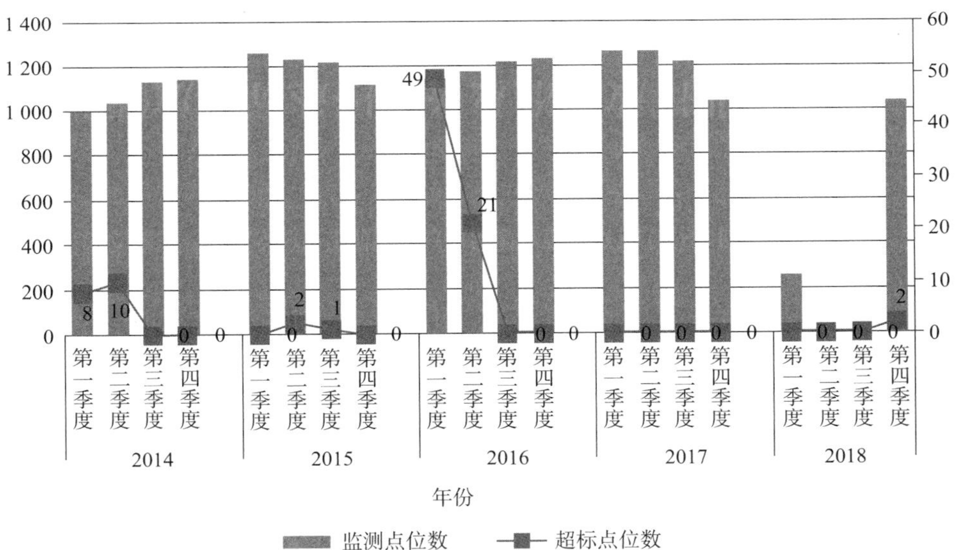

图 1-19　唐山市 2014—2018 年钢铁行业国控污染源监测超标点位数情况

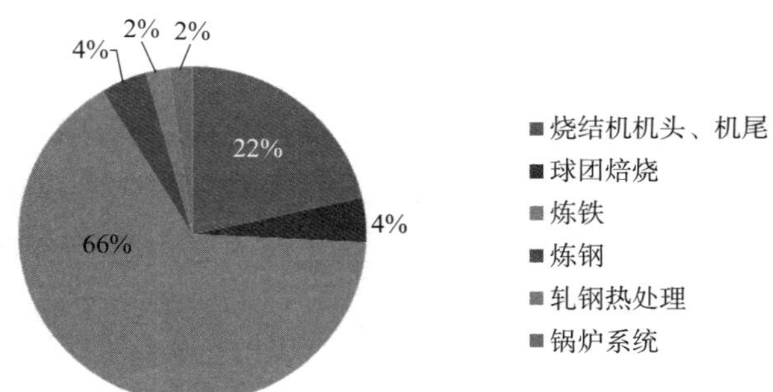

图 1-20　唐山市 2014—2018 年钢铁行业国控污染源监测超标点位工序分布情况

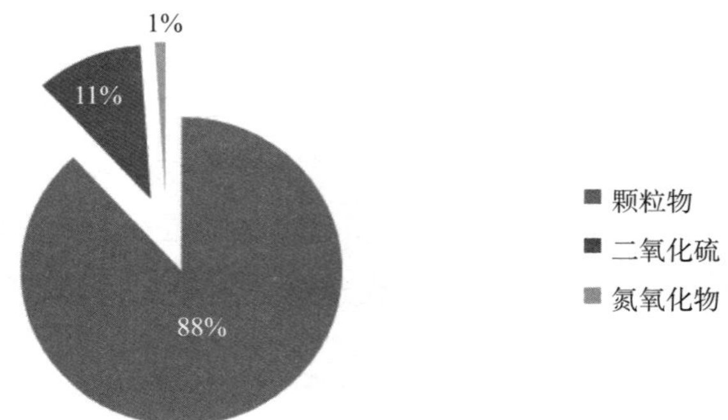

图 1-21　唐山市 2014—2018 年钢铁行业国控污染源监测超标污染物分布情况

1.5　我国钢铁行业存在的环保问题

1.5.1　无组织排放问题

钢铁企业原料系统的料场数量多，未能实现全部封闭，或在实际操作中存在开口过多或者堆料过满的情况，作业过程中会产生大量扬尘；烧结上料地坑无组织排放问题也较为普遍，球团落料点、球团成品转运过程中的扬尘量较大；在高炉炼铁环节，少数企业存在出铁场密闭不严和烟尘外逸的现象。由于除尘点位末端收尘负压不足，烟尘无法有效收集，矿槽附近区域积尘现象严重，易产生二次扬尘。特别是对于高炉矿槽执行特别排放限值的企业，存在不能稳定达标的隐患。

1.5.2　采用非可行技术存在超标排放风险

在烧结工序，部分企业烧结机头仍采用三电场静电除尘器，烧结机尾采用静电除尘器。同时，行业内仍存在步进式烧结机，机上冷却段采用静电除尘器。这些除尘器除尘效率较低，不属于最佳可行技术。在炼钢工序，仍有少数企业采用传统OG工艺，烟气中颗粒物浓度难以稳定达标。即使采用新型OG湿法工艺的企业，部分企业放散烟气明显有可视烟尘，不能实现稳定达标排放。

1.5.3 行业内污染防治水平差异大

从钢铁行业废气烟尘控制技术看，我国已经基本成熟并广泛应用，但由于投资、成本、主体设备差异决定了各钢铁企业废气治理措施的应用效果，企业焦炉除尘、转炉二次除尘、高炉出铁场等在实际运行过程中除尘效果差别较大。烧结机头、球团焙烧烟气深度治理效果参差不齐且未实现协同治理。

1.5.4 环境监管日益严格、企业尚需加大环保投入

钢铁行业是大气污染防治的重点行业之一。从2012年10月1日起开始实施的钢铁工业污染物排放新标准大幅收紧了颗粒物和二氧化硫等排放限值，并对环境敏感地区规定了更为严格的水和大气污染物特别排放限值。2018年2月全国环境保护工作会议提出制订实施打赢蓝天保卫战三年作战计划，启动钢铁行业超低排放改造，3月两会政府工作报告明确要求钢铁行业启动超低排放。据此，生态环境部于5月7日制定了《钢铁企业超低排放改造工作方案（征求意见稿）》，要求钢铁项目分阶段分区域完成钢铁企业超低排放改造，因此，更严格的超低排放标准即将在全国分阶段的全面实施。京津冀、长三角和珠三角等地区作为“十二五”大气污染物特别排放限值地域，钢铁行业节能环保监管将更加严格。相当一部分钢铁企业不能满足环保新标准要求，企业尚需加大环保投入。

1.5.5 企业清洁生产和环境管理水平仍需加强

现在越来越多的钢铁企业已经建立了完善的管理体系，并积极申请且通过了ISO 14001体系以及“环境友好企业”认证，进行了“清洁生产审核”，在积极参与节能减排、保护环境的同时也增强了企业自身的竞争力。但中小企业环境管理和生产管理体系尚不完善，造成了资源浪费、环境污染和生态破坏。在清洁生产组织管理方面还存在以下问题：未普遍建立有效的清洁生产组织管理机构和管理制度；仍未建立钢铁协会、钢铁企业、行业清洁生产中心之间的联动机制；钢铁行业在推动企业之间节能减排对标挖掘、提高企业节能减排推动力方面仍需多做工

作；部分钢铁企业主要领导对清洁生产认识仍有较大差距，尚未形成自我约束和发展机制。

1.6 钢铁行业资源能源消耗和利用情况

1.6.1 资源消耗情况

我国目前铁资源消耗主要为铁矿资源、高炉冶炼原料及废钢材料消耗，资源消耗的主要特点为：①较国外铁矿石，我国铁矿石多为地下矿，贫铁矿为主，富铁矿资源贫乏，开采难度大，成本高，资源税率高，而且平均品位低，仅为32%左右。中小型矿床多，超大型矿床少。成因类型多，成矿条件复杂。铁矿石组成成分复杂，多组分共（伴）生，且难选铁矿多。②高炉炉料结构以烧结矿为主（一般所占配比70%～80%），炉料结构虽与日本、韩国的炉料结构相似，但日本、韩国原料主要从澳大利亚、巴西等进口优质富矿粉作原料，我国烧结需配备一半左右国产铁精粉。欧盟和美国等由于原料条件和环保原因，逐步取消烧结系统，球团配比较高，烧结也采用进口优质富矿粉作原料，烧结机设备也趋于大型化。③废钢铁的大量使用对降低工业的能源消耗，降低铁矿石的消费量，以及减少环境污染等方面均具有重要意义。与世界发达国家相比，由于我国还处在工业化、城镇化的发展过程中，废钢积蓄量有限，造成我国废钢资源缺乏，不能满足生产需要。

1.6.2 能源消耗情况

2016年中国钢铁协会（以下简称中钢协）会员单位标准状态下能耗总量为27 535.1万t煤，比上年增加1.11%。吨钢（标准煤）综合能耗为585.66 kg/t，比上年升高2.08%；主要是原燃料价格攀升，质量下降，使高炉燃料比和工序能耗升高。2016年中钢协会员单位产钢69 557.39万t，比上年升高0.74%；中钢协会员单位综合能耗升高2.08%。能耗增幅大于钢产量增幅，说明节能工作退步。2016年地方钢铁企业铁、钢的产量比2015年升高比例分别为3.03%、6.90%，均高于重点钢铁企业的增长速度，使我国钢铁企业产业集中度在下降，不利于我国钢铁工业结构优化、能耗的降低，冶金设备向大型化发展等，见表1-8。

表 1-8 2015—2016 年中钢协会员单位能耗情况对比 单位：kg/t（标准煤）

年份	吨钢综合能耗	烧结	球团	焦化	高炉	电炉	转炉	轧钢
2015	573.72	47.89	27.31	99.65	387.99	60.36	11.57	58.14
2016	585.66	48.39	26.80	96.88	391.52	52.65	13.20	56.08
增减量	2.08	1.04	−1.87	−2.87	0.91	−12.77	−14.12	−3.54

由表 1-8 可以看出，2016 年与 2015 相比，中钢协会员单位吨钢综合能耗，烧结、球团、转炉、电炉和钢加工工序能耗有升有降。部分钢铁企业的部分指标已达到或接近国际先进水平。数据表明，各企业之间节能工作发展不平衡，生产条件和结构也不一样，企业之间的各工序能耗最高值与先进值差距较大，说明我国钢铁企业还有节能潜力。

1.6.3 二次能源利用情况

钢铁工业生产用总能约有 70% 会转换为二次能源（包括副产煤气），但我们尚有 30% 左右的二次能源没有得到充分回收利用，这是我们今后节能工作者应努力的方向。目前，我们产品显热回收率为 50.4%，烟气显热回收率在 14.92%，冷却水显热回收率在 1.9%，炉渣显热回收率在 1.59%，钢铁工业余热回收率在 25.8%（其中：高温余热回收率在 44.4%，中温余热回收率在 30.2%，低温余热回收率在 1%）。目前，我国钢铁企业开展二次能源回收利用的主要工艺技术设备是：

（1）焦化工序：焦炭干法熄焦（CDQ）、炼焦煤调湿技术、焦炉煤气上升管余热回收、烟道气和初冷水余热回收等；

（2）烧结工序：红烧结矿显热回收、烟气余热回收、点火器后 5 ～ 7 个台面烧结表面辐射热回收等；

（3）球团工艺：红球团矿显热回收、烟气和冷却水余热回收等；

（4）炼铁工序：高炉炉顶煤气余压发电（TRT）、热风炉废气余热回收、冲渣水余热回收、高炉煤气脱除 CO_2 循环利用技术等；

（5）转炉工序：转炉煤气回收、转炉蒸汽回收、炉渣显热回收等；

（6）电炉工序：废气余热回收、冷却水余热回收、炉渣显热回收等；

（7）轧钢工序：加热炉蓄热式燃烧技术、钢坯热送热装技术、冷却水余热回收等；

（8）动力工序：空气压缩机余热、锅炉废气余热回收、各类换热器冷却水余热回收、外排蒸汽蒸馏水回收，水和气体的压力能回收等。

1.6.3.1 CDQ、TRT 和烧结废气余热回收概况

我国新建干熄焦装置 93 套，处理能力 12 617 t/h。我国干熄焦装置总计 >200 套，处理能力 2.5 万 t/h（与其配套的炼焦生产能力超过 2.2 亿 t/a）；重点钢铁企业焦化厂的干熄焦率已在 90% 以上。CDQ 设备采用高温高压锅炉，可使 CDQ 吨焦发电量提高 15% 左右。但目前，采用高温高压锅炉只约占 40%，应当大力推广干法熄焦技术和采用高温高压锅炉。我国现有 TRT 装备的高炉约有 700 座，其中 597 座为煤气干法除尘，其他为湿法除尘，平均吨铁发电量低于 30 kW · h/t。炉顶煤气压力大于 120 kPa 的高炉均应拥有 TRT 装置，而不是限于 1 000 m^3 以上容积的高炉。因为压力大于 120 kPa 的 TRT 发电会有经济效益。我国高炉 TRT 发电量普遍偏低，主要原因是高炉生产与 TRT 优化协调不够，煤气没有全量通过 TRT，以及 1 000 m^3 以下高炉生产不稳定，煤气中含有氯离子，使 TRT 叶片易结白色晶体（卤化物），使 TRT 发电水平偏低等方面的影响。一些企业采用 BPRT（用 TRT 带动高炉鼓风机），可降低鼓风机能源消耗，有节能效果。

目前，我国生产和在建的烧结废气余热回收装置约有 160 多套，占烧结机总数（重点企业）的 30%。大多数企业的烧结余热回收装置没有达到设计水平，主要原因是烧结提供的废气温度和气量波动大，不能满足汽轮机的要求，致使汽轮机运行不稳定等。高炉和烧结生产均要以稳定为主，供应的余热能要连续和高品质，是发挥出烧结余热回收装置经济效益的关键。已建的设备可采取补气技术（用转炉回收的蒸汽，或建设烧高炉煤气的小锅炉等），实现发电效益最大化。

1.6.3.2 副产煤气的回收利用情况

2016 年中钢协会员企业高炉、转炉煤气回收利用水平提高，促进了企业节能。但焦炉煤气的回收和使用有所下降。2015—2016 年中钢协会员单位副产煤气回收利用情况见表 1-9。

表 1-9 2015—2016 年中钢协会员单位副产煤气回收利用情况

年份	高炉煤气利用率 /%	高炉煤气放散率 /%	转炉煤气回收量 /（m^3/t）	焦炉煤气放散率 /%	焦炉煤气利用率 /%
2015	97.26	1.31	107	1.09	98.69
2016	98.32	1.14	114	1.13	98.58

1.6.3.3 冶金炉窑废气余热利用

热风炉废气的温度一般在 300℃，且量大。其废气可用于高炉喷吹煤的干燥、

炼焦煤的脱湿以及北方精矿粉的解冻等。转炉煤气的温度一般在 1 600℃左右，可以通过换热设备，对其显热进行热交换，产生一些中压蒸汽。这部分蒸气可以进入企业的蒸汽管网，可以用于钢水精炼炉的真空脱气、RH 设备的动力等。焦炉废气的温度在 1 000℃以上，可以用于煤干燥脱湿。轧钢加热炉的废气温度偏低，特别是蓄热式加热炉的废气温度更低，难以再利用。

2

钢铁行业大气污染物产排污特征分析

2.1 烧结及球团工序产排污情况

2.1.1 生产工艺及产排污节点

2.1.1.1 烧结工艺

烧结矿生产过程主要由原料贮运、燃料破碎、配料和转运、混合与制粒、抽风烧结、破碎筛分等组成：

1）原料贮运

烧结工序原辅料由综合贮料棚供应，生产所需铁精粉、外购熔剂输进厂，卸入综合贮料棚存放，生产时卸入上料间料仓。

所需焦粉、高炉返矿等从炼铁车间输入厂，并分别卸入上料间料仓。尘泥及氧化铁皮由汽车运输入厂，而后进入配料系统。

2）燃料破碎

白煤送入受料槽后经皮带进入破碎机，经破碎后由斗提机送入配料系统。

3）配料和转运

将含铁原料（高炉返矿、烧结自循环返矿、铁粉）、熔剂（白云石粉、石灰粉）、燃料（焦粉或烧结煤粉）按一定的比例混合，其中含铁原料由配料间地下受料槽经圆盘给料机送入配料皮带，白灰由消化仓经螺旋输送机送至配料皮带，焦粉由受料仓经螺旋输送机送至配料皮带。含铁原料、白灰、焦粉按设定的配料比在配料室自动配料，配料在地下进行，为封闭式。配合料经皮带运往一次混合室。

4）混合与制粒

为二段混料，混合设备为混料滚筒。由地仓混合后的原料经皮带运往一混室，经一次混合机混合，混合过程中用蒸汽（或喷水）加入烧结料所必须的水分，使烧结料为水所润湿，含水量保持在 6.9% ～ 8.2%，并起预热烧结料的作用，使原料温度在 50℃左右。烧结原料由一次混合机混匀后经皮带运往二次混合机，在原料中添加烧结添加剂。将混合均匀的原料经皮带运往二混室，对已润湿混匀的烧结料进一步润湿水分保持在 7.6% ～ 8.7%。并使烧结料造球，混合料中 >3 mm 料球含量在 80% 以上，确保烧结料层具有良好的透气性。烧结料温度保持在 42 ～ 52℃。混合料造球后由胶带机卸至混合料矿仓。

5）布料

经混合均匀并造球的烧结原料经单辊布料器进行布料，使混合料在粒度、化学成分及水分等沿台车宽度均匀分布，保证混合料具有均一的透气性。铺底料厚度保持在 70 ～ 80 mm。

6）点火烧结

烧结机采用液压推车机推动，采用机上点火、机上冷却工艺。每台烧结机在混合料表层的燃料点火开始，燃料为高炉煤气，点火温度为 1 150℃ ±50℃，混合料内燃料进行燃烧和使表层烧结料黏结成块，烧结时间为 1 分 50 秒左右，料层在烧结抽风机负压作用下燃料自上而下进行逐渐燃烧，混合料氧化融熔。混合料内燃料进行燃烧和使表层烧结料黏结成块。烧结过程混合料中燃料燃烧烟气通过抽风系统由台车下部集气箱负压收集后，经主集气管、静电除尘、主抽风机、烟道、脱硫设施、湿电除尘、烟囱排入大气。

7）冷却、破碎

部分烧结机烧结矿采用机上冷却 + 竖冷窑冷却，台车上的混合料在烧结段已烧成为烧结矿后，台车继续前进，进入冷却段，通过抽风将热烧结矿小幅冷却，维持烧结矿在破碎前温度为 600℃左右。冷却的热风经静电除尘器处理后循环至烧结机烧结段台车面上方，替代部分料面吸入的常温空气。从烧结机尾翻料卸下的热烧结矿，经单辊破碎机热破碎后，烧结矿碎块通过旁通卸料管落到上料小车内，通过卷扬设备牵引上料小车将烧结矿送到竖冷窑的顶部，从顶部装料斗进入竖冷窑内，自上而下连续流动，并与窑膛内自下而上连续流动的冷却风进行逆流热交换后温度逐渐降低，冷却后的低温烧结矿最终到达窑膛底部，经排料口排出窑膛。在竖冷窑底部出料口下部设有出料机，冷却后的烧结矿（约 150℃）经出料机排至窑底皮带输送机，输送至原成品皮带送往筛分。烧结竖冷窑冷却烟气采用高温重力除尘器 + 布袋除尘器处理。

还有些烧结机烧结矿采用机上冷却段抽风冷却，烧结机的前段作为烧结段，后段作为冷却段，当台车上的混合料在烧结段已烧成为烧结矿后，台车继续前进，进入冷却段，通过抽风将热烧结矿冷却下来，烧结矿在破碎前温度冷却至 150℃以下。冷却的空气是通过烧结饼的裂缝、孔隙以及冷却过程中因收缩而新产生的裂隙将烧结矿冷却下来，烧结段与冷却段备有专用的风机，冷却段烟气经静电除尘器处理后排放。将冷却后的烧结矿，经单辊破碎机进行破碎。

8）筛分

破碎好的烧结矿经皮带运输至筛分机，两次筛分后的烧结矿粒度均匀、粉末少、强度高，达到高炉冶炼指标的烧结矿运往高炉。经一次筛分以后，由于粒度较小作为自循环返矿经皮带运往料仓，作为原料再次使用。经过二次筛分以后，粒度为 12 ～ 20 mm 的烧结矿作为铺底料供烧结机再次烧结使用。

烧结生产工艺流程见图 2-1。

2.1.1.2 球团工艺

球团生产是把铁精粉矿等含铁原料与适量的膨润土均匀混合后，通过造球机造生球，然后高温焙烧，使其氧化固结的过程。球团生产的工艺主要包括含铁原料的干燥、配料、干燥、混合料润磨、造球、筛分、布料、焙烧、冷却和成品输出等工序。

目前采用较多的球团焙烧方法主要有竖炉法、带式焙烧机法和链箅机—回转窑法。焙烧过程一般包括干燥、预热、焙烧、冷却等不同的工艺阶段。

1）竖炉法

竖炉是用来焙烧铁矿球团的最早设备。竖炉法具有结构简单、材质无特殊要求、投资少、热效率高、操作维修方便等优点。用竖炉生产的氧化球团矿由于球团矿强度低、粉化率高，只适宜于在中小型高炉中使用，竖炉单炉能力较小，对原料适应性较差，故不能满足现代高炉对熟料的要求。因此，在应用和发展上受到一定限制。

2）带式焙烧机法

带式焙烧机是一种历史早、灵活性大、使用范围广的细粒造块设备，用于球团矿生产则始于 20 世纪 50 年代。其操作简单、控制方便、处理事故及时，焙烧周期比竖炉短，可以处理各种矿石。

3）链箅机—回转窑法

链箅机—回转窑是一种联合机组，包括链箅机、回转窑、冷却机及其附属设备。这种球团工艺的特点是干燥预热、焙烧和冷却过程分别在三台不同的设备上进

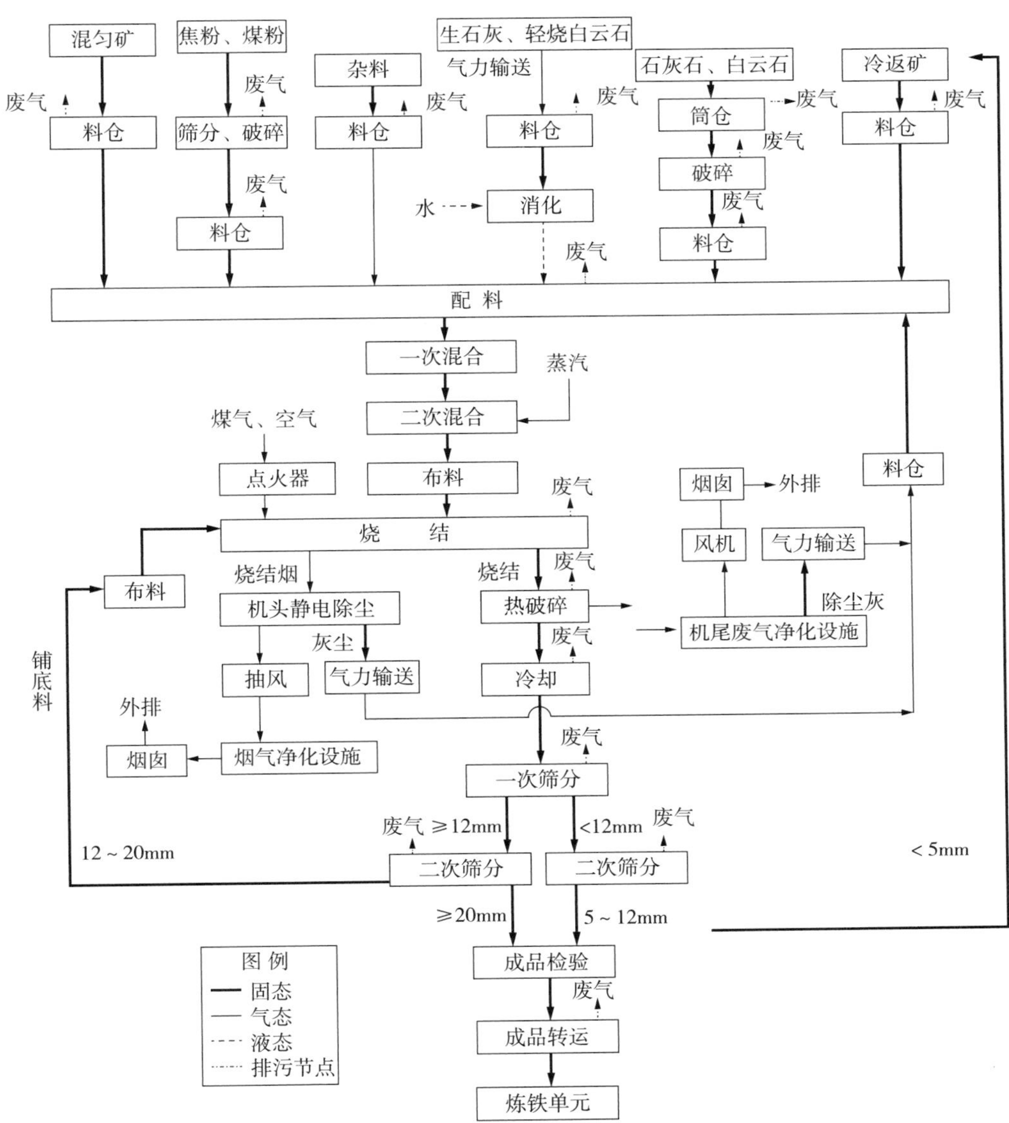

图 2-1 烧结生产工艺流程及排污节点图

行。生球首先在链箅机上干燥、脱水、预热，而后进入回转窑内焙烧，最后在冷却机上完成冷却。

竖炉球团工艺不能用赤铁矿作原料，且随着大型高炉的建设和精料的要求，竖炉生产能力不能满足大型高炉的需要。链篦机—回转窑球团矿生产工艺与带式焙烧机球团矿生产工艺相比较，前者具有对原料性质变动适应性较强、可用煤作燃料、制作主体设备对选用的耐高温材料要求相对较低和成品球团质量均匀等优点，更适合我国的国情，因此，基本成为国内球团生产的首选工艺。

链算机—回转窑生产工艺流程见图 2-2。

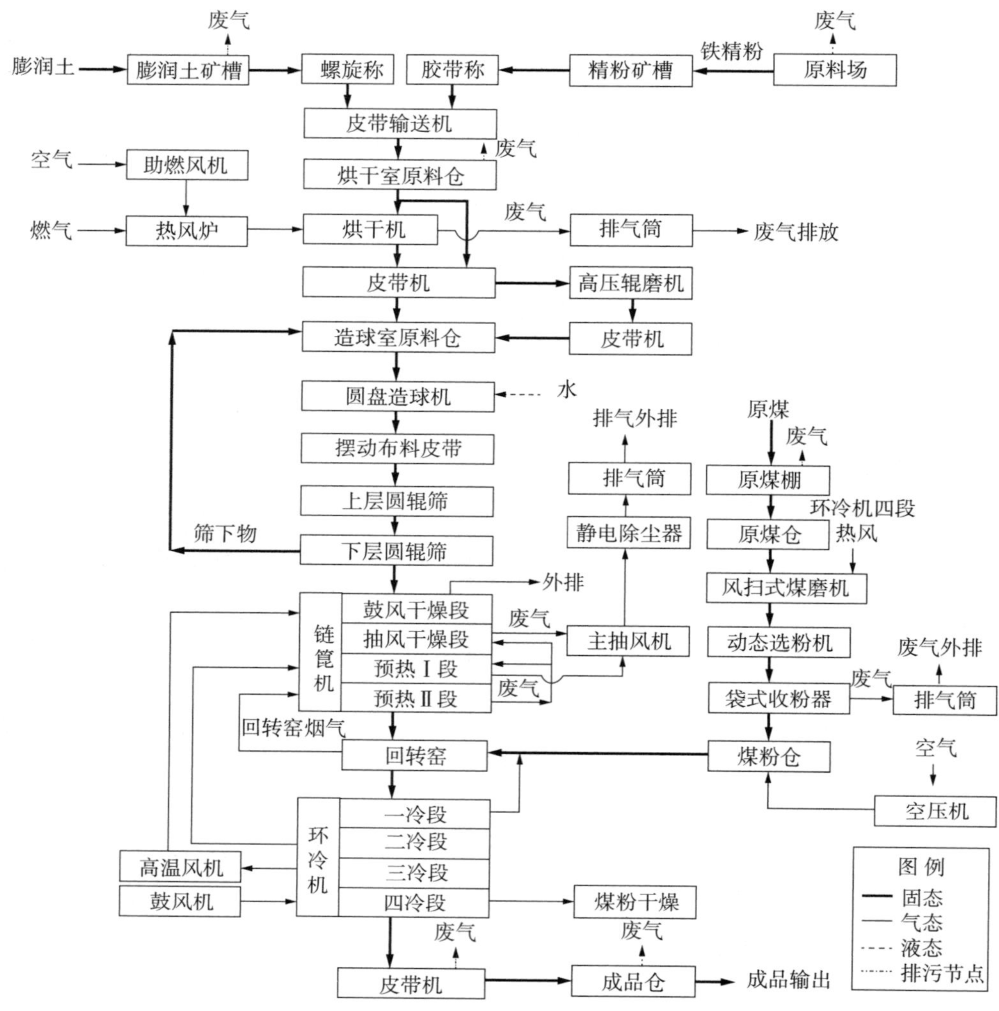

图 2-2　链算机—回转窑生产工艺流程及排污节点图

2.1.2 污染物产排情况

2.1.2.1 废气污染物

烧结工序废气污染源主要有：料场废气、白灰料仓废气、白云石料仓废气、燃料破碎及上料转运废气、配料系统废气、辅底料系统废气、烧结机机头烟气、烧结机冷却段烟气、烧结机机尾烟气、筛分及成品转运废气。

（1）料场废气：料场产生的污染物主要是在原料装卸、运输和一定风力作用下产生扬尘。

（2）白灰和白云石料仓：白灰和白云石，在排气过程中有粉尘排放，采取在仓顶设单机布袋除尘器的净化措施。

（3）燃料破碎系统废气：在燃料破碎及转运过程中均有废气产生，采取在各产尘点设集尘罩，将含尘废气收集后分别送配料系统布袋除尘器处理的净化措施。

（4）配料系统废气：各配料仓出料、物料称量放料、混合料转运过程中产生一定量的含尘废气。

（5）烧结机头烟气：由于烧结使用无烟煤、焦粉作为燃料，在烧结燃烧过程中，会产生含颗粒物、SO_2 和 NO_x 的烟气。

（6）烧结机冷却烟气：烧结矿在冷却过程中产生一定量的含尘废气。

（7）烧结机机尾废气：烧结矿在破碎、筛分过程中产生一定量的含尘废气。

（8）成品转运粉尘：烧结成品转运过程中会产生一定的粉尘。

烧结矿由成品皮带送至高炉区域，并经转运站转运后分别送至各高炉矿槽，在转运过程中有粉尘产生，采取在各产尘点设集尘罩，收集废气送物料转运布袋除尘器处理，处理后废气分别通过排气筒排放。

2015 年烧结（含球团）工序排放的烟粉尘占各工序烟粉尘排放量之和的 47.87%。2015 年，烧结（含球团）工序排放烟粉尘 19.03 万 t，吨烧结矿排放烟（粉）尘 0.24 kg/t。

2015 年烧结（含球团）工序排放的二氧化硫占各工序二氧化硫排放量之和的 73.49%。2015 年，烧结（含球团）工序排放二氧化硫 34.91 万 t，吨烧结矿排放二氧化硫 0.43 kg/t。

2015 年烧结（含球团）工序排放的氮氧化物占各工序氮氧化物排放量之和的 61.47%。2015 年，烧结（含球团）工序排放氮氧化物 33.21 万 t，吨烧结矿排放氮氧化物 0.42 kg/t。烧结生产废气排污节点及污染控制见表 2-1。

表 2-1 烧结生产废气排污节点及污染控制一览表

序号	污染源名称	排污节点	主要污染物	控制措施
1	原料堆场	原料堆放、装卸	颗粒物	料场四周建设防风抑尘网，建设喷水抑尘装置，或建设封闭原料库
2	原料贮运	卸料、转运	颗粒物	袋式除尘器
3	燃料及熔剂破碎	燃料及熔剂筛分、破碎及转运	颗粒物	袋式除尘器

续表

序号	污染源名称		排污节点	主要污染物	控制措施
4	配料		熔剂、固体燃料、含铁杂料及铁精粉配料仓上、仓下落料、混合料转运、一次混合室、除尘灰仓	颗粒物	袋式除尘器
5	烧结设备	烧结机头	烧结料层抽风烧结	烟（粉）尘、SO_2、NO_x、HF、铅及其化合物、二噁英等	静电除尘器 + 脱硫或活性焦脱硫脱硝一体化
		烧结机尾	粉料卸料转运、烧结机尾卸料、烧结矿热破、环冷机受卸料及冷矿转运	颗粒物	袋式除尘器
6	烧结矿整粒筛分		一次筛分室、二次筛分室、成品转运站	颗粒物	袋式除尘器

球团工序大气污染物来源及控制措施见表 2-2。

表 2-2　球团生产废气排污节点及污染控制一览表

序号	污染源名称	排污节点	主要污染物	控制措施
1	精粉原料堆场	原料堆放、装卸	颗粒物	料场四周建设防风抑尘网，建设喷水抑尘装置，或建设封闭原料库
2	原煤堆存	原煤堆放、装卸	颗粒物	干煤棚，四周设置挡墙
3	煤粉制备	煤粉干燥	粉尘	袋式收粉器
4	膨润土卸料	膨润土料仓	颗粒物	袋式除尘器
5	物料干燥	烘干机	烟（粉）尘、SO_2、NO_x、HF、铅及其化合物、二噁英等	袋式除尘器、湿式除尘器
6	焙烧及烘干废气	链篦机 - 回转窑		静电除尘器 + 脱硫
7	球团矿卸料及转运	球团矿环冷机落料、成品仓上落料、仓下卸料及转运	颗粒物	袋式除尘器

2.1.2.2　废水污染物

烧结工序产生的污废水主要为循环水系统排污水和职工生活污水。2015 年烧结（含球团）废水污染物化学需氧量、氨氮、石油类、悬浮物、挥发酚、总氰化物分别占各工序排放总和的 2.37%、0.84%、3.13%、2.76%、1.04%。

2.2 焦化工序产排污情况

2.2.1 生产工艺及排污点节

炼焦工艺流程包括备煤、炼焦、熄焦、筛贮焦、冷凝鼓风、脱硫及硫回收、硫铵及蒸氨、洗脱苯等。

2.2.1.1 备煤

炼焦用煤由汽车运进厂内，送煤场暂存，经煤场堆取料机运至带式输送机。

采用皮带输送机将不同煤种的煤直接送配煤仓进行配煤，配煤仓由圆筒仓组成，仓下的电子自动配料秤将各种煤按相应的比例配合，电子自动配料秤将煤给入带式输送机，经其上的除铁器除铁后，进入预破碎厂房的可逆反击锤式破碎机，由可逆配仓带式输送机送入焦炉煤塔内供焦炉使用。

2.2.1.2 炼焦

1）炼焦、熄焦。备煤车间来的洗精煤由输煤栈桥运入煤塔，装煤推焦车由摇动给料机均匀逐层给料，用 2 × 6 锤移动捣固机分层捣实，然后将捣好的煤饼从机侧推入炭化室。煤饼在 950 ～ 1 050℃的温度下高温干馏。干馏过程中产生的荒煤气经炭化室顶部、上升管、桥管汇入集气管。在桥管和集气管处压力约 0.3 MPa，温度约 78℃的循环氨水喷洒冷却，使 700℃的荒煤气冷却至 84℃左右，再经吸气弯管和荒煤气管抽吸至冷鼓工段。

焦炉加热用回炉煤气经煤气总管、煤气预热器、煤气支管进入各燃烧室，在燃烧室内与经过蓄热室预热的空气混合燃烧，燃烧烟气温度可达约 1 200℃，燃烧后废气经跨越孔、立火道、斜道，在蓄热室与格子砖换热后经分烟道、总烟道，最后从烟囱排出。

2）筛焦。将熄焦后的焦炭放入晾焦台，经刮板机放焦机刮入带式输送机，经带式输送机送至筛焦楼内的振动筛。通过双层振动筛选进行筛分，筛上物通过带式输送机及可逆配仓带式输送机贮存在的焦舱内。筛中物通过溜槽进入相应的贮焦仓。筛下物则进入单层焦炭振动筛。该筛的筛上物进入的贮仓，筛下物进入贮仓。各贮仓的下部设有放焦阀门，可将仓内的焦炭装入汽车，外运或转运至贮焦场。

2.2.1.3 煤气净化系统（化产）

炼焦荒煤气经焦炉上升管进入集气总管，经气液分离器分离部分焦油和冷却氨水后，顺序通过初冷器、电捕焦油器、鼓风机、脱硫装置、硫铵装置、洗苯装置。净焦炉煤气分别送焦炉、管式炉、锅炉等。

1）冷鼓、电捕：由焦炉来的荒煤气，经气液分离器分离出焦油氨水的冷凝液后，进入横管式初冷器冷却，初冷器分上下两段，在上段用循环水将煤气冷却到45℃，然后煤气入初冷器下段与低温水换热，煤气被冷却到22℃后，入煤气鼓风机加压。加压后的煤气进入电捕焦油器，脱除其中的焦油雾滴及萘后送脱硫工段。

初冷器中的冷凝液分别经初冷水封槽后进入上、下段冷凝液循环槽，由冷凝液循环泵分送至初冷器上、下段喷淋，多余部分下段冷凝液循环泵抽至机械化氨水澄清槽。由气液分离器来的焦油氨水与焦油渣进入机械化焦油氨水澄清槽。澄清后分离成三层，上层为氨水，中层为焦油，下层为焦油渣。分离的氨水至循环氨水槽，然后用循环氨水泵送至炼焦车间冷却荒煤气。多余的氨水去剩余氨水槽，再用泵送至脱硫工段进行蒸氨。分离的焦油至焦油中间槽贮存，当达到一定液位时，用焦油泵将其送至焦油贮槽外销。分离的焦油渣定期送往配煤掺入炼焦煤中炼焦。

2）脱硫及硫回收：包括脱硫、硫回收及剩余氨水蒸氨三部分。来自冷鼓工段的荒煤气入脱硫塔下部，经塔顶喷淋下来的脱硫液洗涤后，送硫铵工段。脱硫采用填料塔，填料为轻瓷填料，利用煤气中的氨作为碱源，脱硫剂为PDS+栲胶的复合催化剂。

3）硫铵：来自脱硫的煤气经煤气预热器后进入喷淋式饱和器上段的喷淋室，煤气在此与硫酸母液充分接触，使其中的氨被母液吸收。煤气经饱和器内的除酸器分离酸雾后送至洗脱苯工段。

在饱和器母液中不断有硫铵晶体生成，用结晶泵将其连同一部分母液送至结晶槽，然后经离心机分离，获得的硫铵经螺旋输送机送入沸腾干燥器干燥、称重、包装后外售。在饱和器下段结晶室上部的母液，用大母液循环泵连续送至上段喷淋室喷洒，吸收煤气中的氨，并循环搅动母液以改善硫铵的结晶过程。

浓硫酸由高位槽自流至母液贮槽，用小母液泵送至喷淋饱和器后室喷淋。沸腾干燥器需要的热风由送风机从大气吸入，并经热风器用蒸汽加热后提供。

4）洗脱苯：包括终冷、洗苯、脱苯三部分。自硫铵工段来的煤气进入横管终冷器，冷却至25～27℃，其中上段用循环冷却水冷却，下段用冷却水冷却，煤气由洗苯塔下部进入，由上部喷洒的贫油洗涤，再经过塔顶的捕雾段捕集雾滴后离开洗苯塔，使洗苯后的煤气含粗苯5 g/m^3。塔顶出来的煤气一部分送焦炉作回炉煤气、一部分送粗苯管式炉、锅炉房作燃料。

炼焦工序主体工艺流程及产排污节点如图2-3所示。

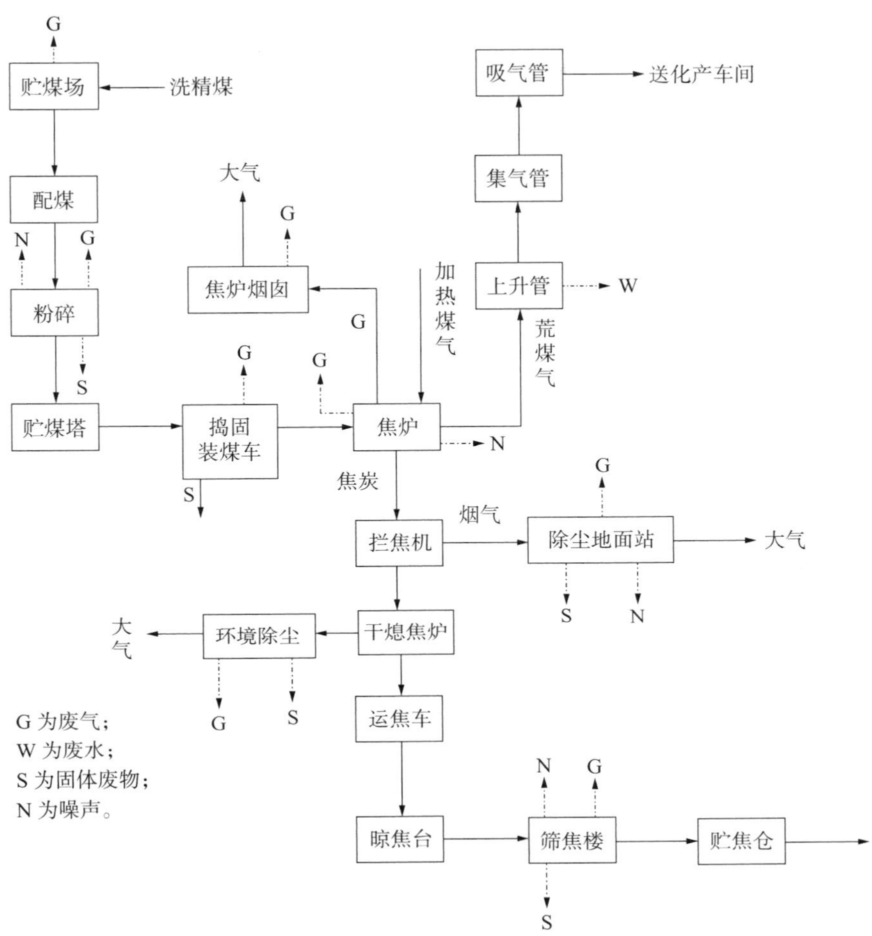

图 2-3 炼焦工艺流程及排污节点图

2.2.2 污染物产排情况

2.2.2.1 废水

炼焦工艺生产废水主要有煤气冷凝液、炼焦水封水、洗脱苯分离水、脱硫蒸氨废水、酚氰废水、化产工艺废水、干熄焦循环水系统排污水、生化处理站出水等，主要污染物为 SS、COD、挥发酚、总氰化物、氨氮、BOD_5、硫化物、石油类等。其他废水包括生活、化验废水等，主要污染物为 COD、SS、氨氮等。

2.2.2.2 废气

有组织废气排放主要有锅炉、煤破碎、焦炉、地面除尘站、中间仓、管式炉、硫铵废气、湿熄焦、干熄焦废气排放。污染源主要为装煤、推焦烟气、筛焦废气、熄焦废气、焦炉烟囱、硫铵废气、管式炉排放烟气。主要污染物为颗粒物、BaP、BSO、SO_2、NO_x、CO、NH_3、H_2S 等。无组织排放主要有装煤、推焦无组织排放、硫铵无组织排放废气。

2.2.2.3 固体废物

包括一般工业固体废物和危险废物，均回收利用。固体废物的排放量及处置措施见表 2-3。

表 2-3 固体废物排放量和处理、处置措施

类别	名称	污染物组成	处置方式
一般固体废物	备煤产生的煤尘	煤尘	备煤车间配入炼焦煤
	炼焦除尘灰渣	煤尘、焦炭粒等	备煤车间配入炼焦煤
	筛焦楼、运焦皮带、地面站回收的焦尘	粉焦等	外售
	生化处理的干化污泥	—	备煤车间配入炼焦煤
	化产车间脱硫废液	铵盐等	经提盐处理后清液返回脱硫系统继续使用，铵盐作为产品销售
	生活垃圾	—	市政部门统一处理
危险废物	氨水分离槽的焦油渣	焦油、焦炭、氨等	掺入煤中炼焦

2.3 高炉炼铁工序产排污情况

2.3.1 生产工艺及产排污节点

炼铁过程是将铁从其自然形态——矿石等含铁化合物中还原出来的过程。炼铁方法主要有高炉法、直接还原法、熔融还原法等，目前世界上 95% 以上采用高炉炼铁。

高炉炼铁是一个还原过程，主要原料为 Fe_2O_3 或 Fe_3O_4 含量高的铁矿石、烧结矿或球团矿以及石灰石（调节矿石中脉石熔点和流动性的助熔剂）、还有焦炭（作为热源、还原剂和料柱骨架）。在高炉炼铁生产中，高炉是工艺流程的主体，从其上部装入的铁矿石、燃料和熔剂向下运动，下部鼓入空气燃料燃烧，产生大量的高

温还原性气体向上运动；炉料经过加热、还原、熔化、造渣、渗碳、脱硫等一系列物理化学过程，最后生成液态炉渣和生铁。高炉炼铁工艺流程系统除高炉本体外，还有供料系统、送风系统、回收煤气与除尘系统、渣铁处理系统、喷吹燃料系统，以及为这些系统服务的动力系统等。高炉炼铁工艺流程见图 2-4。

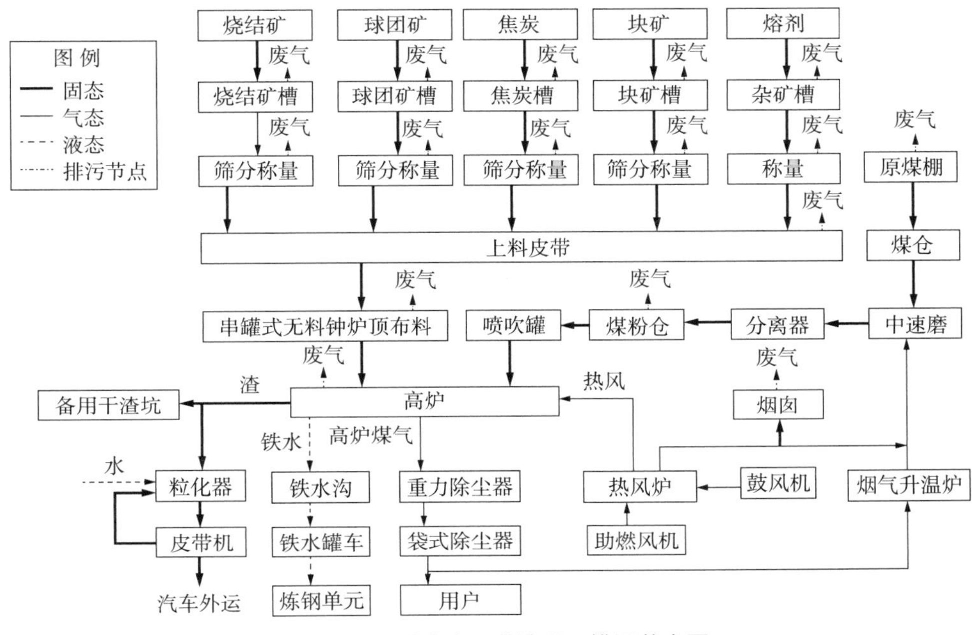

图 2-4 高炉生产工艺流程及排污节点图

2.3.2 污染物产排情况

2.3.2.1 废气

高炉煤气净化须采用全干法袋式除尘方式，净化后利用。热风炉采用净化后的煤气为燃料，有效降低烟气中的污染物排放浓度。

贮矿槽、贮焦槽的槽上受料及槽下筛分、称量、给料、输送等产生粉尘的设施应采取密闭和除尘措施。转运站、胶带机卸料产尘点应进行密闭，并设置除尘或抑尘装置。上料胶带机炉顶卸料点应设置集气罩和除尘设施。喷煤制粉应采用密闭负压制粉工艺，各卸粉点、均压排气和其他产尘点应采取除尘措施。出铁场的出铁口、主沟、铁沟、渣沟、撇渣器、摆动流嘴等产尘点应采取封闭措施，出铁口应设侧吸和顶吸捕集措施收集烟气并设除尘设施，见表 2-4。

表 2-4　炼铁生产废气污染物排污节点及污染控制措施一览表

序号	废气种类	排放源	排污节点	主要污染物	控制措施
1	矿槽废气	高炉矿槽	槽上转运、卸料，槽下振筛、卸料	颗粒物	集气罩 + 袋式除尘器
2	热风炉烟气	热风炉	煤气燃烧	烟尘、SO_2、NO_x	采用清洁燃料，如净化后的高炉煤气、转炉煤气、焦炉煤气作燃料
4	出铁场废气	高炉出铁场	出铁口、铁沟、渣沟以及摆动溜嘴	颗粒物	铁渣沟加盖、各产尘点设集气罩 + 袋式除尘器
5	煤粉制备废气	煤粉制备	煤粉制备及喷吹过程中产生煤尘	颗粒物	袋式收粉器
6	原料系统废气	原料转运、其他	原料转运	颗粒物	集气罩 + 袋式除尘器

2.3.2.2　废水

高炉工序间接冷却水、冲渣水、铸铁机用水、干渣坑冷却水等废水分别循环利用。各循环系统排污水应根据用水水质要求串级利用。煤气洗涤循环用水系统排污水应排入冲渣水循环系统，煤气洗涤废水处理设施应设置水质监控和污泥脱水装置。炼铁炉渣应采用炉前水淬工艺，冲渣水蒸气应引至高空排放或作为余热利用。高炉工序可做到生产废水零排放。

2.3.2.3　噪声

为控制噪声污染，高炉鼓风机吸气、排气、放风均设消声器，同时设专用鼓风机房；热风炉助燃风机、高炉放风阀、高炉炉顶均压放散阀等设消声器；煤气余压发电透平机、发电机均设隔音罩，电机等设备基础采取减震措施，减轻由于振动导致的噪声；煤粉制备系统磨煤机置于建筑物内；各类风机、泵等均置于厂房内，大型除尘风机加装消声器，水泵等设备与管道连接处采用柔性方式。此外，在总图布置时考虑地形、声源方向性和车间噪声强弱、绿化等因素，进行合理布局，以起到降噪的作用。

2.3.2.4　固体废物

高炉水渣通常回收磨细，外运作水泥原料；高炉瓦斯灰通常送烧结综合利用；出铁场、槽上槽下除尘系统的布袋除尘设施所收集的粉尘通常定期用专用运灰车运至料场，进行粉尘综合利用；废耐火材料等工业垃圾通常可用于填坑铺路或送渣场堆存。

2.3.2.5　高炉炼铁工序能耗、水耗等主要技术经济指标

根据中钢协 2015 年统计的数据显示，炼铁工序（标准煤）能耗为 390 kg/t，燃

料比为 526 kg/t，入炉焦比为 358 kg/t，喷煤比为 142 kg/t，入炉矿品位为 57.15%，热风温度为 1 135℃。

根据中钢协 2015 年统计数据显示，钢铁企业高炉工序对应的取水量为 1.2 m^3/t 铁，水的重复利用率为 97%。

2.4 炼钢工序产排污情况

钢是以铁为主要元素、含碳量一般在 2% 以下，并含有其他元素的材料。在铬钢中含碳量可能大于 2%，但 2% 通常是钢和铁的分界线。完成了冶炼过程、未经塑性加工的钢称为粗钢，其形态是液态或铸态固体。粗钢的一小部分用于铸造或锻造机械零部件，绝大部分经压延加工成各种钢材后使用。

钢是应用最广泛的一种金属材料。工业、农业、交通运输、建筑和国防等都离不开钢。钢的生产对国民经济各部门的发展都有重要作用。

2.4.1 生产工艺及产排污节点

目前，从铁矿石到炼出钢一般是分为两步进行的，即先在以高炉为主要代表的炼铁设备中将铁矿石（包括烧结矿、球团矿）冶炼成生铁（或海绵铁等），然后在炼钢炉中将铁冶炼成钢。

炼钢是利用不同来源的氧（如空气、氧气）来氧化炉料（主要是生铁）中所含杂质的复杂的金属提纯过程。主要工艺包括氧化去除硅、磷、碳，脱硫，脱氧和合金化。任务就是根据所炼钢种的要求，把生铁中的含碳量降到规定范围，并使其他元素的含量减少或增加到规定范围，达到最终钢材所要求的金属成分。炼钢过程基本上是一个氧化过程。这些元素氧化以后，有的在高温下与石灰石、石灰等熔剂起反应，形成炉渣；有的变成气体逸出；留下的金属熔体就是钢水。

炼出的钢水，由于在炼钢（氧化）过程中吸收了过量的氧，如不去除这些氧，则会降低成品钢的机械性能。因此，在炼钢最后阶段的操作中，还要用锰铁、硅铁和铝等进行脱氧。这样达到一定成分和温度的钢水，用连铸机铸成钢坯或用钢锭模铸成钢锭，送到轧钢厂轧成各种钢材；再有一部分钢水直接铸造成铸钢件。

炼钢生产方法目前主要有转炉炼钢和电炉炼钢两大类。

2.4.1.1 转炉炼钢

转炉炼钢以铁水及少量废钢为原料，以石灰（活性石灰）、萤石等为熔剂，以氧气作为主要的氧化剂，通过氧化反应将铁水中的杂质氧化分离，将其中的碳、硅、锰、磷、硫等控制在规定的范围内。冶炼产品为合格钢水。铁水用铁水罐或鱼雷罐车送到炼钢厂，采用铁水罐车运送铁水时，铁水进入炼钢工序无须倒罐，可先兑入混铁炉混匀保温而后再兑入铁水罐内进行脱硫，也可直接将铁水罐吊到脱硫台车上进行脱硫作业或兑入转炉炼钢；采用鱼雷罐运送铁水时，铁水需要倒入铁水罐进行脱硫。熔剂通过皮带输送系统送炼钢车间。

铁水和废钢加入炉后摇直炉体进行吹炼，根据冶炼时向炉内喷吹氧气、惰性气体的部位，可分为顶吹、底吹转炉和顶底复吹转炉。顶吹就是炉顶吹氧，底吹就是炉底吹氧，顶底复吹是炉顶吹氧、炉底吹惰性气体（如 Ar、N_2 等），熔剂等辅料由炉顶料仓加入炉内。

转炉吹炼时由于氧气和铁水中的碳发生化学反应，产生含大量一氧化碳的炉气（转炉煤气），同时铁水中的杂质与熔剂相结合生产钢渣。当吹炼结束时，倾倒炉体排渣出钢；出钢过程中向钢包加入少量铁合金料使钢水脱氧和合金化。为了冶炼优质钢种，将转炉钢水再送精炼装置（如 LF 钢包精炼炉、RH、VD 真空处理炉等）进行精炼，对钢水进行升温、化学成分调节、真空脱气和去除杂质等。

合格钢水送连铸钢包回转台，然后倒入中间包，到达一定高度后开浇，经过浸入式水口进入结晶器；由于结晶器不断振动，并在冷却水的间接冷却下使钢水形成坯壳。具有很薄坯壳的金属坯由引锭杆不断拉出，经过结晶器、弯曲段、扇形段，再通过二冷段用水直接喷淋冷却，最后进入矫直段，矫直后的铸坯经火焰切割成所需的尺寸，再经去毛刺和喷印产品规格，成为可送热轧厂使用的连铸坯。转炉炼钢工艺流程及排污节点见图 2-5。

2.4.1.2 电炉炼钢

电炉炼钢以废钢为原料，辅助料有铁合金、石灰、萤石等。炼钢电炉有交流电炉和直流电炉两种，传统的多为三相交流电炉，按其功率大小又可分为普通电炉、高功率电炉和超高功率电炉。

电炉生产工艺流程为：先移开电炉炉盖，将检选合格的废钢料由料罐（篮）加入炉内，将炉盖复位，同时将辅助料由高位料仓通过加料系统经电炉炉盖上的料孔分期分批加入炉内，然后通电开始冶炼。有些电炉先对废钢进行预热，其方式是利用电炉烟气在炉外预热，或直接在电炉上方设预热罐利用电炉烟气预热。

整个冶炼过程按其先后可分为熔化期、氧化期和还原期。熔化期，使废钢表面的油脂类物质燃烧、金属进行熔化；氧化期，由于大量吹氧，使炉内熔融态金属激烈氧化脱碳，产生大量赤褐色烟气；还原期去除钢液中的氧和硫等杂质，调整钢水成分。在氧化期和还原期分别产生氧化渣和还原渣，分期排渣。冶炼结束后出钢，钢水如需精炼，则送精炼装置进行精炼，情况与转炉钢水精炼相同。电炉钢工艺流程及排污节点见图 2-6。

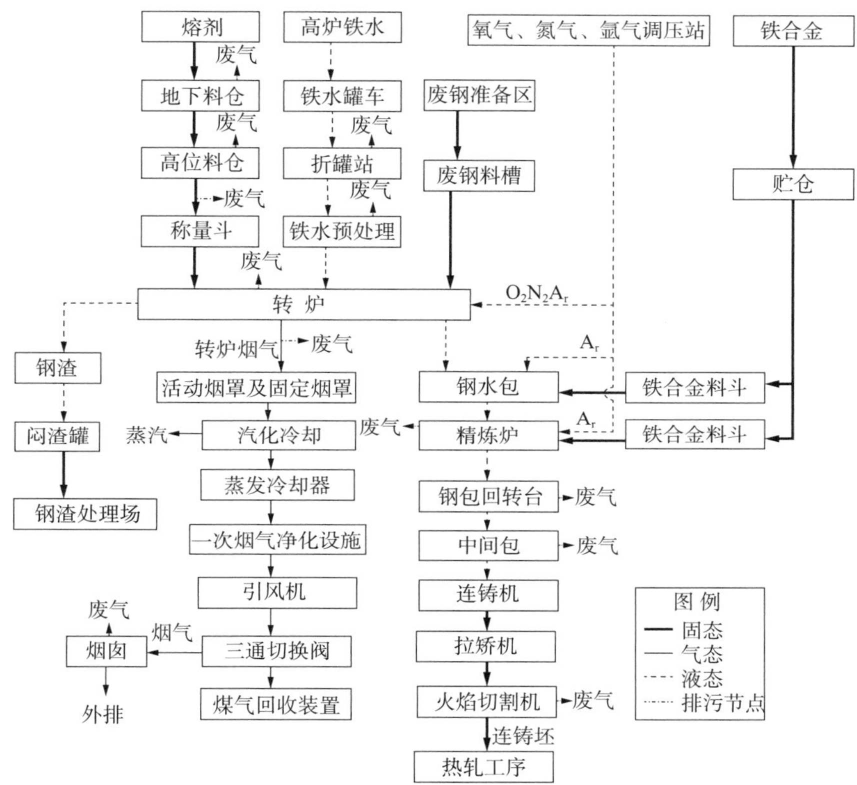

图 2-5 转炉炼钢生产工艺流程及排污节点图

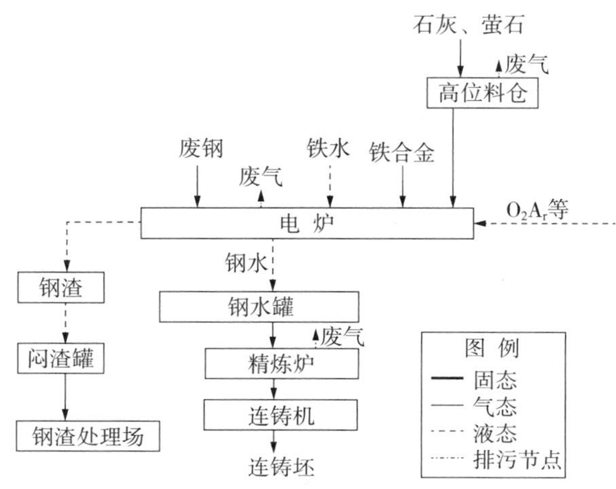

图 2-6 电炉炼钢生产工艺流程及排污节点图

2.4.1.3 石灰石焙烧

石灰石焙烧设施主要有竖窑和回转窑。

1）竖窑石灰石焙烧

购进粒度在 40 ～ 80 mm 的石灰石存放于料场，由矿槽方孔筛初步筛分进入矿槽内，再由振动给料机和振动筛分机将合格的石灰石料筛进称量斗，放进小车，由卷扬提升机提到竖窑顶部料仓。筛分不合格石灰石料由返粉皮带，斗式提升机送到返粉仓，由汽车运到相应用户。合格石灰石由竖窑顶部料仓进入竖窑预热段，经过预热后，由布料板按制定的时间逐个把预热段的料推进焙烧段煅烧，石灰石经过 800 ～ 1 000℃的高温煅烧充分分解烧成 CaO 含量较高的生石灰块，由二次风机从下往上吹风冷却，同时将回收的二次风抽进窑内参加助燃提温。冷却后的生石灰块由振动机送到链板输送机、斗式提升机、皮带输送机进行分仓，生石灰块进入石灰块仓，一部分生石灰块经过破碎机破碎到小于 3 mm 的生石灰粉放到石灰粉仓，而后再由汽车分别送到炼钢、烧结分厂。白灰竖窑生产工艺流程见图 2-7。

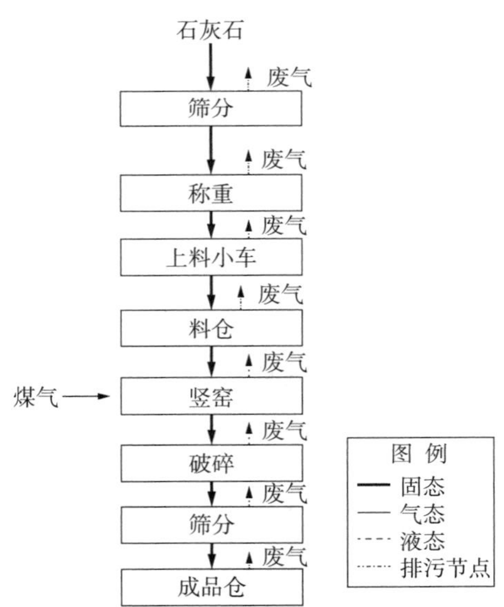

图 2-7　竖窑生产工艺流程及排污节点图

2）白灰回转窑

回转窑石灰石焙烧主要由原料储运系统、回转窑焙烧系统、成品筛分、粉质处理系统及成品储运系统等组成。

（1）上料及筛分系统

石灰石由装载机卸入石灰石受料仓中，经棒阀、电振给料机卸料后由大倾角胶带输送机送入两级单层振动筛，筛分合格物料再通过大倾角转运胶带输送机送到预热器顶部的受料仓内。20 mm 以下碎石由汽车转运出厂。40 mm 以上的块料经颚式破碎机破碎后进入块料仓，仓下设电振给料机和皮带输送机，返回石灰石受料口形成闭路循环。送往竖式预热器的大倾角胶带输送机设有双托辊电子皮带秤，对入窑石灰石计量。

（2）烧成系统

石灰烧成系统主要由竖式预热器、回转窑、竖式冷却器、一、二次风机及其他辅助设备构成。预热器受料仓内石灰石经下料管送到预热器主体内，经 1 000 ～ 1 100℃窑尾废气均匀地预热到 900℃左右。废气则通过预热器上部的 18 个排气孔汇集在一起进入窑尾废气处理系统，已经部分分解的石灰石经 18 个液压推杆推动，通过加料室进入回转窑内进行煅烧。煅烧后的石灰经窑头进入竖式冷却器，进入冷却器的石灰在二次风机鼓风下，使石灰温度从约 1 150℃迅速冷却到 100℃以下，然后经链斗输送机送到石灰库中。煅烧后过烧大块经窑头大料排放口排出，由车辆外运处理。

（3）成品石灰筛分储运系统

经冷却器冷却至 100℃以下灰块由链斗输送机经电动三通喂入振动筛中筛分，筛上 8 ～ 40 mm 物料由胶带输送机喂入石灰库中储存。小于 8 mm 的筛下物自流入灰库库中储存。库底卸料装置通过皮带均匀给入锤式破碎机中。白灰回转窑工艺流程及排污节点见图 2-8。

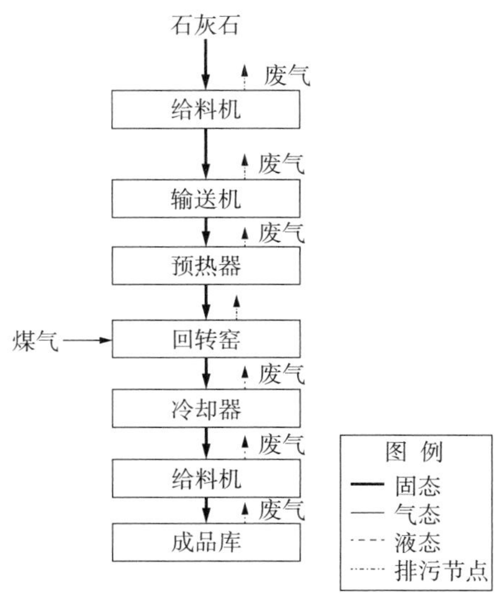

图 2-8　石灰回转窑工艺流程及排污节点图

2.4.2 污染物产排情况

炼钢工艺产生的污染包括大气污染、水污染、固体废物污染和噪声污染，其中大气污染（颗粒物）是主要环境问题。

2.4.2.1 转炉炼钢

转炉炼钢污染物主要通过主、辅原料的装卸、贮运，转炉加废钢和兑铁水，转炉吹炼和出钢，倒罐，铁水脱硫、扒渣，钢水精炼，转炉、精炼和连铸污水处理等环节，以废气、废水、烟（粉）尘和炉渣以及生产过程中发出的噪声等形式排向环境。

转炉炼钢过程中，高炉铁水兑入、辅料加入、吹氧、出渣、出钢均有大量的含尘烟气产生，烟气中除烟尘之外还有 CO 等污染物；散状料上料系统有粉尘产生，LF、VD 等精炼炉冶炼及铁水预处理过程均有含尘烟气产生，见表 2-5。

表 2-5 转炉炼钢废气污染物排污节点及控制措施一览表

序号	污染源名称	产生工序	主要污染物	治理措施
1	混铁炉	混铁炉兑、出铁口	颗粒物	袋式除尘器
2	散状料上料转运	散状料系统卸料、上料、转运、落料	颗粒物	袋式除尘器
3	倒罐站	铁水倒罐站	颗粒物	袋式除尘器
4	铁水预处理	铁水预处理站	颗粒物	袋式除尘器
5	转炉一次烟气	转炉吹炼	颗粒物	OG 湿法煤气净化回收设施、LT 干法煤气净化回收设施
6	转炉二次烟气	转炉投钢铁料、兑铁水、出钢及吹炼	颗粒物	袋式除尘器
7	精炼炉	精炼炉	颗粒物	袋式除尘器
8	钢坯火焰切割	火焰切割机	颗粒物	袋式除尘器
9	钢渣处理废气	钢渣处理	颗粒物	袋式除尘器

转炉炼钢主要废水来源包括净循环水处理系统中的过滤器反洗水和强制排污水，废水中主要污染物为 SS、COD、石油类；RH 真空泵蒸汽冷凝器循环水排水，主要污染物为 SS、COD、石油类；炼钢区域内配套的卫生间、盥洗间产生的生活污水；车间冲洗地坪废水。

转炉炼钢产生的固体废物主要有：铁水脱硫渣、转炉渣、连铸铸余渣、连铸切头尾、废坯料、废油脂、各除尘器收集的除尘灰及废耐火材料等。

炼钢厂噪声源主要为除尘系统排烟风机、其他风机、真空泵、水泵、空压机、氧、氮、氩加压机和放散阀等，噪声可达 95 ～ 100 dB。

2.4.2.2 电炉炼钢

电炉炼钢污染物主要为电炉和精炼装置在加料、出钢、吹氧和冶炼过程中产生的颗粒物；原料、辅料在装卸、运输过程中产生的颗粒物；除尘系统收集的电炉除尘灰，电炉冶炼渣；设备产生的噪声。

电炉及精炼装置在加料、出钢、吹氧和冶炼过程中有大量含 CO、CO_2 的高温含尘烟气产生，烟气中还含有少量的氟化物（其成分为 CaF_2）及二噁英；原、辅料系统的上料等，也有含尘废气产生。

表 2-6　电炉炼钢废气污染物排污节点及控制措施一览表

生产工艺	污染源	主要污染物	污染控制措施
配料、上料	料仓、送料	颗粒物	袋式除尘器
炉顶装料	电炉炉顶装料	颗粒物	袋式除尘器
电炉炼钢	电炉烟气	颗粒物、二噁英	袋式除尘器
出钢、出渣	出钢、出渣	颗粒物	袋式除尘器
电渣冶金	电渣炉	氟化物	—

2.4.2.3 连铸

连铸结晶器加保护渣时有少量的烟尘产生，中间罐倾翻及修砌有粉尘产生，火焰清理机作业过程有含尘烟气生产。

表 2-7　连铸工序污染物产生与控制措施

生产工艺	污染源	主要污染物	污染物控制措施
中间罐倾翻修理	中间罐	颗粒物	袋式除尘器
铸坯火焰清理	火焰清理	颗粒物	袋式除尘器

2.4.2.4 石灰石焙烧

表 2-8 石灰石焙烧工序污染物产生与控制措施

生产工艺	污染源	主要污染物	污染控制措施
给料、送料	给料机、送料机	颗粒物	布袋除尘器
焙烧	焙烧窑、预热器	颗粒物、二氧化硫、氮氧化物	布袋除尘器

2.5 轧钢工序产排污情况

轧钢按轧制温度不同可分为热轧工艺和冷轧工艺。热轧一般是将钢坯在加热炉中加热到 1 150 ～ 1 250℃，然后在轧机中进行轧制；冷轧是将钢坯热轧到一定尺寸后，经过除磷后，在再结晶温度下进行轧制。

2.5.1 生产工艺及产排污节点

2.5.1.1 热轧原理

从炼钢厂出来的钢坯还仅仅是半成品，必须到轧钢厂去进行轧制以后，才能成为合格的产品。从炼钢厂送过来的连铸坯，首先是进入加热炉，然后经过初轧机反复轧制之后，进入精轧机。轧钢属于金属压力加工，简单地说，轧钢板就像压面条，经过擀面杖的多次挤压与推进，面就越擀越薄。在热轧生产线上，轧坯加热变软，被辊道送入轧机，最后轧成用户要求的尺寸。轧钢是连续的不间断的作业，钢带在辊道上运行速度快，设备自动化程度高，效率也高。从平炉出来的钢锭也可以成为钢板，但首先经过加热和初轧开坯才能送到热轧线上进行轧制，工序改用连铸坯就简单多了，一般连铸坯的厚度为 150 ～ 250 mm，先经过除磷到初轧，经辊道进入精轧轧机，精轧机由 7 架 4 辊式轧机组成，机前装有测速辊和飞剪，切除板面头部。精轧机的速度可以达到 23 m/s。

2.5.1.2 冷轧原理

与热轧相比，冷轧厂的加工线比较分散，冷轧产品主要有普通冷轧板、涂镀层板也就是镀锡板、镀锌板和彩涂板。经过热轧厂送来的钢卷，先要经过连续三次技术处理，先要用盐酸除去氧化膜，然后才能送到冷轧机组。在冷轧机上，开卷机将钢卷打开，然后将钢带引入五机架连轧机轧成薄带卷。

轧钢工艺是指以钢坯为原料，经备料、加热、轧制及精整处理，最终加工成成品钢材的生产过程。轧钢工艺主要分为热轧和冷轧，产品包括板带材、棒/线材、型材和管材等。典型的轧钢工艺流程见图 2-9，各主要工序工艺流程及产污环节见图 2-10 ～图 2-13。

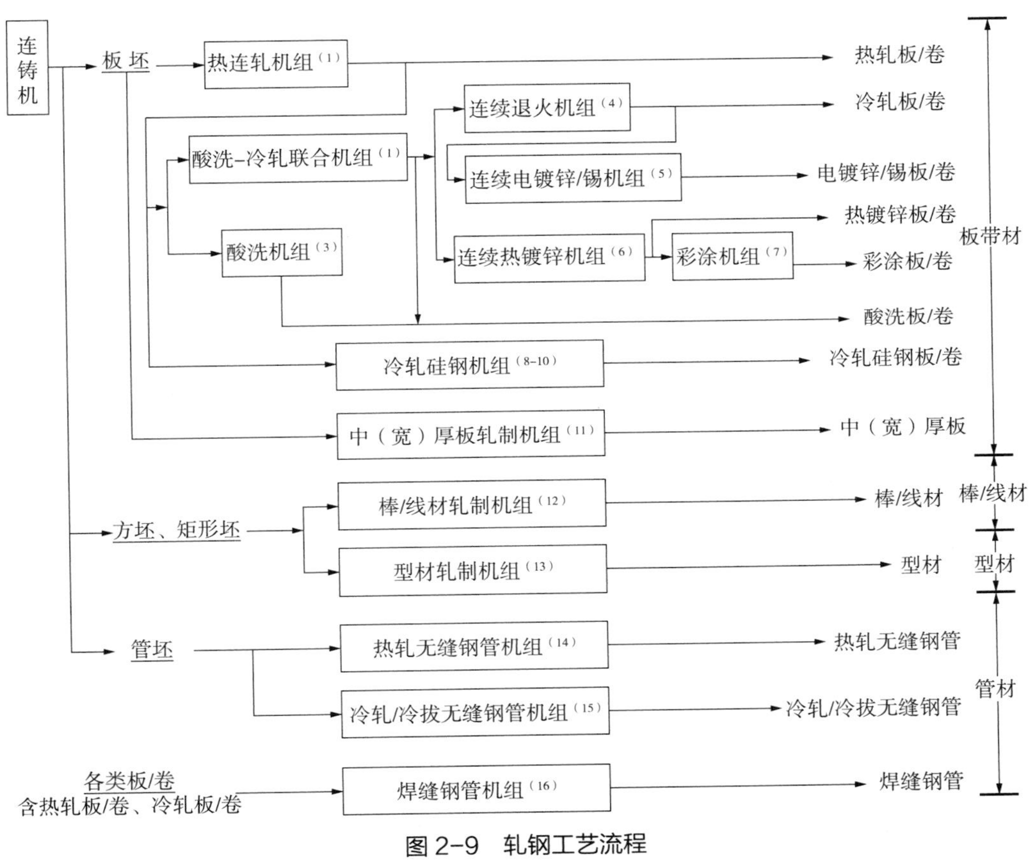

图 2-9　轧钢工艺流程

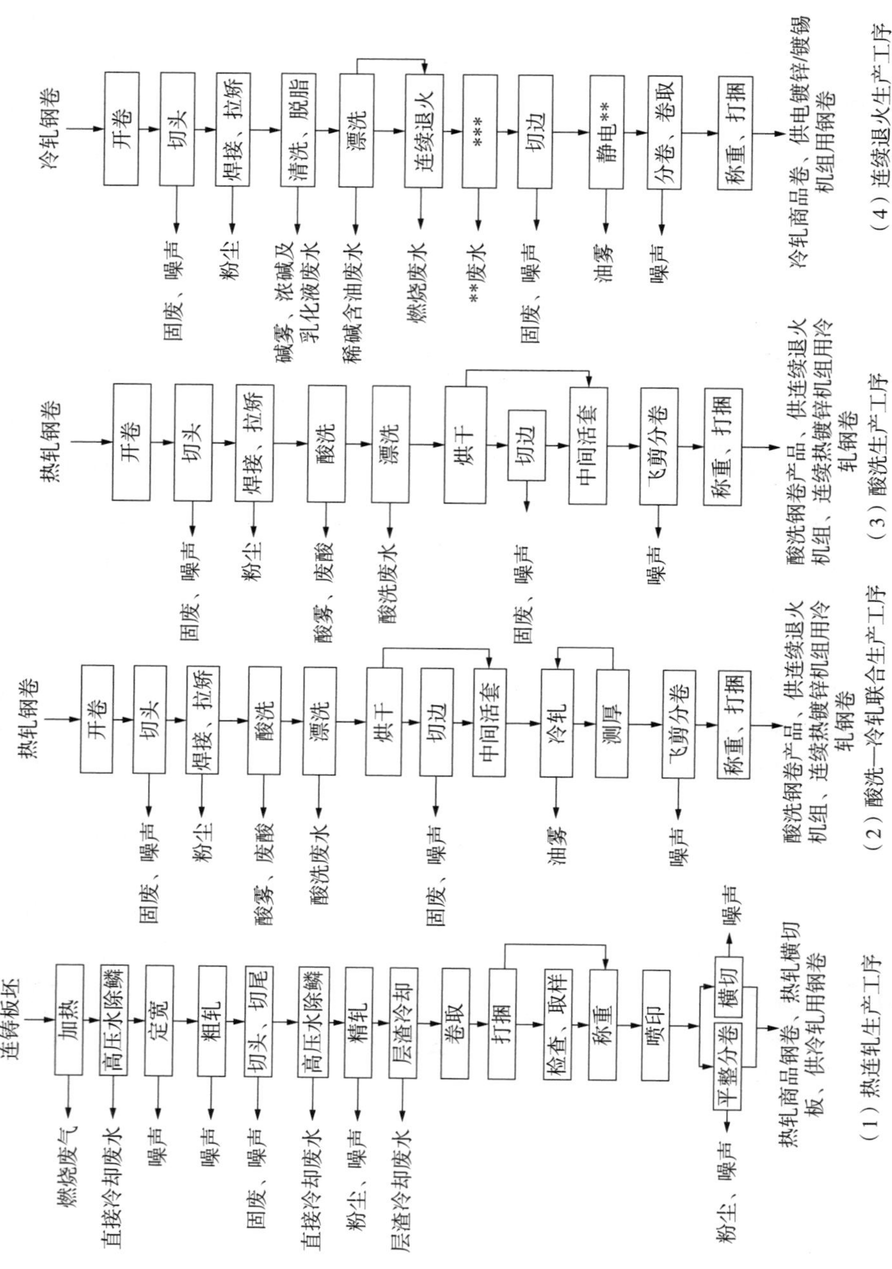

图 2-10　轧钢工艺各主要工序工艺流及产污环节

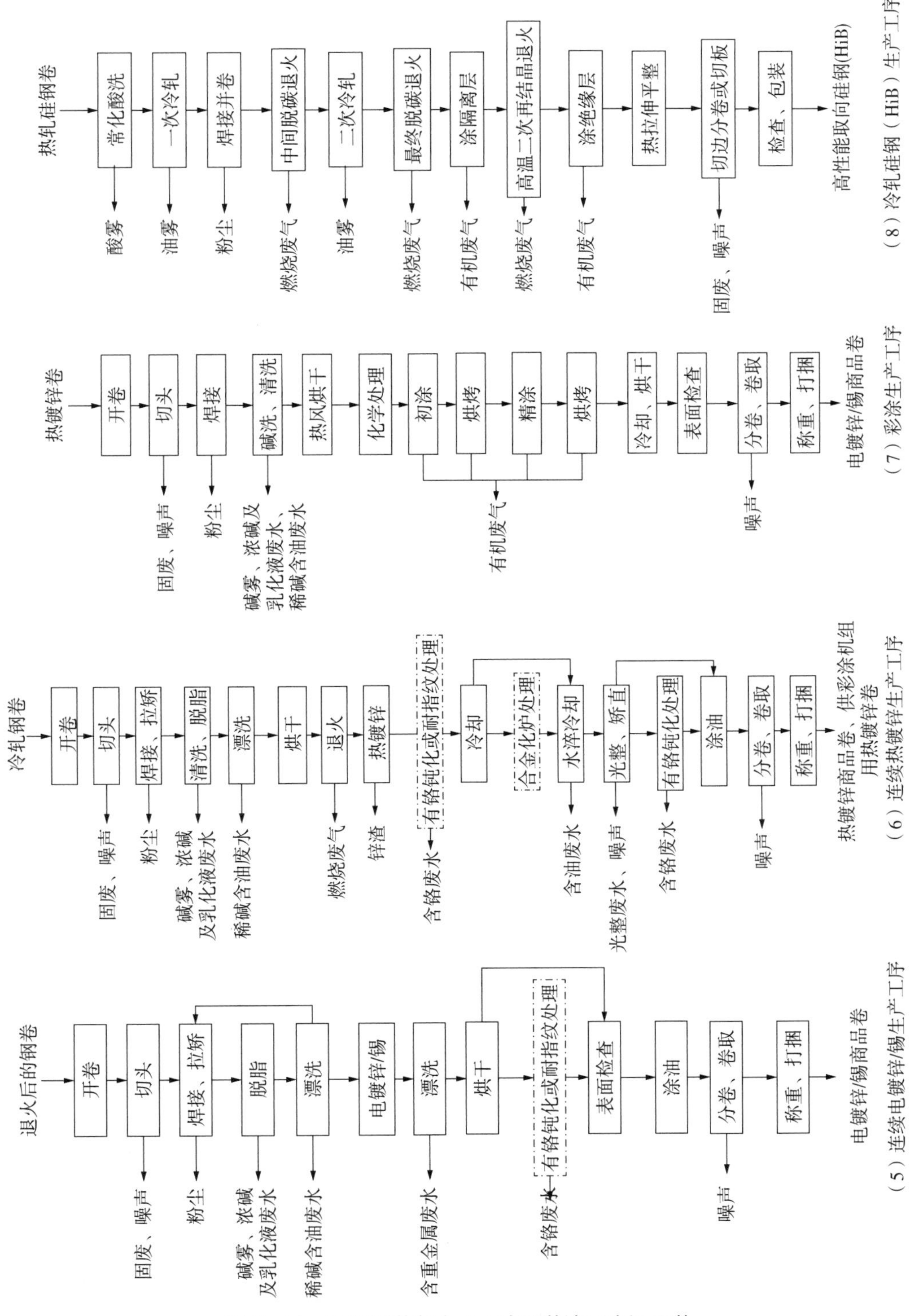

图 2-11 轧钢工艺各主要工序工艺流及产污环节

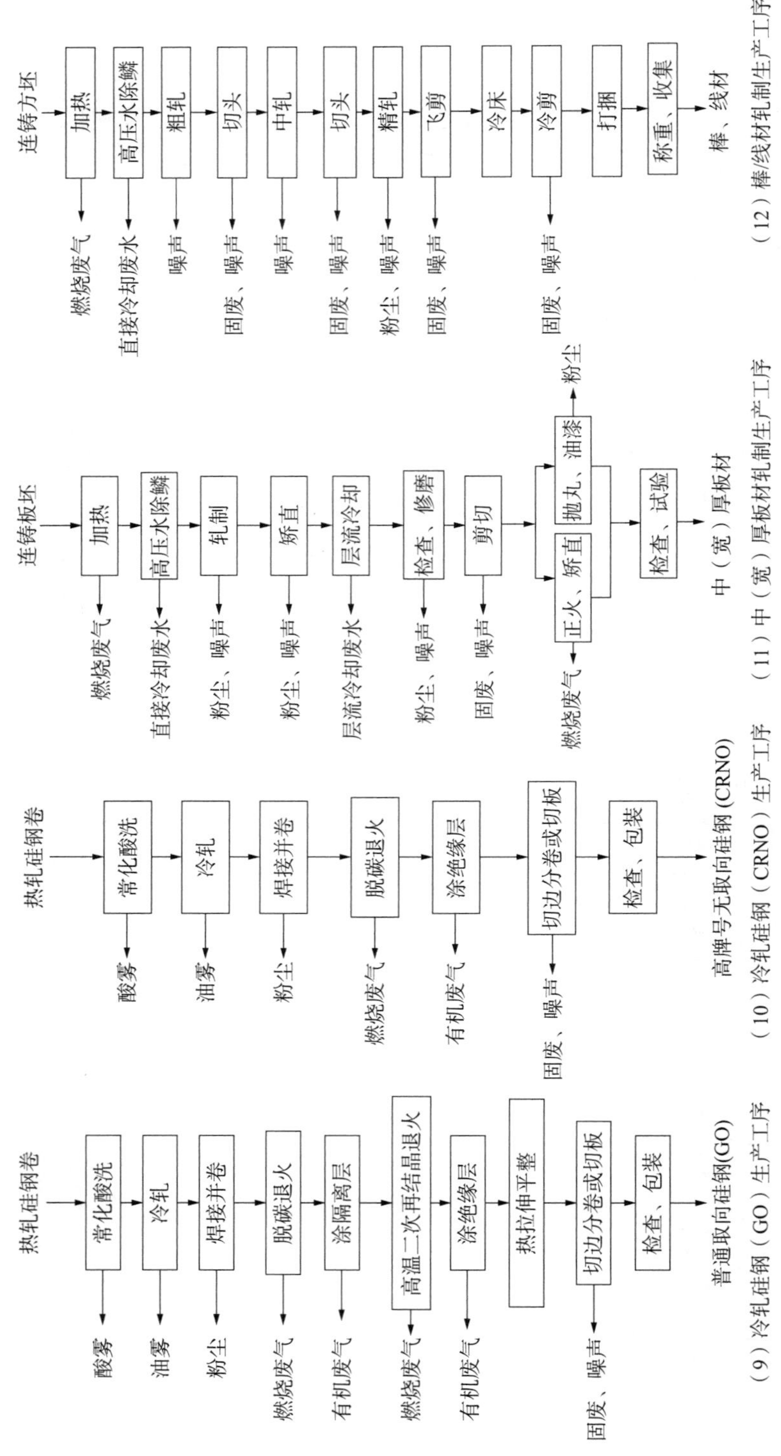

图 2-12　轧钢工艺各主要工序工艺流及产污环节（续）

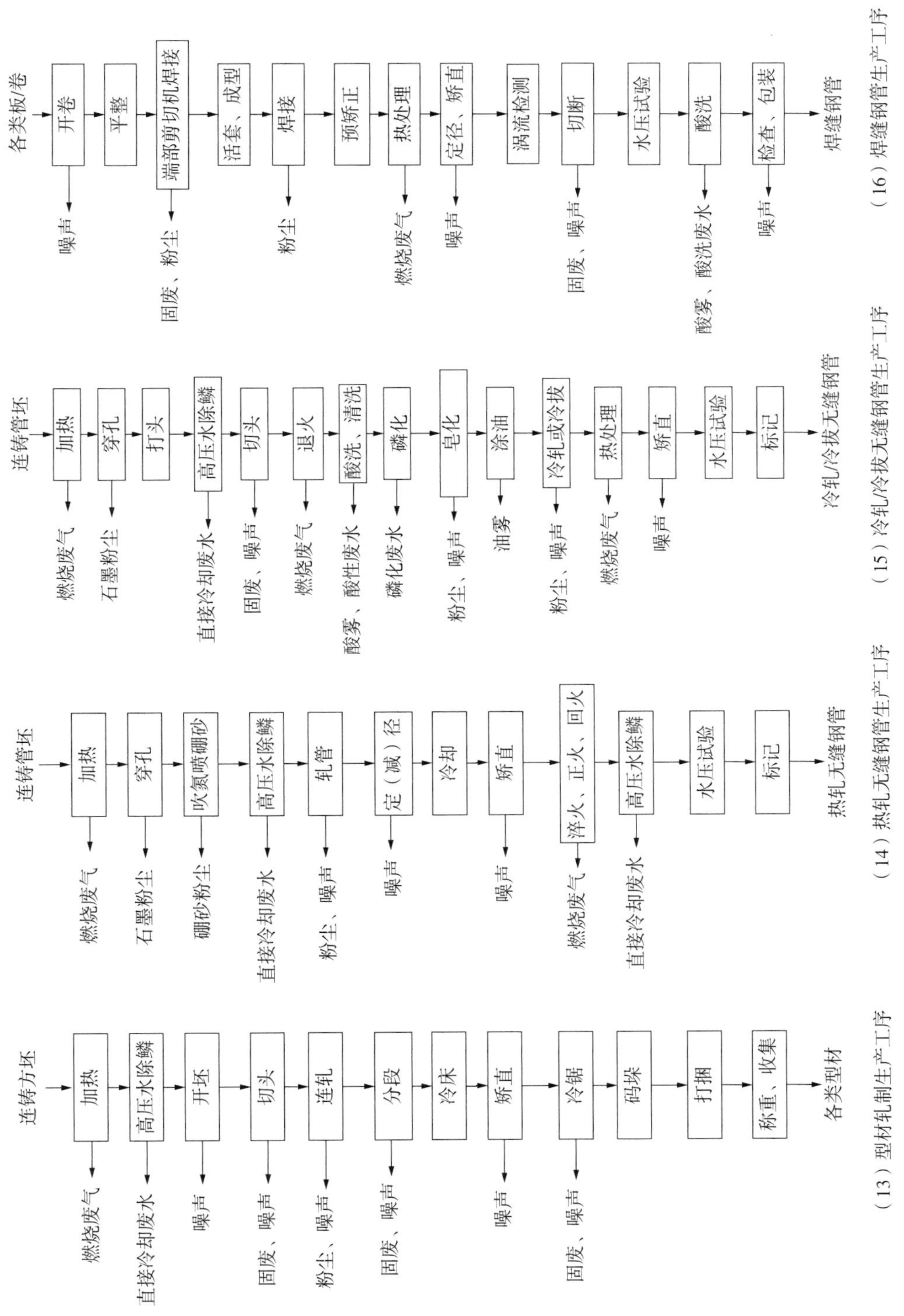

图 2-13 轧钢工艺各主要工序工艺流及产污环节（续）

2.5.2 污染物产排情况

轧钢工艺产生的污染包括大气污染、水污染、固体废物污染和噪声污染，其中水污染（冷轧废水）主要是环境问题。

轧钢工艺产生的废气污染：少量的燃烧废气（含烟尘、二氧化硫、氮氧化物等）、粉尘、油雾、酸雾、碱雾和挥发性有机废气（VOC）等。

2.5.2.1 废水污染

轧钢工艺产生的废水分为热轧废水和冷轧废水，其中以冷轧废水为主。热轧废水主要为轧制过程中的直接冷却废水，含有氧化铁皮及石油类污染物等，且温度较高；热轧废水还包括设备间接冷却排水、带钢层流冷却废水，以及热轧无缝钢管生产中产生的石墨废水等。冷轧废水主要包括浓碱及乳化液废水、稀碱含油废水、酸性废水，还包括少量的光整废水、湿平整废水、重金属废水（如含六价铬、锌、锡等）和磷化废水等。

2.5.2.2 固体废物污染

轧钢工艺产生的固体废物主要为冷轧酸洗废液（包括盐酸废液、硫酸废液、硝酸 - 氢氟酸混酸废液），还包括除尘灰、水处理污泥（包括少量含铬污泥、含重金属污泥）、锌渣和废油（含处理含油废水中产生的废滤纸带）等，其中含铬污泥、含重金属污泥、锌渣及废油属危险废物。

2.5.2.3 噪声污染

轧钢工艺产生的噪声分为机械噪声和空气动力性噪声，主要噪声源包括各类轧机、剪切机、卷取机、矫直机、冷 / 热锯和鼓风机等。在采取噪声控制措施前，各主要噪声源源强通常在 85 ～ 130 dB（A）。

轧钢工艺主要污染物及来源见表 2-9。

表 2-9 轧钢工艺主要污染物及来源

工序		废气						废水													固体废物					噪声
		燃烧废气（1）	粉尘	油雾	酸雾	碱雾	有机废气	直接冷却排水	间接冷却排水（2）	层流冷却废水	石墨废水	酸性废水	浓碱及乳化液废水	稀碱含油废水	光整废水	湿平整废水	磷化废水	含重金属废水			除尘灰	水处理污泥	废酸	废油	锌渣	
																		六价铬	Zn	Sn						
板材带材	热连轧机组	●	●	●				●	●	●											●	●		●		●
	酸洗-冷轧联合机组		●	●	●							●									●	●	●	●		●
	酸洗机组		●		●							●									●	●	●			●
	废酸再生机组（3）	●	●		●							●									●					●
	连续退火机组	●	●	●		●							●	●		●					●	●		●		●
	连续电镀锌机组		●			●							●	●				●（4）	●		●	●		●		●
	连续电镀锡机组		●			●							●	●				●（4）		●	●	●		●		●
	连续电镀锌机组	●	●			●							●	●	●			●（4）	●		●	●		●	●	●
	彩涂机组	●	●	●		●	●						●	●				●（4）			●	●		●		●
	冷轧硅钢机组	●	●	●	●		●					●									●	●	●	●		●
	中（厚）板轧制机组	●	●	●				●	●	●											●	●		●		●

续表

工序		废气						废水													固体废物					噪声
		燃烧废气（1）	粉尘	油雾	酸雾	碱雾	有机废气	直接冷却排水	间接冷却排水（2）	层流冷却废水	石墨废水	酸性废水	浓碱及乳化液废水	稀碱含油废水	光整废水	湿平整废水	磷化废水	含重金属废水			除尘灰	水处理污泥	废酸	废油	锌渣	
棒材线材	棒/线材轧制机组	●	●	●				●	●													●		●		●
型材	型材轧制机组	●	●	●				●	●													●		●		●
管材	热轧无缝钢管机组	●	●	●				●	●		●										●	●		●		●
	冷轧/冷拔无缝钢管机组	●	●	●	●			●	●			●					●				●	●	●	●		●
	焊缝钢管机组	●	●	●	●							●									●	●	●	●		●
不锈钢产品		●	●	●	●	●		●	●	●	●	●	●	●	●	●	●	●（4）			●	●	●	●		●

注：（1）燃烧废气通过工艺过程污染预防技术即可得到有效控制，通常无需治理；
（2）间接冷却排水水质较好，通常经冷却处理即可返回系统循环使用；
（3）废酸再生机组为酸洗废液的处理处置设备，属环保设备，但运行中有废气产生；
（4）采用无铬钝化工艺无含铬废水产生。

3

钢铁行业水污染物特征分析

3.1 钢铁行业特征污染物和优控污染物清单筛选技术

3.1.1 清单编制技术路线

本书所研究的特征污染物是指：从行业主流工艺出发，研究重点行业原辅材料、产排污环节、产排量以及特征污染物等情况，综合考虑原料、中间物质、产品、水处理设施用料、工艺废水污染物、水处理设施进口污染物、易发事故下产生的污染物等因素，结合重点行业不同点位废水检测结果，形成《特征污染物清单》，清单可为行业、区域、流域的水污染防治提供特征污染物数据库，为流域水污染物的筛查、溯源和防治提供技术支持。

本书所研究的优控污染物清单是指：通过进一步对特征污染物进行筛选，综合对比和参考世界各国和我国已有的优先控制污染物名单、他人筛选出的行业优控污染物、水环境质量标准和行业排放标准等方面，进一步综合考虑水体中污染物的暴露性、持久性、毒性等因素，研究形成《优控污染物清单》，清单可为环境管理部门对于行业需要特别关注和优先控制的污染物提供技术支撑。

通过清单的编制，总结重点行业废污染物排放量和对环境的影响情况，掌握行业污染物的分布情况。

本书通过文献调研、现场考察、水样监测分析等研究方法，最终形成重点行业污染物清单，任务技术路线见图 3-1

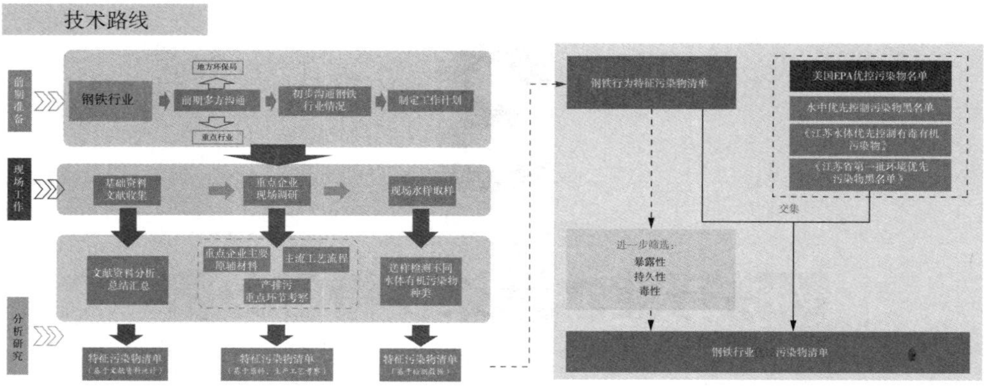

图 3-1 钢铁行业特征污染物和优控污染物形成和筛选技术路线图

3.1.2 主要工作流程

优先控制污染物筛选首先应该建立优先控制污染物目录库，本研究即在水污染源污染物排放图谱的基础上进行筛选。水污染源污染物排放图谱的建立方法，见《水污染源多相污染物排放图谱建立技术》研究报告。筛选目录库的获得包括调查法和监测分析法。

3.1.2.1 排污许可证整理

完成重点钢铁企业排污许可证资料的查询，整理和汇总工作。任务组通过全国排污许可证管理信息平台，整理和归纳出重点企业相关需求的材料，包括单位名称、行业类别、生产经营场所地址、投产日期、生产经营场所中心经纬度、所属工业园区、特征污染物、水污染物排放执行标准、工业废水排放总量（万 t）及具体污染物排放量。

3.1.2.2 重点企业调研

1）调查方法。通过资料调研、专家咨询、现场调研等手段。

2）资料来源。调研过程资料来源于中华人民共和国国家统计局各类工业及环境统计年鉴、官方网站、公开发表的科技期刊、研究报告等权威性资料，以及从图书馆、电子数据库、国家 / 地方 / 行业标准、未公开的结题报告、技术政策、行业报告、统计数据、学术会议等各种渠道广泛收集材料。

3）收集原则。调查报告的工作目标是掌握重点行业特征污染物，提升流域水生态功能区重点行业特征污染物源头控制能力和风险管理能力，为部门决策提供依

据。因此，资料的收集必须保证准确性、权威性。资料收集原则是：

（1）重点收集官方网站等公开发布的资料；

（2）整理和集成“十一五”“十二五”关于重点行业特征污染物和优控污染物的研究成果；

（3）重点关注科技期刊等关于重点行业特征污染物的研究成果；

（4）在特征污染物调查上以优先控制污染物为先；

（5）在资料收集上关注资料的历史连贯性。

4）工作方式、整理方法与质量保证措施。为实现任务目标，达到预期考核指标，遵循“优势互补、强强联合”的原则，整合优势力量，通过资料调研、专家咨询和现场调研等手段，推进任务实施。一是吸收各相关研究机构参与任务研究。二是建立内部研讨制度，定期组织成员研讨，及时交流任务实施过程中出现的问题，探讨有效的解决方案。三是开展专家咨询，就重点行业的特点咨询行业专家，广泛征求意见及建议。四是广泛开展资料调研与分析工作，通过图书馆、电子数据库、国家 / 地方 / 行业标准、未公开的结题报告、技术政策、行业报告、统计数据、学术会议等各种渠道广泛调研每个重点行业，并对大量的资料进行总结、分析及凝练。五是总结、梳理和汇编。

3.1.2.3　取样分析

在重点行业调研的过程中，针对不同的点位的不同污染源污水处理设施进口出口及主要工艺水进行采样，通过 GC-MS 进行分析，以具体有效的数据作为特征污染物和优先控制污染物的筛选基础。通过对典型企业的前期调查及实验数据汇总，建立污染物排放图谱即筛选目录库。

废水中有机物的分析采用 7890B/5977B 型 GC-MS（美国 Agilent 公司）进行分析，色谱柱选用 DB- 5 MS 型石英毛细管柱（30 m × 0.25 mm × 0.25 μm）。分析测试条件为：He 作为载气，流量为 1.0 ml/min，进样口温度设定 250℃，柱温为 40℃，保持 2 min 后以 10℃ /min 的速度升温到 100℃，25℃ /min 的速度升温到 260℃，15℃ /min 的速度升温到 320℃保持 5 min；脉冲不分流进样，脉冲压力 25 psi 时间 0.75 min，进样量为 1.0 μL；质量扫描范围为 35 ～ 550 amu；电子轰击能量为 70 eV；离子源温度为 300℃，四极杆温度 180℃。采用 MassHunter 软件 NIST17 谱库 / 数据库进行检索。

3.1.2.4 重点行业特征污染清单的确定

污染源调查以及实验数据汇总整理后主要包括以下几个方面内容：

（1）原辅材料及产品的物化性质，重金属重点考虑水中的存在形态和吸附降解情况，有机污染物重点考虑其在水中的溶解性、污染物的熔点或升华点、辛醇 / 水分配系数等。考虑原辅材料及产品的贮存方式。综合筛选后进入初始特征污染物清单；

（2）污染源生产工艺流程（其中包括主反应、副反应）中可能产生的副产品和中间产物，进入特征污染物清单；

（3）污水处理设施进口水特征污染物清单；

（4）污水处理设施出口水特征污染物清单；

（5）易发事故等非正常工况下排放污染物清单。

根据文献查阅、现场污染源考察、以上实验数据汇总整理结果，综合分析后建立《钢铁行业特征污染物清单》，为优控污染物清单的编制提供基础。

3.1.2.5 优控污染物清单的筛选

1）筛选目录库。优先控制污染物清单的筛选需要收集最新水环境质量标准和各行业排放标准及优控污染物名录，完善优先控制污染物目录库。

（1）水环境质量标准及各行业排放标准：

美国 EPA 生活饮用水标准污染物清单

中国《地表水环境质量标准》(GB 3838）污染物清单

中国《生活饮用水卫生标准》(GB 5749）污染物清单

各行业排放标准：

GB 13456—2012《钢铁工业水污染物排放标准》

GB 4287—2012《纺织染整工业水污染物排放标准》

（2）优控污染物名单

筛选过程中大名单的确定还需要参考美国 EPA 优控污染物名单 129 种及中国优控污染物黑名单 68 种等。

美国 EPA 优控物名单

美国 EPA 水环境中 129 种优控污染物的名单见表 3-1。

表 3–1 美国 EPA 水环境中 129 种优控污染物名单

类别	种　　类
挥发性卤代烃类（27 个）	溴仿、氯仿、双（-2 氯乙氧基）甲烷、二氯甲烷、氯代甲烷、溴代甲烷、二氯二溴甲烷、三氯氟甲烷（1981 年 1 月 8 日取消）、二氯二氟甲烷（1979 年 1 月 8 日取消）、氯溴甲烷、1,2- 二氯乙烷、1,1,1- 三氯乙烷、六氯乙烷、1,1- 二氯乙烷、1,1,2- 三氯乙烷、1,1,2,2- 四氯乙烷、氯乙烷、1,1- 二氯乙烯、反 1,1- 二氯乙烯、1,2- 二氯丙烷、反 1,3- 二氯丙烯、四氯乙烯、三氯乙烯、氯乙烯、六氯丁二烯、六氯环戊二烯、四氯化碳
苯系物（3 个）	乙苯、苯、甲苯
多氯联苯（1 个）	多氯联苯
氯代苯类（7 个）	氯代苯类、2- 氯苯、1,2,4- 三氯苯、六氯苯、1,2- 二氯苯、1,3- 二氯苯、1,4- 二氯苯
醚类（6 个）	二（氯甲基）醚（1981 年 2 月 4 日取消）、二（氯乙基）醚、2- 氯乙基乙烯基醚、4- 氯苯基苯醚、4- 溴苯基苯醚、双（-2 氯异丙基）醚
酚类（11 个）	苯酚、2- 硝基苯酚、4- 硝基苯酚、2,4- 二硝基苯酚、4,6- 二硝基 - 邻 - 甲酚、五氯苯酚、2,4,6- 三氯苯酚、对氯间苯酚、2,4- 二甲基苯酚、2- 氯苯酚、2,4- 二氯苯酚
硝基苯类（3 个）	2,4- 二硝基甲苯、2,6- 二硝基甲苯、硝基苯
苯胺类（3 个）	联苯胺、*N*- 亚硝基二苯胺、3,3/- 二氯联苯胺
多环芳烃类（16 个）	苯并［*a*］蒽、苯并［*a*］芘、3,4- 苯并荧蒽、苯并［*k*］荧蒽、䓛、苊、蒽、苯并［*g,h,i*］芘、芴、菲、二苯并［*a,b*］蒽、茚并［1,2,3-*cd*］芘、芘、荧蒽、二氢苊、萘
邻苯二甲酸酯类（6 个）	邻苯二甲酯双（2- 乙基己基）酯、邻苯二甲酸丁基苄酯、邻苯二甲酸二正丁酯、邻苯二甲酸二正辛酯、邻苯二甲酸二乙酯、邻苯二甲酸二甲酯
杀虫剂类（26 个）	艾氏剂、狄氏剂、氯丹、4,4/-DDT、4,4/ -DDE、4,4/-DDD、*α*- 硫丹、*β*- 硫丹、硫丹硫酸酯、异狄氏剂、异狄氏醛、七氯、七氯环氧乙烷、*α*- 六六六、*β*- 六六六、*γ*- 六六六、*δ*- 六六六、PCB-1242、PCB-1254、PCB-1221、PCB-1232、PCB-1248、PCB-1260、PCB-1016、毒杀芬、2,3,7,8- 四氯苯并 - 对 - 二噁英
丙烯类（2 个）	丙烯醛、丙烯腈
亚硝胺类（2 个）	*N*- 亚硝基二甲胺、*N*- 亚硝基二正丙胺
重金属及其化合物（13 个）	锑、砷、铍、镉、铬、铜、铅、汞、镍、硒、银、铊、锌
其他（3 个）	石棉、氰化物、异佛尔酮

2）中国优控物名单。周文敏、傅德黔等根据优控污染物筛选原则，从工业污染源调查和环境监测着手，汇总了约 10 万个数据，并且从全国有毒化学品登记库中检索出 2 347 种污染物的初始名单，最终筛选出 68 种作为水中优控污染物名单，

见表 3-2。

表 3-2　中国水环境中 68 种优控污染物名单

类别	种　类
挥发性卤代烃类（10 个）	二氯甲烷、三氯甲烷、四氯化碳、1,2- 二氯乙烷、1,1,1- 三氯乙烷、1,1,2- 三氯乙烷、1,1,2,2- 四氯乙烷、三氯乙烯、四氯乙烯、三溴甲烷
苯系物（6 个）	苯、甲苯、乙苯、邻二甲苯、间二甲苯、对二甲苯
氯代苯类（4 个）	氯苯、邻二氯苯、对二氯苯、六氯苯
多氯联苯（1 个）	多氯联苯
酚类（6 个）	苯酚、间甲酚、2,4- 二氯酚、2,4,6- 三氯酚、五氯酚、对硝基酚
硝基苯类（6 个）	硝基苯、对硝基甲苯、2,4- 二硝基甲苯、三硝基甲苯、对硝基氯苯、2,4- 苯一硝基氯苯
苯胺类（4 个）	苯胺、二硝基苯胺、对硝基苯胺、2,6- 二氯硝基苯胺
多环芳烃类（7 个）	萘、荧蒽、苯并［*b*］荧蒽、苯并［*k*］荧蒽、苯并［*a*］芘、茚并［1,2,3-*cd*］芘、苯并［*g,h,i*］芘
酞酸酯类（3 个）	酞酸二甲酯、酞酸二丁酯、酞酸二辛酯
农药类（8 个）	六六六、DDT、敌敌畏、乐果、对硫磷、甲基对硫磷、除草醚、敌百虫
丙烯腈（1个）	丙烯腈
亚硝胺类（2 个）	*N*- 亚硝基二乙胺、*N*- 亚硝基二正丙胺
氰化物（1个）	氰化物
重金属及其化合物（9 个）	砷及其化合物、铍及其化合物、镉及其化合物、铬及其化合物、铜及其化合物、铅及其化合物、汞及其化合物、镍及其化合物、铊及其化合物

除这两个大名单外，还要充分参考其他资料，如《浙江省第一批环境优先污染物黑名单》《江苏水体优先控制有毒有机污染物》相关资料。

此外，在进一步筛选的过程中，还需要尽可能详细地查到每种物质的性质和基本信息，主要可参考美国职业安全与卫生研究所（NIOSH）的化学物质毒性效应记录、RTECS 数据、危险化学品档案、化学品数据库等参考资料。

3.1.2.6　优控污染物清单的进一步筛选

1）筛选因子的建立。筛选优先控制污染物应注意：①筛选过程符合客观实际情况；②筛选方法简便易于操作。筛选原则应考虑以下因素：美国 EPA 优控物名单、中国优控物名单、环境稳定性、生物富集性等，根据各种筛选因子在评价模型中的权重，得到典型行业优先控制污染物的清单。

综合考虑实际情况，出于不同的控制目标，采取的筛选原则会有所不同，但对

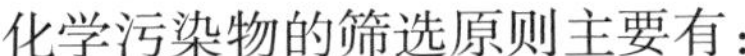

化学污染物的筛选原则主要有：

（1）毒性效应（急性毒性、慢性毒性，“三致”毒性等）大的；

（2）在环境中降解缓慢、有蓄积作用的；

（3）环境中检出率高的；

（4）已造成污染或环境浓度高的；

（5）环境污染事故频繁、造成损失严重的；

（6）已列入有关国际组织及一些发达国家公布的各类环境优先污染物名单中的；

（7）已有条件可以监测的；

（8）人群敏感的。

因此，筛选技术综合考虑物质的暴露性、持久性和毒性，共设置了 7 项筛选因子，分别是污染物对总量控制指标（化学需氧量）的贡献值、水中溶解度、挥发度、生物累积性、生物降解性、一般毒性、特殊毒性（致癌性），见表 3-3。

表 3-3　各类物质的筛选因子

筛选依据	序号	排放物筛选因子
暴露性	1	COD_{Cr} 贡献值
	2	水中溶解度
	3	挥发度
持久性	4	生物累积
	5	生物降解
毒性	6	一般毒性
	7	特殊毒性

2）筛选因子信息的查询。筛选因子信息的完整性对筛选结果具有重要的影响，因此我们尽可能详细地查到每种物质的性质和基本信息。本书筛选因子信息的查询范围主要有 chemblink 化学品数据库、物竞化学品数据库、化工引擎数据库、突发性污染事故中危险品档案库、美国 EPA 优控污染物名单（129 种）、中国优控污染物黑名单（68 种）、美国 EPA 生活饮用水标准污染物清单、中国《地表水环境质量标准》（GB 3838）污染物清单、中国《生活饮用水卫生标准》（GB 5749）污染物清单、美国职业安全与卫生研究所（NIOSH）的化学物质毒性效应记录、有毒化学物质登录（RTECS）数据、美国环境物质致癌性资料数据库、世界卫生组织（WHO）致癌性数据库、《化学物质毒性全书》等。

3）筛选因子的赋分标准。分值越高表明危害潜力越大。按照固定标准评分，大多参数可制定定量标准。不宜定量的数据采取定性—数量化方法进行标准化定量。数据缺项时可通过污染物性质通过类比方式给出适当分值。加权叠加得出污染物总分值。

对 11 个筛选因子的具体赋分标准如下。

（1）化学需氧量（COD_{Cr}）贡献值。通过计算理论需氧量 ThOD、参考已有物质的化学需氧量（COD_{Cr}）氧化率和有机污染物的稳定性等方式计算得到 COD_{Cr} 贡献值，氧化率最大以 100% 计量。对一般有机物而言，以经验式 $C_aH_bO_cN_dP_eS_f$ 表示，其氧化反应由式（1）表示：

$$C_aH_bO_cN_dP_eS_f+\frac{1}{2}\left(2a+\frac{1}{2}b+d+\frac{5}{2}e+2f-c\right)O_2 \rightarrow aCO_2+\frac{1}{2}H_2O+dHO+\frac{e}{2}P_2O_5+fSO_2 \quad (1)$$

即 1mol 的有机化合物 $C_aH_bO_cN_dP_eS_f$ 在氧化反应中要消耗$\frac{1}{2}$（$2a+\frac{1}{2}b+d+\frac{5}{2}e+2f-c$）$O_2$ 摩尔的氧，用此法计算出的 COD 值称为理论需氧量（ThOD）。

COD_{Cr} 的贡献值计算如式（2）所示：

$$COD_{Cr}\text{ 贡献值（g/g）} = \text{ThOD（g/g）} \times \text{氧化率（\%）} \quad (2)$$

重铬酸钾化学需氧量氧化率分级如表 3-4 所示，COD_{Cr} 的贡献值赋分标准如表 3-5 所示。该筛选因子适用于有机物的筛选，金属污染物没有这项指标。

表 3-4　重铬酸钾化学需氧量氧化率分级表

物质类别	氧化率 /%	物质类别	氧化率 /%	物质类别	氧化率 /%
羧酸类	95	硝基苯、苯胺类	100	酰胺类	20
醇类	95	氨基酸	100	卤代类	10
酯类（不含苯环）	80	多糖类	95	氰化有机物	10
醛酮类	50 ～ 80	酚类	100	吲哚类	20
酞酸酯类	50	苯类	20	烷烃、烯烃	10
多环芳烃类	10	吡啶类	20	噻唑	10
多氯联苯类	10	醚类	35	喹啉类	20
				呋喃类	90

表 3-5　COD_{Cr} 的贡献值赋分表

分值	0	1	2	3	4	5
COD_{Cr} 贡献值 /（g/g）	0	0 ～ 50	50 ～ 100	100 ～ 200	200 ～ 300	>300

（2）生物降解性。通常生物降解性用生物转化和降解系数来表示。生物转化和降解系数：生物转化是指生物酶对化合物的催化转化过程。生物转化的可能性取决于化合物的稳定性和毒性，经驯化的微生物的存在以及环境因素等（包括 pH、温度、溶解氧的量和可利用的氮）。生物降解的难易程度通常称为可生化性。可生化的比例经常用来表示用生化法处理含毒有机废水的重要指标，生化过程是一个较长的过程。生物转化速率的二级反应速率常数，取决于化合物的浓度和微生物的量。

生物降解性参数资料不全，按照分解、无数据、不分解或很难分解三级赋分，通过污染物类比方式对无数据污染物适当赋分。生物降解性赋分如表 3-6 所示。

表 3-6 生物降解性赋分表

分值	1	2	3
标准	分解	无数据	不分解或很难分解
快速生物降解的可能性：Biowin1（线性模型）	可能性 >0.7	0.3< 可能性 <0.7	可能性 <0.3

（3）生物累积性。生物累积一般采用生物富集系数（BCF）评价，对于没有数据的污染物采用化合物在正辛醇和水中分配值类比（K_{OW}）确定分值，分三级赋分如表 3-7 所示。

表 3-7 生物累积性赋分表

分值	1	2	3
标准	lg *K*ow<1	1<lg *K*ow<2	lg *K*ow ＞ 2
	lg BCF<1.5	1.5<lg BCF <3	lg BCF ＞ 3

BCF 是生物组织（干重）中化合物的浓度和溶解在水中的浓度之比。也可以认为是生物对化合物的吸收速率与生物体内化合物净化速率之比，生物富集系数是描述化学物质在生物体内累积趋势之重要指标。如根据国际潜在有毒化学品登记处（IRPTC）的资料，生活在 PCB 含量为 1 μg/L 水中的鱼类，28 天后的富集系数为水体中含量的 37 000 倍，再放回不含 PCB 的清洁水中，84 天以后的净化率为 61%。水生生物在水体中对化学物质的吸收和积累作用，往往是通过水和脂肪之间的分配来完成的。

K_{OW} 是有机化合物在水和 *N*- 辛醇两相平衡浓度之比。根据研究发现，辛醇对有机物的分配与有机物在土壤的分配极为相似，所以当有了化合物在辛醇和水中的分配比 K_{OW} 以后，就可以顺利地计算出 K_{OC}。通常，有机物在水中的溶解度往往可以通过它们对非极性的有机相的亲和性反映出来。亲脂有机物在辛醇 - 水体系中有很高的分配系数，在有机相中的浓度可以达到水相中浓度的 101 ～ 106 倍。例如，常见的环境污染物 PAH、PCBS 和邻苯二酸酯等。在辛醇 - 水体系中的分配系数是一个无量纲值。K_{OW} 值是描述一种有机化合物在水和沉积物中，有机质之间或水生生物脂肪之间分配的一个很有用的指标。分配系数的数值越大，有机物在有机相中溶解度也越大，即在水中的溶解度越小。

（4）溶解度和挥发度。在对化学物质，特别是有毒化学物的环境监测和环境效应研究过程中，它们在水中的溶解度可能是影响化学物在各种环境要素，如大气、水体、水生生物和沉积物（底质）中迁移、转化的最重要性质之一。大部分无机化合物在水中呈离子态，故其溶解度都比较大，许多有机物呈非离子态，在水中的溶解度则比较小。非离子性化合物的溶解性，主要取决于它们的极性，非极性或弱极性的化合物易溶于非极性或弱极性溶剂中，反之，强极性化合物易溶于极性溶剂。水是强极性溶剂之一，所以四氯化碳等非极性化合物在水中溶解甚少，芳烃类化合物属弱极性，在水中的溶解度也不大。随着芳烃环上取代基的增加（如 PAH），它们在水中的溶解度变得越来越小，相反强极性的醇，有机酸等及带 OH、SH、NH 基团的化合物在水里的溶解度则相当大。

化合物的蒸气压表达了该化合物从环境水相向大气中的迁移程度，一般而言，具有高蒸气压、低溶解度和高活性系数的化合物最容易挥发，挥发的速度有时还取决于风、水流和温度。一般低分子量的化合物（如烷烃、单环芳烃和一些有机氮化物）都有很高的蒸气压和很低的水溶性，有的资料也用亨利常数 HC 来表示化合物的挥发性（计算单位 Torr/mol）。HC 表示在标准温度和压力下，化合物在空气和水中的相对平衡浓度，蒸气压与化合物在水中溶解度的比值，表示该化合物的挥发性。

水中溶解度和挥发度参数参考已有化学化工手册得到，溶解度分易溶于水、微溶于水、难溶、不溶于水。通常把在室温（25℃）下，溶解度在 100 g/L 水以上的物质叫易溶物质，溶解度在 10 ～ 100 g/L 的水称为可溶物质，溶解度在 0.1 g ～ 10 g/L 的水的物质称为微溶物质，溶解度小于 0.1 g/L 的水的物质称为难溶物质。可见溶解是绝对的，不溶解是相对的。分别赋 4 分、3 分、2 分、1 分，具体赋分标准见表 3-8。

表 3-8　溶解度赋分表

分值	1	2	3	4
标准	难溶于水	微溶于水	可溶于水	易溶于水
溶解度（25℃）	小于 0.1 g/L	0.1 ～ 10 g/L	10 ～ 100 g/L	100 g/L

按照世界卫生组织的定义沸点在 50 ～ 250℃的化合物，室温下饱和蒸气压超

过 133.32 Pa，在常温下以蒸汽形式存在于空气中的一类有机物，按其化学结构的不同，可以进一步分为八类：烷类、芳烃类、烯类、卤烃类、酯类、醛类、酮类和其他。VOC 的主要成分有烃类、卤代烃、氧烃和氮烃，它包括苯系物、有机氯化物、氟利昂系列、有机酮、胺、醇、醚、酯、酸和石油烃化合物等。一般空气中有机化合物按照沸点不同可以分为四类：

①沸点小于 0 ～ 50℃的为易挥发性有机化合物（VVOC）；

②沸点 50 ～ 240℃的为挥发性有机物（VOC）；

③沸点 240 ～ 380℃的为半挥发性有机化合物（SVOC）；

④沸点 380℃以上的为颗粒状有机物（POM）。

挥发度分挥发性、半挥发性和难挥发性分别赋 1 分、2 分、3 分，具体赋分标准见表 3-9。

表 3-9 挥发度赋分表

分值	1	2	3
标准	难挥发性沸点＞ 380℃	半挥发性沸点为 240 ～ 380℃	挥发性沸点＜ 240℃

（5）一般毒性赋分。一般毒性分为慢性毒性和急性毒性，引入半致死量 LD_{50}（mg/kg）、半致死浓度 LC_{50}（mg/m^3）、最小毒性作用剂量参数 TDL_0（mg/kg）、TLC_0（mg/m^3）对慢性毒性和急性毒性进行评价，分五级赋分，根据世界卫生组织推荐的毒性分级标准进行一般毒性赋分见表 3-10。

表 3-10 一般毒性赋分表

一般毒性赋分	毒性分级	大鼠一次经口	6 只大鼠吸入 4h，死亡 2 ～ 4 只的浓度 /ppm	兔涂皮时	对人可能致死量	
		LD_{50}/（mg/kg）		LD_{50}/（mg/kg）	/（g/kg）	总量 /g（60kg 体重）
5	剧毒	<1	<10	<5	<0.05	0.1
4	高毒	1-	10-	5-	0.05-	3
3	中等毒	50-	100-	44-	0.5-	30
2	低毒	500-	1 000-	350-	5-	250
1	微毒	5 000-	10 000-	2 180-	>15	>1 000

（6）特殊毒性赋分。特殊毒性即致癌性赋分标准见表 3-11。

表 3-11 致癌性赋分表

分值	0	1	2
标准	无致癌性	按 RTECS 标准致肿瘤	按 RTECS 标准致癌或人疑致癌

按照上述赋分标准对水污染源污染物排放图谱筛选库中所涉及的每一种化学物质分别进行赋分，将每种化学物质的筛选指标的分值进行归一化处理，得到归一化分值，然后归一化分值相加得到最后的筛选分数，根据分数的分布以及行业特征初选出优控污染物初始名单。

3.2 钢铁行业特征污染物和优控污染物清单

水污染源优控物筛选研究中选取了具有代表性的典型行业，其代表性主要基于以下三点：①该行业排放废水对水环境污染具有重要影响；②是流域控源减排的重点污染源；③该行业在国民经济发展中具有较高的比重。因此选择了印刷电路板、纺织染整、黑色金属冶炼和压延加工行业（钢铁行业）三个典型行业（企业），应用筛选技术建立了这三种行业（企业）的优先控制污染物名录。这些行业优先控制污染物名录为污染源的风险控制和日常监管提供了数据支撑，将极大地提高现有流域水环境监管的有效性和针对性，同时为其他行业优先控制污染物清单的建立提供借鉴。

3.2.1 钢铁行业特征污染物分析

3.2.1.1 工艺过程特征污染物分析

钢铁行业中涉及一系列工序，每到工序都会排出各种各样地残料和废物，其中废水污染物会存在 SS、油、氨氮、酚和氰化物等有毒有害物质。

钢铁各个工序排污形式及表现特征如下：

高炉系统排放特征：

（1）原料系统。在卸料系统、贮料堆及运输过程中会产生粉尘，此系统不产生废水。

（2）烧结、球团系统。烧结过程的污染物排放主要源自原料装卸作业和炉内的燃烧反应。此过程会产生烧结烟气，含二氧化硫、氮氧化物、粉尘、重金属等。

（3）炼铁系统。过程产生的主要污染物为高炉渣，废气为颗粒物和硫化氢等，废水为气体净化水和冲渣水，主要成分悬浮固体及油类。

（4）炼钢系统。主要污染物废气主要为粉尘，源自氧化铁和其他金属经冶炼而挥发出来，或因废钢加料过程混入有色金属碎片所致。另外，废气还有因渣门、电极孔、炉壁和炉顶之间进入炉内的空气及废钢带入的矿物燃料在燃烧时产生。产生少量含悬浮固体、油和重金属等物质的废水。

（5）铸造系统。铸造过程产生的废水主要有：喷雾室的冷却水，含有大量铸造产品的鳞皮，须经沉淀等处理回用，另外，还有润滑铸模的化学品、植物油、助溶粉等物质。铸造主要类型为热轧和冷轧。

钢铁工业整体用水量巨大，在各个工序均会产生废水，在生产过程中排出的废水主要来源于生产工艺过程用水、设备与产品冷却水，设备与场地清洗等。70% 以上的废水来源于冷却水，生产工艺过程排出的只占小部分。废水中含有随水流失的生产用料、中间产物和产品及生产过程产生的污染物。钢铁工业废水的特征分类，见表 3-12。

表 3-12　钢铁工业废水特征污染物

排水单元	污染特征					主要污染物													
	浑浊	颜色	有机	热	无机	COD	悬浮物	氨氮	总氮	总磷	酚	硫化物	氟化物	氰化物	油	锌	铅	铬	锰
烧结	有	有	有			有	有	有	有	有									
炼铁	有	有	有	有		有	有	有	有	有	有	有		有		有	有		
炼钢	有	有	有	有		有	有	有	有	有			有		有				
轧钢	有	有	有	有		有	有	有	有	有					有				
铁合金	有	有	有	有		有	有	有	有	有	有	有						有	有

特征污染物为酚类、铁离子、锌离子、铬离子、铅离子、锰离子、氰化物、氧化铁、硫化物、氟化物。

3.2.1.2　钢铁行业废水中特征污染物检测分析

1）文献资料：钢铁废水有机物种类包括饱和烷醇、酸、含氧含氮杂环化合物、酚、芳烃、酮、苯胺等，其中烷醇类物质最多，质量分数为 74.97%，其次是脂肪酸类物质，质量分数为 19.43%，再次是含氮含氧杂环化合物，比例为 2.95%，其余类物质所占比例较低。特征有机物是 2,3,4- 三甲基 -3- 戊醇、3,3- 二甲基庚酸、丙二醇、3,5,5- 三甲基己酸、2,3- 二甲基 -1- 丁醇、2,5- 二氢 -2,5- 二甲基呋喃、对二甲苯、5- 甲基 -1 氢 - 苯并三唑、4- 甲基 -1 氢 - 苯并三唑，这些物质多为设备防锈剂、抗冻剂、防老剂等，见图 3-2。

钢铁废水处理设施出口中有机物种类包括醇、含氮杂环化合物、酸、酚、芳烃等，和进口基本一致，其中饱和烷醇类物质最多，质量分数为87.45%，含氮杂环化合物比例为9.62%，其次是脂肪酸类物质，比例为2.62%，其余类物质所占比例较低。特征有机物是2,3,4-三甲基-3-戊醇、2,4二甲基己醇、1氢-苯并三唑、4-甲基-1氢-苯并三唑、2,3,4,5-四氢哒嗪、3,3-二甲基庚酸等。

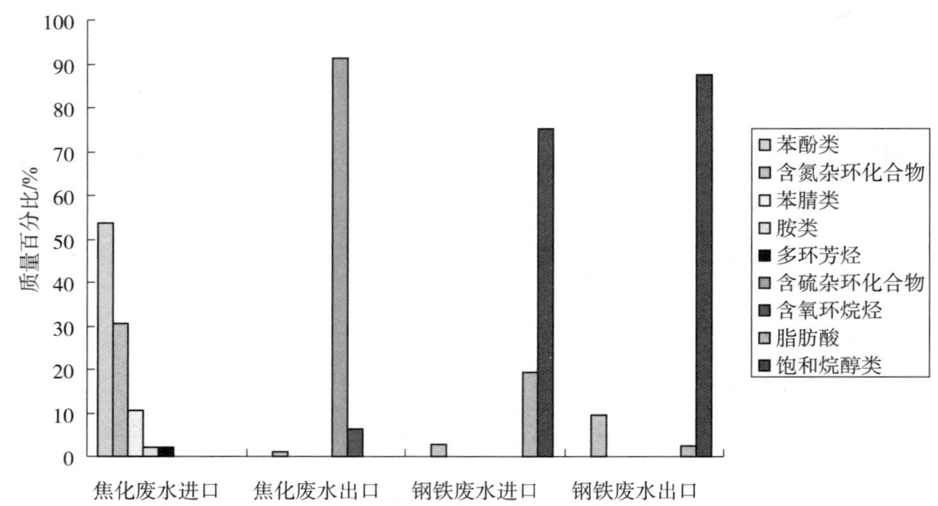

图3-2　钢铁行业特征有机物类别及质量百分比

钢铁行业水污染物排放图谱解析结果汇总见表3-13。

表3-13　钢铁行业特征污染物图谱集

<table>
<tr><td>图谱类别</td><td>成分类别</td><td colspan="9">钢铁行业特征污染物图谱</td></tr>
<tr><td>原料、辅料、产品</td><td></td><td colspan="9">钢铁行业的原料是煤和铁矿石，产品主要是焦炭、铁水、钢材、钢板等。副产品有化工产品煤焦油、粗苯、硫酸铵、煤气等</td></tr>
<tr><td rowspan="6">钢铁综合废水处理设施进口</td><td rowspan="3">常规、金属污染物</td><td colspan="2"></td><td>总氮</td><td>氨氮</td><td>COD_{Cr}</td><td>Tl</td><td>Zn</td><td></td><td></td></tr>
<tr><td rowspan="2">与标准的比值</td><td>P_2</td><td>1.2</td><td>1.6</td><td>1.1</td><td>—</td><td>1.2</td><td></td><td></td></tr>
<tr><td>P_3</td><td>11.9</td><td>6.5</td><td>1.6</td><td></td><td>1.2</td><td></td><td></td></tr>
<tr><td rowspan="3">有机污染物</td><td colspan="2"></td><td>烷醇类</td><td>脂肪酸类</td><td>含氮含氧杂环化合物</td><td></td><td></td><td></td><td></td></tr>
<tr><td colspan="2">质量百分比</td><td>74.97%</td><td>19.43%</td><td>2.95%</td><td></td><td></td><td></td><td></td></tr>
<tr><td colspan="9">2,3,4-三甲基-3-戊醇、3,3-二甲基庚酸、丙二醇、3,5,5-三甲基己酸、2,3-二甲基-1-丁醇、2,5-二氢-2,5-二甲基呋喃、对二甲苯、5-甲基-1氢-苯并三唑、4-甲基-1氢-苯并三唑等</td></tr>
</table>

续表

图谱类别	成分类别	钢铁行业特征污染物图谱								
钢铁综合废水水处理设施出口	常规、金属污染物			总氮	氨氮	Tl				
		与标准的比值	P_2	1.7	1.3	—				
			P_3	16.8	5.3	11.6				
	有机污染物			烷醇类	含氮杂环化合物	脂肪酸类				
		质量百分比		87.45%	9.62%	2.62%				
		2,3,4- 三甲基 -3- 戊醇、2,4 二甲基己醇、1 氢 - 苯并三唑、4- 甲基 -1 氢 - 苯并三唑、2,3,4,5- 四氢哒嗪、3,3- 二甲基庚酸等								

2）某钢铁企业 A：

（1）高炉后废水。某钢铁企业 A 高炉后废水色谱见图 3-3，废水中有机物质的种类结果见表 3-14，由表可知，高炉后废水主要含有 16 种有机物，主要含有酮类、苯系物、脂类、酸类、醇类等物质。

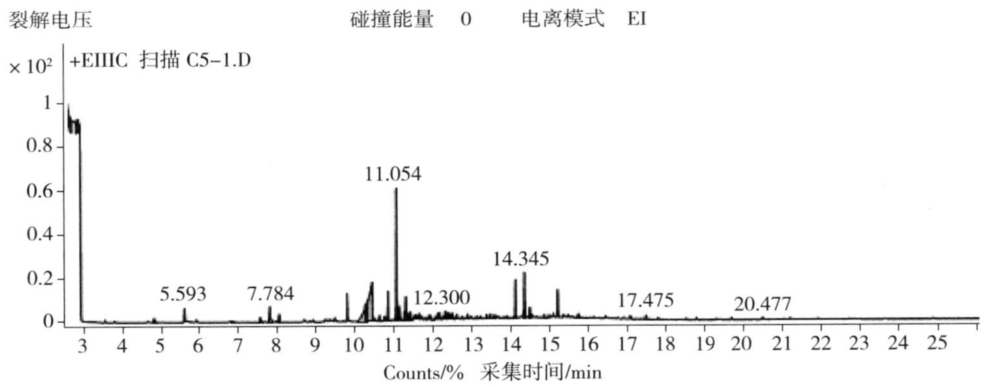

图 3-3 高炉后废水色谱图

表 3-14 检测出高炉后废水中特征污染物成分

序号	中文名称	英文名称	分子式	面积加和百分比 /%
1	苯甲醛	Benzaldehyde	C_7H_6O	1.02
2	2,2- 二羟基 -1- 苯基 -乙酮	Ethanone，2,2-dihydroxy-1-phenyl-	$C_8H_8O_3$	0.59
3	2- 吡咯烷酮	2-Pyrrolidinone	C_4H_7NO	1.21
4	苯甲酸	Benzoic acid	$C_7H_6O_2$	31.01

续表

序号	中文名称	英文名称	分子式	面积加和百分比 /%
5	壬酸甲酯	Nonanoic acid，methyl ester	$C_{10}H_{20}O_2$	0.65
6	2- 羟基 -1- 苯基 - 乙酮	Ethanone，2-hydroxy-1-phenyl-	$C_8H_8O_2$	3.7
7	丙酮 -1- 苯基 -1,2- 乙二醇缩酮	Acetone-1-phenyl 1,2-ethandiol ketal	$C_{11}H_{14}O_2$	14.73
8	1- 苯基 -1,2- 乙二醇	1,2-Ethanediol，1-phenyl-	$C_8H_{10}O_2$	2.64
9	癸酸甲酯	Decanoic acid，methyl ester	$C_{11}H_{22}O_2$	0.6
10	三醋酸甘油酯	Triacetin	$C_9H_{14}O_6$	0.6
11	4- 乙基苯甲酸	4-Ethylbenzoic acid	$C_9H_{10}O_2$	1.7
12	1,2- 苯二羧酸双（2- 甲基丙基）酯	1,2-Benzenedicarboxylic acid，bis（2-methylpropyl）ester	$C_{16}H_{22}O_4$	3.1
13	十六酸甲酯	Hexadecanoic acid，methyl ester	$C_{17}H_{34}O_2$	3.91
14	硬脂酸甲酯	Methyl stearate	$C_{19}H_{38}O_2$	2.46
15	（2,2- 二甲基 -1,3- 二氧六环 -4- 基）甲酯	Hexadecanoic（2,2-dimethyl-1,3-dioxolan-4-yl）methyl ester	$C_{22}H_{42}O_4$	0.47
16	邻苯二甲酸二（2- 乙基己基）酯	Bis（2-ethylhexyl）phthalate	$C_{24}H_{38}O_4$	0.58

其中，面积加和百分比在 2% 以上的有机物为：

序号	中文名称	英文名称	分子式	面积加和百分比 /%
1	苯甲酸	Benzoic acid	$C_7H_6O_2$	31.01
2	丙酮 -1- 苯基 -1,2- 乙二醇缩酮	Acetone-1-phenyl 1,2-ethandiol ketal	$C_{11}H_{14}O_2$	14.73
3	十六酸甲酯	Hexadecanoic acid，methyl ester	$C_{17}H_{34}O_2$	3.91
4	2- 羟基 -1- 苯基 - 乙酮	Ethanone，2-hydroxy-1-phenyl-	$C_8H_8O_2$	3.7
5	1,2- 苯二羧酸双（2- 甲基丙基）酯	1,2-Benzenedicarboxylic acid，bis（2-methylpropyl）ester	$C_{16}H_{22}O_4$	3.1
6	1- 苯基 -1,2- 乙二醇	1,2-Ethanediol，1-phenyl-	$C_8H_{10}O_2$	2.64
7	硬脂酸甲酯	Methyl stearate	$C_{19}H_{38}O_2$	2.46

（2）轧钢后废水。某钢铁企业 A 轧钢后废水色谱见图 3-4，废水中有机物质的种类结果见表 3-15，由表可知，钢铁行业轧钢后废水主要有 16 种有机物，主要含有长链烷烃、苯系物、脂类等物质。

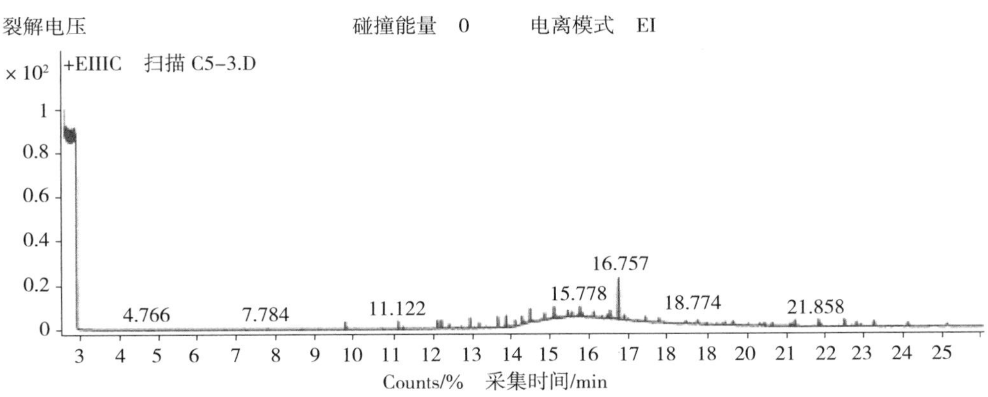

图 3-4 轧钢后废水色谱图

表 3-15 检测出轧钢后废水中特征污染物成分

序号	中文名称	英文名称	分子式	面积加和百分比 /%
1	2- 吡咯烷酮	2-Pyrrolidinone	C_4H_7NO	0.33
2	苯并噻唑	Benzothiazole	C_7H_5NS	0.32
3	1- 苯基 -1,2- 乙二醇	1,2-Ethanediol,1-phenyl-	$C_8H_{10}O_2$	0.54
4	1H- 苯并三唑	1H-Benzotriazole	$C_6H_5N_3$	2.09
5	4- 甲基 -1H- 苯并三唑	1H-Benzotriazole，4-methyl-	$C_7H_7N_3$	0.23
6	1,6- 二噁烷环十二烷 -7,12- 二酮	1,6-Dioxacyclododecane-7, 12-dione	$C_{10}H_{16}O_4$	0.35
7	十八甲基环壬基氧烷	Cyclononasiloxane，octadecamethyl-	$C_{18}H_{54}O_9Si_9$	1.93
8	1,2- 苯二羧酸双（2- 甲基丙基）酯	1,2-Benzenedicarboxylic acid，bis（2-methylpropyl）ester	$C_{16}H_{22}O_4$	0.94
9	十六酸甲酯	Hexadecanoic acid，methyl ester	$C_{17}H_{34}O_2$	0.51
10	2-（2- 羟基乙硫基）苯并噻唑	Benzothiazole,2-（2-hydroxyethylthio）-	$C_9H_9NOS_2$	0.46
11	乙酸十六醇	1-Hexadecanol，acetate	$C_{18}H_{36}O_2$	1.01
12	*N*-（1,3- 二甲基丁基）-*N′*- 苯基 -1,4- 苯二胺	1,4-Benzenediamine，N-（1,3-dimethylbutyl）-*N′* -phenyl-	$C_{18}H_{24}N_2$	0.89
13	2,2′- 亚甲基［6-（1,1- 二甲基乙基）-4- 甲基 - 苯酚	Phenol,2,2′-methylenebis[6-（1,1-dimethylethyl）-4-methyl-	$C_{23}H_{32}O_2$	10.35
14	2- 甲基二十碳烷	Eicosane，2-methyl-	$C_{21}H_{44}$	0.59
15	二十碳烯基乙烯基碳酸酯	Carbonic acid，eicosyl vinyl ester	$C_{23}H_{44}O_3$	0.96
16	二十一烷	Heneicosane	$C_{21}H_{44}$	11.37

其中，面积加和百分比在1%以上的有机物为：

序号	中文名称	英文名称	分子式	面积加和百分比/%
1	二十一烷	Heneicosane	$C_{21}H_{44}$	11.37
2	2,2′-亚甲基［6-（1,1-二甲基乙基）-4-甲基-苯酚	Phenol,2,2′-methylenebis［6-（1,1-dimethylethyl）-4-methyl-	$C_{23}H_{32}O_2$	10.35
3	1H-苯并三唑	1H-Benzotriazole	$C_6H_5N_3$	2.09
4	十八甲基环壬基氧烷	Cyclononasiloxane，octadecamethyl-	$C_{18}H_{54}O_9Si_9$	1.93
5	乙酸十六醇	1-Hexadecanol，acetate	$C_{18}H_{36}O_2$	1.01
6	二十碳烯基乙烯基碳酸酯	Carbonic acid，eicosyl vinyl ester	$C_{23}H_{44}O_3$	0.96
7	1,2-苯二羧酸双（2-甲基丙基）酯	1,2-Benzenedicarboxylic acid，bis（2-methylpropyl）ester	$C_{16}H_{22}O_4$	0.94
8	*N*-（1,3-二甲基丁基）-*N′*-苯基-1,4-苯二胺	1,4-Benzenediamine，*N*-（1,3-dimethylbutyl）-*N′*-phenyl-	$C_{18}H_{24}N_2$	0.89

3）某钢铁企业B：

（1）末端处理前废水。某钢铁企业B末端处理前废水色谱见图3-5，废水中有机物质的种类结果见表3-16，由表可知，末端处理前废水主要含有15种有机物，主要含有长链烷烃、烯烃、酮类、苯系物、脂类、酸类等物质。

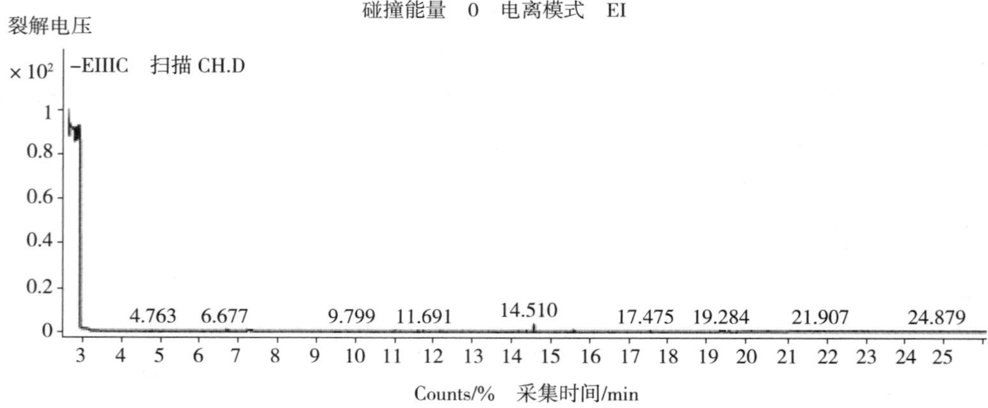

图3-5 末端处理前废水色谱图

表 3-16 检测出末端处理前废水中特征污染物成分

序号	中文名称	英文名称	分子式	面积加和百分比 /%
1	4- 羟基 -4- 甲基 -2- 戊酮	2-Pentanone，4-hydroxy-4-methyl-	$C_6H_{12}O_2$	0.64
2	2,2- 二甲基 -（Z）-3- 己烯	3-Hexene,2,2-dimethyl-，（Z）-	C_8H_{16}	0.8
3	1,2,3,4,5-五甲基 - 环戊烷	Cyclopentane,1,2,3,4,5-pentamethyl-	$C_{10}H_{20}$	10.1
4	2,4,4- 三甲基 -1- 己烯	2,4,4-Trimethyl-1-hexene	C_9H_{18}	5.44
5	1- 甲基 -2- 丙基 - 环己烷	Cyclohexane,1-methyl-2-propyl-	$C_{10}H_{20}$	2.75
6	水杨醇	Salicyl alcohol	$C_7H_8O_2$	2.77
7	2,2,4- 三甲基 -1,3- 戊二醇二异丁酸酯	2,2,4-Trimethyl-1,3-pentanediol diisobutyrate	$C_{16}H_{30}O_4$	2.17
8	2- 甲基丙酸 -3- 羟基 -2,2,4-三甲基戊酯	Propanoic acid,2-methyl-,3-hydroxy-2,2,4-trimethylpentyl ester	$C_{12}H_{24}O_3$	2.05
9	1 氢 - 苯并三唑	1H-Benzotriazole	$C_6H_5N_3$	1.57
10	2- 乙基己基亚硫酸酯	Sulfurous acid,2-ethylhexyl hexyl ester	$C_{14}H_{30}O_3S$	1.77
11	二苯乙炔	Diphenylacetylene	$C_{14}H_{10}$	0.64
12	1,2- 苯二羧酸双（2- 甲基丙基）酯	1,2-Benzenedicarboxylic acid，bis（2-methylpropyl）ester	$C_{16}H_{22}O_4$	1.68
13	邻苯二甲酸二丁酯	Dibutyl phthalate	$C_{16}H_{22}O_4$	9.8
14	4,4′-（1- 甲基亚乙基）二苯酚（双酚 A）	Phenol,4,4′-（1-methylethylidene）bis-	$C_{15}H_{16}O_2$	4.02
15	邻苯二甲酸二（2- 乙基己基）酯	Bis（2-ethylhexyl）phthalate	$C_{24}H_{38}O_4$	4.1

其中，面积加和百分比在 2% 以上的有机物为：

序号	中文名称	英文名称	分子式	面积加和百分比 /%
1	1,2,3,4,5- 五甲基 - 环戊烷	Cyclopentane,1,2,3,4,5-pentamethyl-	$C_{10}H_{20}$	10.1
2	邻苯二甲酸二丁酯	Dibutyl phthalate	$C_{16}H_{22}O_4$	9.8
3	2,4,4- 三甲基 -1- 己烯	2,4,4-Trimethyl-1-hexene	C_9H_{18}	5.44
4	邻苯二甲酸二（2- 乙基己基）酯	Bis（2-ethylhexyl）phthalate	$C_{24}H_{38}O_4$	4.1
5	4,4′-（1- 甲基亚乙基）二苯酚（双酚 A）	Phenol,4,4′-（1-methylethylidene）bis-	$C_{15}H_{16}O_2$	4.02

续表

序号	中文名称	英文名称	分子式	面积加和百分比 /%
6	水杨醇	Salicyl alcohol	$C_7H_8O_2$	2.77
7	1- 甲基 -2- 丙基 - 环己烷	Cyclohexane，1-methyl-2-propyl-	$C_{10}H_{20}$	2.75
8	2,2,4- 三甲基 -1,3- 戊二醇二异丁酸酯	2,2,4-Trimethyl-1,3-pentanediol diisobutyrate	$C_{16}H_{30}O_4$	2.17
9	2- 甲基丙酸 -3- 羟基 -2,2,4- 三甲基戊酯	Propanoic acid,2-methyl-,3-hydroxy-2,2,4-trimethylpentyl ester	$C_{12}H_{24}O_3$	2.05

（2）钢铁行业特征污染物清单。根据课题组对于钢铁行业的文献收集、调研、现场考察、资料汇总整理和废水检测，钢铁行业特征污染物清单见表 3-17。

表 3-17　钢铁行业特征污染物分析和筛选

行业	清单来源	特征污染物
黑色金属冶炼和压延加工行业	基于生产工艺考察和文献资料统计	酸类：3,3- 二甲基庚酸、3,5,5- 三甲基己酸 长链烷烃： 烯烃：2,2- 二甲基 -（Z）-3- 己烯、2,4,4- 三甲基 -1- 己烯 苯系物：对二甲苯、5- 甲基 -1 氢 - 苯并三唑、1 氢 - 苯并三唑、4- 甲基 -1 氢 - 苯并三唑 （1）苯酚类：苯酚类 （2）苯醇类： （3）苯醛类： （4）苯酸类： （5）苯胺类： （6）卤代苯： （7）咪唑： （8）喹啉： （9）噻唑： （10）吲哚： 脂类： 醇类：2,3,4- 三甲基 -3- 戊醇、丙二醇、2,3- 二甲基 -1- 丁醇、2,4 二甲基己醇 酮类： 酚类： 萘类： 醛类： 酰胺： 醚类： 吡啶： 盐类：氰化物、氧化铁、硫化物、氟化物 重金属：铁离子、锌离子、铬离子、铅离子、锰离子 其他：2,5- 二氢 -2,5- 二甲基呋喃、2,3,4,5- 四氢哒嗪

续表

行业	清单来源	特征污染物
	基于废水取样检测	酸类： 长链烷烃：2- 甲基二十碳烷、二十一烷、十八甲基环壬基氧烷、1,2,3,4,5- 五甲基 - 环戊烷、1- 甲基 -2- 丙基 - 环己烷 烯烃： 苯系物： 二苯乙炔 （1）苯酚类：2,2′- 亚甲基 [6-（1，1- 二甲基乙基）-4- 甲基 - 苯酚、4,4′-（1- 甲基亚乙基）二苯酚（双酚 A） （2）苯醇类：1- 苯基 -1,2- 乙二醇 （3）苯醛类：苯甲醛 （4）苯酸类：苯甲酸、4- 乙基苯甲酸 （5）苯胺类：*N*-（1,3- 二甲基丁基）-*N*′- 苯基 -1,4- 苯二胺 （6）卤代苯： （7）咪唑： （8）喹啉： （9）噻唑：苯并噻唑、1 氢 - 苯并三唑、4- 甲基 -1H- 苯并三唑、2-（2- 羟基乙硫基）苯并噻唑 （10）吲哚： 脂类：壬酸甲酯、癸酸甲酯、三醋酸甘油酯、1,2- 苯二羧酸双（2- 甲基丙基）酯、十六酸甲酯、硬脂酸甲酯、（2,2- 二甲基 -1,3- 二氧六环 -4- 基）甲酯、邻苯二甲酸二（2- 乙基己基）酯、邻苯二甲酸二丁酯、二十碳烯基乙烯基碳酸酯、2,2,4- 三甲基 -1,3- 戊二醇二异丁酸酯、2- 甲基丙酸 -3- 羟基 -2,2,4- 三甲基戊酯、2- 乙基己基亚硫酸酯 醇类：乙酸十六醇、水杨醇 酮类：2,2- 二羟基 -1- 苯基 - 乙酮、2- 羟基 -1- 苯基 - 乙酮、2- 吡咯烷酮、1,6- 二噁烷环十二烷 -7,12- 二酮、丙酮 -1- 苯基 -1,2- 乙二醇缩酮、4- 羟基 -4- 甲基 -2- 戊酮 酚类： 萘类： 醛类： 酰胺： 醚类： 吡啶： 盐类： 重金属： 其他：

通过进一步归纳和汇总，得到《钢铁行业特征污染物清单》，共计 55 种特征污染物，见表 3-18。

表 3-18 钢铁行业特征污染物清单

行业	特征污染物
黑色金属冶炼和压延加工行业	1. 酸类（2 种）： 3,3- 二甲基庚酸、3,5,5- 三甲基己酸 2. 长链烷烃（5 种）： 2- 甲基二十碳烷、二十一烷、十八甲基环壬基氧烷、1,2,3,4,5- 五甲基 - 环戊烷、1- 甲基 -2- 丙基 - 环己烷 3. 烯烃（2 种）： 2,2- 二甲基 -（Z）-3- 己烯、2,4,4- 三甲基 -1- 己烯 4. 苯系物（13 种）： （5 种）二苯乙炔、对二甲苯、5- 甲基 -1 氢 - 苯并三唑、1 氢 - 苯并三唑、4- 甲基 -1 氢 - 苯并三唑 （1）苯酚类（2 种）：2,2′- 亚甲基 [6-（1，1- 二甲基乙基）-4- 甲基 - 苯酚、4,4′-（1- 甲基亚乙基）二苯酚（双酚 A） （2）苯醇类（1 种）：1- 苯基 -1,2- 乙二醇 （3）苯醛类（1 种）：苯甲醛 （4）苯酸类（2 种）：苯甲酸、4- 乙基苯甲酸 （5）苯胺类（1 种）：*N*-（1,3- 二甲基丁基）-*N′* - 苯基 -1,4- 苯二胺 （6）卤代苯： （7）咪唑： （8）喹啉： （9）噻唑（1 种）：苯并噻唑、1H- 苯并三唑、4- 甲基 -1H- 苯并三唑、2-（2- 羟基乙硫基）苯并噻唑 （10）吲哚： 5. 脂类（13 种）： 壬酸甲酯、癸酸甲酯、三醋酸甘油酯、1,2- 苯二羧酸双（2- 甲基丙基）酯、十六酸甲酯、硬脂酸甲酯、（2,2- 二甲基 -1,3- 二氧六环 -4- 基）甲酯、邻苯二甲酸二（2- 乙基己基）酯、邻苯二甲酸二丁酯、二十碳烯基乙烯基碳酸酯、2,2,4- 三甲基 -1,3- 戊二醇二异丁酸酯、2- 甲基丙酸 -3- 羟基 -2,2,4- 三甲基戊酯、2- 乙基己基亚硫酸酯 6. 醇类（6 种）： 乙酸十六醇、水杨醇、2,3,4- 三甲基 -3- 戊醇、丙二醇、2,3- 二甲基 -1- 丁醇、2,4 二甲基己醇 7. 酮类（6 种）： 2,2- 二羟基 -1- 苯基 - 乙酮、2- 羟基 -1- 苯基 - 乙酮、2- 吡咯烷酮、1,6- 二噁烷环十二烷 -7,12- 二酮、丙酮 -1- 苯基 -1,2- 乙二醇缩酮、4- 羟基 -4- 甲基 -2- 戊酮 8. 酚类： 9. 萘类： 10. 醛类： 11. 酰胺： 12. 醚类： 13. 吡啶： 14. 盐类（4 种）： 氰化物、氧化铁、硫化物、氟化物 15. 重金属（5 种）： 铁离子、锌离子、铬离子、铅离子、锰离子 16. 其他（2 种）： 2,5- 二氢 -2,5- 二甲基呋喃、2,3,4,5- 四氢哒嗪
总计	55 种

其中废水中含量较多的特征污染物为：

含量较多的特征污染物种类包括：
1,2,3,4,5- 五甲基 - 环戊烷
二十一烷
十八甲基环壬基氧烷
1- 甲基 -2- 丙基 - 环己烷
2,4,4- 三甲基 -1- 己烯
乙酸十六醇
水杨醇
丙酮 -1- 苯基 -1,2- 乙二醇缩酮
2- 羟基 -1- 苯基 - 乙酮
苯甲酸
4,4′-（1- 甲基亚乙基）二苯酚（双酚 A）
2,2′- 亚甲基［6-（1,1- 二甲基乙基）-4- 甲基 - 苯酚
1- 苯基 -1,2- 乙二醇
1H- 苯并三唑
N-（1,3- 二甲基丁基）-*N*′ - 苯基 -1,4- 苯二胺
十六酸甲酯
1,2- 苯二羧酸双（2- 甲基丙基）酯
硬脂酸甲酯
二十碳烯基乙烯基碳酸酯
1,2- 苯二羧酸双（2- 甲基丙基）酯
邻苯二甲酸二丁酯
邻苯二甲酸二（2- 乙基己基）酯
2,2,4- 三甲基 -1,3- 戊二醇二异丁酸酯
2- 甲基丙酸 -3- 羟基 -2,2,4- 三甲基戊酯

3.2.2 钢铁行业优控污染物分析

经过对钢铁行业生产全过程和污染治理全过程的分析以及对重点行业废水中污染物的检测，研究筛选出了钢铁行业特征污染物清单，进而筛选出了优控污染物清单。

3.2.2.1 钢铁行业优控污染物初步筛选

优控污染物的筛选产生通过在特征污染物的基础上，进一步参考美国 EPA 优控污染物名单 129 种及中国优控污染物黑名单 68 种，还参考了《浙江省第一批环境优先污染物黑名单》《江苏水体优先控制有毒有机污染物》等名单。

经过对钢铁行业生产全过程和污染治理全过程的分析以及对行业废水中污染物

的检测，研究筛选出了钢铁行业特征污染物清单，通过进一步筛选，得到了优控污染物清单。

通过筛选，钢铁行业优控污染物清单共含 7 种物质：1 种苯系物、2 种脂类、1 种盐类、3 种重金属。具体清单如表 3-19 所示。

表 3-19　钢铁行业优控污染物清单

行业	优控污染物
黑色金属冶炼和压延加工行业	1. 苯系物（1 种）： 对二甲苯 2. 脂类（2 种）： 邻苯二甲酸二（2- 乙基己基）酯、邻苯二甲酸二丁酯 3. 盐类（1 种）： 氰化物 4. 重金属（3 种）： 锌离子、铬离子、铅离子
总计	7 种

3.2.2.2　钢铁行业优控污染物进一步筛选

1）末端出现率较高物质

钢铁行业末端废水特征污染物见表 3-20。

表 3-20　钢铁行业末端废水特征污染物

	某钢铁企业 A		某钢铁企业 B
处理前废水特征污染物组分	苯甲醛	2- 吡咯烷酮	4- 羟基 -4- 甲基 -2- 戊酮
	2,2- 二羟基 -1- 苯基 - 乙酮	苯并噻唑	2,2- 二甲基 -（Z）-3- 己烯
	2- 吡咯烷酮	1- 苯基 -1,2- 乙二醇	1,2,3,4,5- 五甲基 - 环戊烷
	苯甲酸	1H- 苯并三唑	2,4,4- 三甲基 -1- 己烯
	壬酸甲酯	4- 甲基 -1H- 苯并三唑	1- 甲基 -2- 丙基 - 环己烷
	2- 羟基 -1- 苯基 - 乙酮	1,6- 二氧杂环癸烷 -7,12- 二酮	水杨醇
	丙酮 -1- 苯基 -1,2- 乙二醇缩酮	十八甲基环壬基氧烷	2,2,4- 三甲基 -1,3- 戊二醇二异丁酸酯
	1- 苯基 -1,2- 乙二醇	1,2- 苯二羧酸双（2- 甲基丙基）酯	2- 甲基丙酸 -3- 羟基 -2,2,4- 三甲基戊酯
	癸酸甲酯	十六酸甲酯	1H- 苯并三唑
	三醋酸甘油酯	2-（2- 羟基乙硫基）苯并噻唑	2- 乙基己基亚硫酸酯

续表

	某钢铁企业 A		某钢铁企业 B
处理前废水特征污染物组分	4- 乙基苯甲酸	乙酸十六醇	二苯乙炔
	1,2- 苯二羧酸双（2- 甲基丙基）酯	*N*-（1,3- 二甲基丁基）-*N'* - 苯基 -1,4- 苯二胺	1,2- 苯二羧酸双（2- 甲基丙基）酯
	十六酸甲酯	2,2′- 亚甲基［6-（1,1- 二甲基乙基）-4- 甲基 - 苯酚	邻苯二甲酸二丁酯
	硬脂酸甲酯	2- 甲基二十碳烷	4,4′-（1- 甲基亚乙基）二苯酚（双酚 A）
	（2,2- 二甲基 -1,3- 二氧六环 -4- 基）甲酯	二十碳烯基乙烯基碳酸酯	邻苯二甲酸二（2- 乙基己基）酯
	邻苯二甲酸二（2- 乙基己基）酯	二十一烷	

通过对末端处理后废水的分析，出现频次较高的物质主要有 6 种：2- 吡咯烷酮（2-Pyrrolidinone）、1- 苯基 -1, 2- 乙二醇（1, 2-Ethanediol，1-phenyl-）、1，2- 苯二羧酸双（2- 甲基丙基）酯（1，2-Benzenedicarboxylic acid，bis（2-methylpropyl）ester）、十六酸甲酯（Hexadecanoic acid，methyl ester）、邻苯二甲酸二（2- 乙基己基）酯（Bis（2-ethylhexyl）phthalate）、1H- 苯并三唑（1H-Benzotriazole）

2）含量较高物质

表 3-21　某钢铁企业特征污染物

某钢铁企业 A		某钢铁企业 B
高炉后	轧钢后	末端前
苯甲酸	二十一烷	1,2,3,4,5- 五甲基 - 环戊烷
丙酮 -1- 苯基 -1,2- 乙二醇缩酮	2,2′- 亚甲基［6-（1,1- 二甲基乙基）-4- 甲基 - 苯酚	邻苯二甲酸二丁酯
十六酸甲酯	1H- 苯并三唑	2,4,4- 三甲基 -1- 己烯
2- 羟基 -1- 苯基 - 乙酮	十八甲基环壬基氧烷	邻苯二甲酸二（2- 乙基己基）酯
1,2- 苯二羧酸双（2- 甲基丙基）酯	乙酸十六醇	4,4′-（1- 甲基亚乙基）二苯酚（双酚 A）
1- 苯基 -1,2- 乙二醇	二十碳烯基乙烯基碳酸酯	水杨醇
硬脂酸甲酯	1,2- 苯二羧酸双（2- 甲基丙基）酯	1- 甲基 -2- 丙基 - 环己烷
	N-（1,3- 二甲基丁基）-*N'* - 苯基 -1,4- 苯二胺	2,2,4- 三甲基 -1,3- 戊二醇二异丁酸酯
		2- 甲基丙酸 -3- 羟基 -2,2,4- 三甲基戊酯

取排名前三的物质，主要有 9 种：苯甲酸、二十一烷、1,2,3,4,5- 五甲基 - 环戊烷、丙酮 -1- 苯基 -1,2- 乙二醇缩酮、2,2’- 亚甲基 [6-（1,1- 二甲基乙基）-4- 甲基 - 苯酚、邻苯二甲酸二丁酯、十六酸甲酯、1H- 苯并三唑、2,4,4- 三甲基 -1- 己烯。

3）优控污染物进一步筛选

本书筛选因子信息的查询范围主要有 chemblink 化学品数据库、物竞化学品数据库、化工引擎数据库、突发性污染事故中危险品档案库、美国 EPA 优控污染物名单（129 种）、中国优控污染物黑名单（68 种）、美国 EPA 生活饮用水标准污染物清单、中国《地表水环境质量标准》（GB 3838）污染物清单、中国《生活饮用水卫生标准》（GB 5749）污染物清单、美国职业安全与卫生研究所（NIOSH）的化学物质毒性效应记录、有毒化学物质登录（RTECS）数据、美国环境物质致癌性资料数据库、世界卫生组织（WHO）致癌性数据库、《化学物质毒性全书》等，见表 3-22。

表 3-22 污染物筛选因子

中文名称	英文名称	分子式	COD 贡献率赋分	生物降解性赋分值	生物累积性赋分值	溶解性赋分值	挥发性赋分值	一般毒性赋分值	致癌性赋分值	总分
2- 吡咯烷酮	2-Pyrrolidinone	C_4H_7NO	3	1	1	4	3	3	2	17
邻苯二甲酸二丁酯	Dibutyl phthalate	$C_{16}H_{22}O_4$	5	1	3	1	2	4	0	16
1- 苯基 -1,2- 乙二醇	1,2-Ethanediol,1-phenyl-	$C_8H_{10}O_2$	4	1	1	4	2	2	0	14
1,2- 苯二羧酸双（2- 甲基丙基）酯	1,2-Benzenedicar boxylic acid，bis（2-methylpropyl）ester	$C_{16}H_{22}O_4$	5	1	3	1	2	2	0	14
邻苯二甲酸二（2- 乙基己基）酯	Bis（2-ethylhexyl）phthalate	$C_{24}H_{38}O_4$	5	0	3	1	1	1	3	14
丙酮 -1- 苯基 -1,2- 乙二醇缩酮	Acetone-1-phenyl 1,2-ethandiol ketal	$C_{11}H_{14}O_2$	4	3	3	2	2	N	0	14
十六酸甲酯	Hexadecanoic acid，methyl ester	$C_{17}H_{34}O_2$	5	1	3	1	2	1	0	13
1H- 苯并三唑	1H-Benzotriazole	$C_6H_5N_3$	2	2	2	3	2	2	0	13

续表

中文名称	英文名称	分子式	COD贡献率赋分	生物降解性赋分值	生物累积性赋分值	溶解性赋分值	挥发性赋分值	一般毒性赋分值	致癌性赋分值	总分
2,2′-亚甲基［6-（1,1-二甲基乙基）-4-甲基-苯酚	Phenol, 2,2'-methylenebis［6-（1,1-dimethylethyl）-4-methyl-	$C_{23}H_{32}O_2$	5	2	3	1	1	1	0	13
二十一烷	Heneicosane	$C_{21}H_{44}$	3	1	3	1	2	2	0	12
苯甲酸	Benzoic acid	$C_7H_6O_2$	1	1	2	2	2	2	0	10
1,2,3,4,5-五甲基-环戊烷	Cyclopentane, 1,2,3,4,5-pentamethyl-	$C_{10}H_{20}$	1	2	3	1	3	N	0	10
2,4,4-三甲基-1-己烯	2,4,4-Trimethyl-1-hexene	C_9H_{18}	1	2	3	1	3	N	0	10

排序后取前 50% 加入优控污染物清单，共有 6 种有机物：2-吡咯烷酮、邻苯二甲酸二丁酯、1-苯基-1,2-乙二醇、1,2-苯二羧酸双（2-甲基丙基）酯、邻苯二甲酸二（2-乙基己基）酯、丙酮-1-苯基-1,2-乙二醇缩酮。

通过多步骤的筛选，钢铁行业优控污染物清单共含 11 种物质：1 种苯系物、3 种脂类，1 种醇类，1 种盐类、2 种酮类，3 种重金属。具体清单如表 3-23 所示。

表 3-23　钢铁行业优控污染物清单

行业	优控污染物
黑色金属冶炼和压延加工行业	1. 苯系物（1 种）： 对二甲苯 2. 脂类（3 种）： 邻苯二甲酸二（2-乙基己基）酯、邻苯二甲酸二丁酯、1,2-苯二羧酸双（2-甲基丙基）酯 3. 醇类（1 种）： 1-苯基-1,2-乙二醇 4. 盐类（1 种）： 氰化物 5. 酮类（2 种）： 2-吡咯烷酮、丙酮-1-苯基-1,2-乙二醇缩酮 6. 重金属（3 种）： 锌离子、铬离子、铅离子
总计	11 种

4 钢铁行业法规政策

4.1 钢铁行业清洁生产要求

4.1.1 清洁生产法律法规

2002 年，中华人民共和国第九届全国人民代表大会常务委员会第二十八次会议通过了《中华人民共和国清洁生产促进法》，该法于 2003 年正式实施，标志着我国迈向了清洁生产有法可依的全新阶段。此后，相关部委陆续颁布了一系列的清洁生产法规政策，见表 4-1。

表 4-1 我国清洁生产法律法规及管理文件

年份	政府部门	法律法规、规定和管理办法
2002	全国人大常委会	中华人民共和国清洁生产促进法
2003	原环保总局	关于贯彻落实《清洁生产促进法》的若干意见
	国务院	转发 11 部委《关于加快推行清洁生产意见的通知》
2004	国家发展改革委、原环保总局	清洁生产审核暂行办法
	财政部	中央补助地方清洁生产专项资金使用办法
2005	原环保总局	关于印发重点企业清洁生产审核程序的规定的通知
2008	原环境保护部	关于进一步加强重点企业清洁生产审核工作的通知
	原环境保护部	重点企业清洁生产审核评估验收实施指南
2009	财政部、工信部	关于加强促进工业和信息化部门清洁生产的通知
	财政部、工信部	中央财政清洁生产专项资金管理暂行办法
2010	原环境保护部	关于深入推进重点企业清洁生产的通知
2011	原环境保护部	重点企业清洁生产行业分类管理名录
2016	国家发展改革委、原环境保护部	清洁生产审核办法
2018	生态环境部、国家发展改革委	清洁生产审核评估与验收指南

2012年2月29日，《中华人民共和国清洁生产促进法》（主席令第54号）由第十一届全国人民代表大会常务委员会第二十五次会议修订通过，自2012年7月1日起实施。修改后的《清洁生产促进法》明确了应当实施强制性清洁生产审核的3种情形：

（1）污染物排放超过国家或者地方规定的排放标准，或者虽未超过国家或者地方规定的排放标准，但超过重点污染物排放总量控制指标的；

（2）超过单位产品能源消耗限额标准构成高耗能的；

（3）使用有毒、有害原料进行生产或者在生产中排放有毒、有害物质的。

随着新法的实施，有关部门修订并发布了《清洁生产审核办法》（国家发展和改革委员会、环境保护部令 第38号），进一步理顺了清洁生产审核管理机制，明确了清洁生产审核评估验收制度的重点内容。2018年，配套出台了《清洁生产审核评估与验收指南》（环办科技〔2018〕5号），为支撑行业开展清洁生产工作，指导地方和企业开展清洁生产审核提供了法律依据。

4.1.2 清洁生产相关标准及技术政策

4.1.2.1 清洁生产评价指标体系

近些年，国家陆续整合发布了钢铁行业及各工序的清洁生产评价指标体系，包括《钢铁行业清洁生产评价指标体系》《钢铁行业（烧结、球团）清洁生产评价指标体系》《钢铁行业（高炉炼铁）清洁生产评价指标体系》《钢铁行业（炼钢）清洁生产评价指标体系》《钢铁行业（钢延压加工）清洁生产评价指标体系》《钢铁行业（铁合金）清洁生产评价指标体系》，为钢铁行业开展清洁生产工作提供重要的技术支撑。

4.1.2.2 清洁生产技术政策

清洁生产技术是钢铁行业绿色发展的支撑，国家为推广清洁生产技术，各部门相继出台了一系列清洁生产技术政策，见表4-2。

表4-2 钢铁行业有关清洁生产技术导向/推广政策

序号	政策名称	发布部门	文号或发布日期
1	国家清洁生产技术导向目录（第一批）	原国家经贸委	国经贸源〔2000〕137号
2	国家重点行业清洁生产技术导向目录（第二批）	原国家经贸委、环保总局	2003年第21号公告
3	国家重点行业清洁生产技术导向目录（第三批）	国家发展改革委、原环保总局	2006年第86号公告

续表

序号	政策名称	发布部门	文号或发布日期
4	关于印发钢铁行业烧结烟气脱硫实施方案的通知	工业和信息化部	工信部节［2009］340 号
5	钢铁企业能源管理中心建设实施方案	工业和信息化部	2009 年 7 月
6	钢铁行业清洁生产技术推行方案	工业和信息化部	工信部节［2010］104 号
7	钢铁企业炼焦煤调湿技术推广实施方案	工业和信息化部	工信部节［2010］24 号
8	钢铁企业干式 TRT 发电技术推广实施方案	工业和信息化部	工信部节［2010］24 号
9	钢铁企业蓄热式燃烧技术推广实施方案	工业和信息化部	工信部节［2010］24 号
10	钢铁企业和焦化企业干熄焦技术推广实施方案	工业和信息化部	工信部节［2010］24 号
11	钢铁工业污染防治技术政策	原环境保护部	环境保护部公告 2013 年第 31 号
12	大气污染防治重点工业行业清洁生产技术推行方案	工业和信息化部	工信部节［2014］273 号
13	重点行业二噁英污染防治技术政策	原环境保护部	环境保护部公告 2015 年第 90 号
14	国家重点节能低碳技术推广目录（2017 年本，节能部分）	国家发展改革委	国家发展改革委公告 2018 年第 3 号

4.1.2.3 其他相关标准和规范

除了以上钢铁行业阶段性产业政策及清洁生产技术推广导向文件外，各部委其他一些相关的法律法规、标准也从工艺装备与技术、资源能源综合利用、产品、环境管理等方面进行了规定。

我国钢铁行业清洁生产相关的主要标准及规范见表 4-3。

表 4-3 钢铁行业清洁生产相关的主要标准及规范

序号	政策名称	发布部门	文号 / 标准号或发布日期
1	钢铁工业资源综合利用设计规范	原建设部、质量监督检验检疫总局	GB 50405—2007
2	钢铁工业环境保护设计规范	原建设部、国家质量监督检验检疫总局	GB 50406—2007
3	钢铁企业节水设计规范	住房和城乡建设部	GB 50506—2009
4	粗钢生产主要工序单位产品能源消耗限额	原国家质量监督检验检疫总局	GB 21256—2007
5	焦炭单位产品能源消耗限额	原国家质量监督检验检疫总局	GB 21342—2008

续表

序号	政策名称	发布部门	文号 / 标准号或发布日期
6	钢铁工业发展循环经济环境保护导则	原环境保护部	HJ 465—2009
7	焦化行业准入条件（2014 年修订）	工业和信息化部	工业和信息化部公告 2014 年第 14 号
8	钢铁行业规范条件（2015 年修订）	工业和信息化部	工业和信息化部公告 2015 年第 35 号
9	钢铁行业规范企业管理办法	工业和信息化部	工业和信息化部公告 2015 年第 35 号
10	废钢铁加工行业准入条件	工业和信息化部	工业和信息化部公告 2016 年第 74 号
11	钢铁行业焦化工艺污染防治最佳可行技术指南（试行）	原环境保护部	环境保护部公告 2010 年第 93 号
12	钢铁行业炼钢工艺污染防治最佳可行技术指南（试行）	原环境保护部	环境保护部公告 2010 年第 93 号
13	钢铁行业轧钢工艺污染防治最佳可行技术指南（试行）	原环境保护部	环境保护部公告 2010 年第 93 号

4.1.3 其他清洁生产相关要求

4.1.3.1 《国务院关于印发大气污染防治行动计划的通知》(国发〔2013〕37 号)

全面推行清洁生产。对钢铁等重点行业进行清洁生产审核，针对节能减排关键领域和薄弱环节，采用先进适用的技术、工艺和装备，实施清洁生产技术改造；到 2017 年，重点行业排污强度比 2012 年下降 30% 以上。

大力发展循环经济。鼓励产业集聚发展，实施园区循环化改造，推进能源梯级利用、水资源循环利用、废物交换利用、土地节约集约利用，促进企业循环式生产、园区循环式发展、产业循环式组合，构建循环型工业体系。推动水泥、钢铁等工业窑炉、高炉实施废物协同处置。到 2017 年，单位工业增加值能耗比 2012 年降低 20% 左右，在 50% 以上的各类国家级园区和 30% 以上的各类省级园区实施循环化改造，主要有色金属品种以及钢铁的循环再生比重达到 40% 左右。

加快重点行业脱硫、脱硝、除尘改造工程建设。所有燃煤电厂、钢铁企业的烧结机和球团生产设备等都要安装脱硫设施，每小时 20 蒸吨及以上的燃煤锅炉要实施脱硫。

京津冀、长三角、珠三角区域以及辽宁中部、山东、武汉及其周边、长株潭、成渝、海峡西岸、山西中北部、陕西关中、甘宁、乌鲁木齐城市群等“三区十群”中的47个城市，新建火电、钢铁、石化、水泥、有色、化工等企业以及燃煤锅炉项目要执行大气污染物特别排放限值。各地区可根据环境质量改善的需要，扩大特别排放限值实施的范围。

4.1.3.2 《“十三五”节能减排综合工作方案》(国发〔2016〕74号)

促进传统产业转型升级。深入实施“中国制造2025”，深化制造业与互联网融合发展，促进制造业高端化、智能化、绿色化、服务化。构建绿色制造体系，推进产品全生命周期绿色管理，不断优化工业产品结构。支持重点行业改造升级，鼓励企业瞄准国际同行业标杆全面提高产品技术、工艺装备、能效环保等水平。严禁以任何名义、任何方式核准或备案产能严重过剩行业的增加产能项目。强化节能环保标准约束，严格行业规范、准入管理和节能审查，对电力、钢铁、建材、有色、化工、石油石化、船舶、煤炭、印染、造纸、制革、染料、焦化、电镀等行业中，环保、能耗、安全等不达标或生产、使用淘汰类产品的企业和产能，要依法依规有序退出。

控制重点区域流域排放。分区域、分流域制定实施钢铁、焦化等重点行业、领域限期整治方案，升级改造环保设施，确保稳定达标。实施重点区域、重点流域清洁生产水平提升行动。城市建成区内的现有钢铁等污染较重的企业应有序搬迁改造或依法关闭。

4.1.3.3 《国务院关于印发打赢蓝天保卫战三年行动计划的通知》(国发〔2018〕22号)

强化“散乱污”企业综合整治。全面开展“散乱污”企业及集群综合整治行动。根据产业政策、产业布局规划，以及土地、环保、质量、安全、能耗等要求，制定“散乱污”企业及集群整治标准。列入升级改造类的，树立行业标杆，实施清洁生产技术改造，全面提升污染治理水平。

深化工业污染治理。推动实施钢铁等行业超低排放改造，重点区域城市建成区内焦炉实施炉体加罩封闭，并对废气进行收集处理。

推进各类园区循环化改造、规范发展和提质增效。大力推进企业清洁生产。对开发区、工业园区、高新区等进行集中整治，限期进行达标改造，减少工业集聚区污染。

大力培育绿色环保产业。壮大绿色产业规模，发展节能环保产业、清洁生产产业、清洁能源产业，培育发展新动能。

4.1.3.4 关于印发《京津冀及周边地区重点工业企业清洁生产水平提升计划》的通知（工信部节［2014］4号）

在钢铁、焦化等重点工业行业，推广采用先进、成熟、适用的清洁生产技术和装备，实施工业企业清洁生产的技术改造，有效减少大气污染物的产生量和排放量。

钢铁行业：采用石灰（石）- 石膏法、氧化镁法、循环流化床等技术，主要实施烧结烟气脱硫技术改造，综合脱硫效率达到 70% 以上。采用湿式静电除尘器、袋式除尘器（覆膜滤料）、电袋复合除尘器、移动极板除尘器等技术装备，实施高效除尘技术改造。

焦化行业（含钢铁联合企业焦化厂）：采用 HPF 工艺、栲胶工艺（TV）、真空碳酸钾工艺、FRC 工艺等焦炉煤气高效脱硫净化技术，实施焦炉煤气脱硫改造。采用袋式除尘器（覆膜滤料）等高效除尘技术装备，实施除尘地面站改造。

4.1.3.5 《工业绿色发展规划（2016—2020 年）》（工信部规〔2016〕225 号）

大力推进能效提升，加快实现节约发展。以供给侧结构性改革为导向，推进结构节能。以钢铁、石化、建材、有色金属等行业为重点，积极运用环保、能耗、技术、工艺、质量、安全等标准，依法淘汰落后和化解过剩产能。

扎实推进清洁生产，大幅减少污染排放。推进清洁生产技术改造。针对二氧化硫、氮氧化物、化学需氧量、氨氮、烟（粉）尘等主要污染物，积极引导重点行业企业实施清洁生产技术改造，逐步建立基于技术进步的清洁生产高效推行模式。在京津冀、长三角、珠三角、东北地区等重点区域组织实施钢铁、建材等重点行业清洁生产水平提升工程，降低二氧化硫、氮氧化物、烟（粉）尘排放强度。

加强节水减污。围绕钢铁、化工、造纸、印染、饮料等高耗水行业，实施用水企业水效领跑者引领行动，开展水平衡测试及水效对标达标，大力推进节水技术改造，推广工业节水工艺、技术和装备。

加快传统产业绿色化改造关键技术研发。围绕钢铁、有色、化工、建材、造纸等行业，以新一代清洁高效可循环生产工艺装备为重点，结合国家科技重大工程、重大科技专项等，突破一批工业绿色转型核心关键技术，研制一批重大装备，支持传统产业技术改造升级。重点支持钢铁行业研发换热式两段焦炉及高效、清洁全废钢电炉冶炼新工艺。

创建绿色工厂。按照厂房集约化、原料无害化、生产洁净化、废物资源化、能源低碳化的原则分类创建绿色工厂。制定绿色工厂建设标准和导则，在钢铁、有色、化工、建材、机械、汽车、轻工、纺织、医药、电子信息等重点行业开展试点示范。到 2020 年，创建千家绿色示范工厂。

4.2 钢铁行业产业政策要求

近年来，我国大气污染防治工作不断深入，为解决产能过剩、行业污染严重等突出问题，加快钢铁工业结构调整，促进钢铁工业绿色发展，国家有关部门和地方政府也出台了一系列有针对性的规划和产业政策，为钢铁行业实现绿色发展提供重要的政策支撑，其主要内容如下。

4.2.1 淘汰落后产能要求

4.2.1.1 《国务院关于印发大气污染防治行动计划的通知》(国发〔2013〕37 号)

加快淘汰落后产能。结合产业发展实际和环境质量状况，进一步提高环保、能耗、安全、质量等标准，分区域明确落后产能淘汰任务，倒逼产业转型升级。按照《部分工业行业淘汰落后生产工艺装备和产品指导目录（2010 年本）》《产业结构调整指导目录（2011 年本）(修正）》的要求，采取经济、技术、法律和必要的行政手段，提前一年完成钢铁等 21 个重点行业的“十二五”落后产能淘汰任务。2015 年再淘汰炼铁 1 500 万 t、炼钢 1 500 万 t。2016 年、2017 年，各地区要制定范围更宽、标准更高的落后产能淘汰政策，再淘汰一批落后产能。

《部分工业行业淘汰落后生产工艺装备和产品指导目录（2010 年本）》《产业结构调整指导目录（2011 年本）(修正）》对钢铁行业各主要工序淘汰落后工艺设备和产品的要求详细见表 4-4。

表 4-4 钢铁行业各工序落后工艺设备及产品淘汰要求

项目	要　求
烧结（球团）	90 m^2 以下烧结机 8 m^2 以下球团竖炉 24 m^2 及以下铬矿、锰矿带式烧结机 环形烧结机 土烧结矿工艺 热烧结矿工艺

续表

项目	要　求
焦化	土法炼焦（含改良焦炉）； 单炉产能 7.5 万 t/a 以下的半焦（兰炭）生产装置 未达到焦化行业准入条件要求的热回收焦炉 炭化室高度 4.3 m（捣固焦炉 3.8 m）以下常规机焦炉（西部地区或城市汽源生产企业的炭化室高度 3.2 m 捣固焦炉）
高炉炼铁	400 m^3 及以下的炼铁高炉
炼钢	30t 及以下炼钢转炉 15 000 kVA 及以下（公称容量 20 t 以上、30 t 及以下）炼钢电炉 5 000 kVA 及以下（公称容量 10 t 及以下）高合金钢电炉
轧钢	复二重线材轧机 叠轧薄板轧机 横列式棒材及型材轧机 普钢初轧机及开坯用中型轧机 热轧窄带钢（600 mm 及以下）轧机 三辊劳特式中板轧机 直径 76 mm 以下热轧无缝管机组 三辊横列式型线材轧机（不含特殊钢生产） 生产预应力钢丝的单罐拉丝机
产品	热轧硅钢片 普通松弛级别的钢丝、钢绞线 热轧钢筋：牌号 HRB335、HPB235

4.2.1.2 《“十三五”节能减排综合工作方案》（国发〔2016〕74 号）

对电力、钢铁、建材、有色、化工、石油石化、船舶、煤炭、印染、造纸、制革、染料、焦化、电镀等行业中，环保、能耗、安全等不达标或生产、使用淘汰类产品的企业和产能，要依法依规有序退出。

4.2.2 产业结构调整要求

4.2.2.1 《国务院关于钢铁行业化解过剩产能实现脱困发展的意见》（国发〔2016〕6号）

严禁新增产能。严格执行《国务院关于化解产能严重过剩矛盾的指导意见》（国发〔2013〕41 号），各地区、各部门不得以任何名义、任何方式备案新增产能的钢铁项目，各相关部门和机构不得办理土地供应、能评、环评审批和新增授信支持等相关业务。对违法违规建设的，要严肃问责。已享受奖补资金和有关政策支持的退出产能不得用于置换。

4.2.2.2 《“十三五”节能减排综合工作方案》(国发〔2016〕74号)

促进传统产业转型升级。深入实施“中国制造2025”，深化制造业与互联网融合发展，促进制造业高端化、智能化、绿色化、服务化。构建绿色制造体系，推进产品全生命周期绿色管理，不断优化工业产品结构。支持重点行业改造升级，鼓励企业瞄准国际同行业标杆全面提高产品技术、工艺装备、能效环保等水平。严禁以任何名义、任何方式核准或备案产能严重过剩行业的增加产能项目。

4.2.2.3 《国务院关于印发打赢蓝天保卫战三年行动计划的通知》(国发〔2018〕22号)

优化产业布局。积极推行区域、规划环境影响评价，新、改、扩建钢铁、焦化等项目的环境影响评价，应满足区域、规划环评要求。加大区域产业布局调整力度。重点区域城市钢铁企业要切实采取彻底关停、转型发展、就地改造、域外搬迁等方式，推动转型升级。

严控“两高”行业产能。重点区域严禁新增钢铁、焦化、电解铝、铸造、水泥和平板玻璃等产能；严格执行钢铁、水泥、平板玻璃等行业产能置换实施办法。加大落后产能淘汰和过剩产能压减力度。修订《产业结构调整指导目录》，提高重点区域过剩产能淘汰标准。重点区域加大独立焦化企业淘汰力度，京津冀及周边地区实施“以钢定焦”，力争2020年炼焦产能与钢铁产能比达到0.4左右。严防“地条钢”死灰复燃。2020年，河北省钢铁产能控制在2亿t以内；列入去产能计划的钢铁企业，需一并退出配套的烧结、焦炉、高炉等设备。

4.2.2.4 《工业和信息化部关于印发钢铁工业调整升级规划（2016—2020年）的通知》(工信部规〔2016〕358号)

严禁新增钢铁产能。停止建设扩大钢铁产能规模的所有投资项目，将投资重点放在创新能力、绿色发展、智能制造、质量品牌、品种开发、延伸服务和产能合作等方面。各地一律不得净增钢铁冶炼能力，结构调整及改造项目必须严格执行产能减量置换，已经国家核准和地方备案的拟建、在建钢铁项目也要实行减量置换。京津冀、长三角、珠三角等环境敏感地区按不低于1：1.25的比例实施减量置换。2015年（含）以前已淘汰产能、落后产能、列入压减任务的产能、享受奖补资金和政策支持的退出产能不得用于产能置换，列入产能置换方案的企业和装备必须在各地政府网站进行公示，接受社会监督。

依法依规去产能。严格执行环保、能耗、质量、安全、技术等法律法规和产业政策，对达不到标准要求的，要依法依规关停退出。2016 年全面关停并拆除 400 m^3 及以下炼铁高炉（符合《铸造生铁用企业认定规范条件》的铸造高炉除外），30 t 及以下炼钢转炉、30 t 及以下电炉（高合金钢电炉除外）等落后生产设备。全面取缔生产“地条钢”的中频炉、工频炉产能。充分发挥社会监督举报作用，积极利用卫星监测等技术手段，全面开展联合执法检查、违法违规建设项目清理等专项行动，重点排查未列入钢铁行业规范管理的钢铁生产企业和项目。

推动“僵尸企业”应退尽退。将连年亏损、资不抵债、扭亏无望，靠银行续贷等方式生存的企业实施整体退出作为化解过剩产能的“牛鼻子”。各地要结合自身实际确定“僵尸企业”和低效产能，停止财政补贴，停止银行贷款，妥善安置职工，促其退出市场。支持地方和企业通过主动压减、兼并重组、转型转产等途径，退出低效产能。发挥专项奖补资金等激励政策作用，鼓励产能规模较大的地区主动压减钢铁产能。

降低企业资产负债率。行业和企业应立足于质量效益为先，通过各种手段大幅降低资产负债率。资产负债率较高的企业，要把降低负债作为重要任务。已经核准和备案的拟建、在建结构调整、城市钢厂搬迁项目，要结合当前形势，在减量发展基础上重新评估建设可行性，经济效益差、资本金比例低于 40% 的要坚决停下来，防止产生新的高负债企业。资不抵债、债务违约的企业要通过破产重整、债务重组、破产清算等多种方式加快处置，要严厉打击企业逃废银行债务行为，依法保护债权人合法权益。要坚持市场化、法治化债转股，由市场主体自主选择，严禁“僵尸企业”作为债转股对象。

完善钢铁布局调整格局。京津冀及周边地区、长三角地区：在已有沿海沿江布局基础上，着眼减轻区域环境压力，依托优势企业，通过减量重组，优化调整内陆企业，大幅化解过剩钢铁产能。位于河北境内首都经济圈内的重点产钢地区，要立足现有沿海钢铁基地，研究城市钢厂整体退出置换，实现区域内减量发展。中西部地区、东北老工业基地：依托区域内相对优势企业，实施区域整合，减少企业家数，压减过剩钢铁产能。东南沿海地区：以调整全国“北重南轻”钢铁布局为着力点，建好一流水平的湛江、防城港等沿海钢铁精品基地。城市钢厂：对于中心城市中的现有钢厂要服从和服务于城市发展的需要，综合平衡所在城市整体定位、环境容量、土地资源价值、税收占比等因素，确定关停转产、搬迁转移、与城市协调发展等多种选择。对不符合所在城市发展要求，改造难度大、竞争力较弱的城市钢厂，实施转型转产，退出钢铁行业；符合所在城市发展规划的城市钢厂实施“绿色发展、产城共融”战略；正在实施的城市钢厂搬迁项目必须实施减量搬迁，要坚决落实减量置换产能，并在政府网站上向社会公示。

4.2.2.5 《关于做好2018年重点领域化解过剩产能工作的通知》（发改运行〔2018〕554号）

科学安排2018年化解过剩产能目标任务。钢铁方面：2018年退出粗钢产能3 000万t左右，基本完成“十三五”期间压减粗钢产能1.5亿t的上限目标任务。

持续深入推进钢铁去产能。巩固化解钢铁过剩产能成果，严禁新增产能，防范“地条钢”死灰复燃和已化解的过剩产能复产。坚持用市场化、法治化手段去产能，通过常态化严格执法和强制性标准实施，促使达不到有关标准和不符合产业政策的落后产能依法依规退出。严把钢铁产能置换和项目备案关，防止产能“边减边增”。着力推进钢铁企业兼并重组，合理高效利用废钢铁资源，进一步推动钢铁行业转型升级和结构优化。

坚定不移处置“僵尸企业”。认真落实钢铁、煤炭行业处置“僵尸企业”工作方案各项要求，做好“僵尸企业”分类处置。对于长期停工停产、连年亏损、资不抵债，没有生存能力和发展潜力的“僵尸企业”，要加快实施整体退出、关停出清、重组整合，加快形成市场决定要素配置的机制，释放错配资源。各地要列出名单、拿出计划，全面稽查、上报结果。尽快修订有关资产处置、债务清偿等方面的法律法规，完善“僵尸企业”破产重整机制。

在此基础上，河北、山西、山东、江苏、广西、新疆等省份，相继发布了钢铁行业产业政策文件，对于严禁新增产能、淘汰落后产能、重污染企业退城搬迁、处置“僵尸企业”、产能置换等均做出了相应要求。

4.2.2.6 《河北省人民政府关于印发河北省打赢蓝天保卫战三年行动方案的通知》（冀政发〔2018〕18号）

坚定不移化解过剩产能。严禁新增钢铁、焦化、水泥、平板玻璃、电解铝等产能，严防封停设备死灰复燃。严格执行钢铁、水泥、平板玻璃等行业产能置换实施办法。列入去产能计划的产能整体退出钢铁企业，需一并退出配套的烧结、焦炉、高炉、转炉等设备。严防“地条钢”死灰复燃。加大独立焦化企业淘汰力度。2018年，全省压减退出钢铁产能1 200万t，全部出清钢铁“僵尸企业”；压减退出焦炭产能500万t。2019年，全省压减退出钢铁产能1 400万t左右、焦炭产能300万t；张家口、廊坊市钢铁产能全部退出。2020年，全省压减退出钢铁产能1 400万t左右、焦炭产能200万t。到2020年，全省钢铁产能控制在2亿t以内，炼焦产能与钢铁产能比进一步压缩；以2015年年底钢铁产能为基数，承德、秦皇岛市原则上退出50%左右的钢铁产能。

加快重点污染工业企业退城搬迁。2018年，力争完成河北纵横丰南钢铁退城搬迁；到2020年，完成首钢京唐二期一步、石钢环保搬迁、冀南钢铁退城进园、太行钢铁整体搬迁等项目。支持焦化企业通过减量置换，随钢铁产业布局调整而调整；鼓励焦化企业退出主城区；推进焦炭产能向五大集团（河钢、首钢、旭阳、冀中能源、开滦五大集团）、煤化工基地和钢焦一体企业聚集。

4.2.2.7 《山西省人民政府关于印发山西省打赢蓝天保卫战三年行动计划的通知》（晋政发〔2018〕30号）

优化产业布局。11个设区市完成生态保护红线、环境质量底线、资源利用上线、环境准入清单编制工作，明确禁止和限制发展的行业、生产工艺和产业目录。制定更严格的产业准入门槛，提高高耗能、高污染和资源型行业准入条件。积极推行区域、规划环境影响评价，新建、改建、扩建钢铁、石化、化工、焦化、建材、有色等项目的环境影响评价，应满足区域、规划环评要求。加大区域产业布局调整力度。重点区域城市钢铁企业要切实采取彻底关停、转型发展、就地改造、域外搬迁等方式，推动转型升级。从2019年1月1日起，位于设区市建成区范围内的钢铁等重污染企业大气污染物许可排放总量在上年基础上定向逐年递减。

严格控制“两高”行业产能。重点区域严禁新增钢铁、焦化等产能；确有必要新建的，要严格执行产能置换实施办法。加大落后产能淘汰和过剩产能压减力度。严格执行质量、环保、能耗、安全等法规标准。按照国家新修订的《产业结构调整指导目录》，提高重点区域过剩产能淘汰标准。重点区域加大独立焦化企业淘汰力度，京津冀及周边地区4市落实国家“以钢定焦”的总体要求。严防“地条钢”死灰复燃。列入去产能计划的钢铁企业需一并退出配套的烧结、焦炉、高炉等设备。

4.2.2.8 《山东省人民政府印发关于加快七大高耗能行业高质量发展的实施方案的通知》（鲁政字〔2018〕248号）

严控钢铁总产能，力争用5年左右，大幅压减转移京津冀大气污染传输通道城市和胶济铁路沿线资源环境承载压力较大地区的钢铁产能，在确保日照、青岛、临沂和莱芜、泰安空气质量完成国家和省下达目标和任务的基础上，将目前分散在12个市的钢铁企业和钢铁产能，逐步向日—临沿海先进钢铁制造产业基地和莱—

泰内陆精品钢生产基地转移，到2022年，济南、淄博、聊城、滨州等传输通道城市钢铁企业产能退出70%以上，将青岛董家口、日照岚山、临沂临港等沿海地区钢铁产能占比提升到50%以上；到2025年，传输通道城市和胶济铁路沿线地区的钢铁产能应退尽退，沿海地区钢铁产能占比提升到70%以上。高端钢铁产品供给水平明显提升，海洋工程装备及高技术船舶、先进轨道交通装备、汽车及零部件、工程机械、能源装备等领域所需高端钢材品种的研发和产业化进步明显，到2025年，合金钢（含不锈钢）比重提高至20%以上。钢铁产业绿色发展水平不断提高，钢铁冶炼流程进一步优化，电炉短流程炼钢工艺得到推广，到2025年，电炉钢占比达到20%左右。行业综合竞争力明显增强，到2025年，省内产能排在前2位的钢铁企业（集团）产业集中度达到70%以上，钢铁企业劳动生产率翻一番，达到1 500t/（人·a），初步形成结构优化、环境友好、质效提升、竞争力强的现代钢铁产业体系，实现从钢铁大省向钢铁强省的跨越。

4.2.2.9 《关于加快全省化工钢铁煤电行业转型升级高质量发展的实施意见》（苏办发〔2018〕32号）

加快构建沿江沿海协调发展新格局。根据国家关于钢铁行业转型升级要求，结合全省“1+3”功能区发展定位，通过兼并重组、产能置换等市场化办法，统筹谋划、稳步实施钢铁行业布局战略性调整。所有搬迁转移、产能并购或置换等钢铁冶炼项目，原则上只允许在沿海地区规划实施，高起点、高标准规划建设沿海精品钢基地，到2020年初步形成沿江沿海两个钢铁产业集聚区，沿江钢铁产业集聚区重点是结构调整、做精做优，沿海钢铁产业集聚区重点是提高质量、做大做强，带动形成若干个精品型特钢企业。

大力推动分散产能的整合。严格执行国家关于产能置换、差别电价、超低排放等标准，综合运用市场化、法治化等手段推动全省分散产能整合，加快推动转型升级。重点实施环太湖、沿江、沿运河等区域的相对落后冶炼产能退出和搬迁工作，距太湖直线距离10 km以内的所有冶炼产能，20 km以内的600 m^3及以下高炉、50 t及以下转（电）炉必须在2020年前全部退出、搬迁，40 km以内的500 m^3及以下高炉、45 t及以下转（电）炉必须在2020年年底前按照国家减量置换要求，技改升级为国家产业结构指导目录明确的鼓励类装备。各地要严格执行《江苏省产业结构调整限制、淘汰和禁止目录》要求，严把准入和淘汰两端，加快推动区域钢铁产业布局优化和结构升级。徐州市要按照总量调减、结构调优的原则，下大力气整合分散冶炼产能，到2018年年底前整合关停所有独立炼铁企业，钢铁企业数量减少到10家以下；在2020年前，徐州市冶炼产能比2017年下降30%以上，整合形成1～2家装备水平高、长短流程结合、能耗排放低的大型钢铁联合企业。

严格控制钢铁行业相关炼焦产能。深入推进“263”专项整治行动，切实强化炼焦行业的整治工作，有效降低全省钢铁行业综合能耗水平。2018年年底前，沿江地区和环太湖地区独立焦化企业全部关停，其他地区独立炼焦企业2020年前全部退出。2020年年底前，除沿海地区外钢焦联合企业实现全部外购焦（5 000 m^3 以上的特大型高炉炼钢企业可保留与之配套的2台7 m以上焦炉）。徐州市要在2020年年底前对现有11家炼焦企业实施关停、搬迁、改造、提升，整合成2～3家综合性焦化企业，压减50%的炼焦产能。

4.2.2.10 《广西工业高质量发展行动计划（2018—2020年）》

实施产业集群发展行动。以广西柳州钢铁集团有限公司、广西盛隆冶金有限公司为龙头，发展装配式钢结构建筑用钢、高强抗震钢筋等建筑用钢产业链。以广西柳州钢铁集团有限公司为龙头，发展汽车用超深冲冷轧板、汽车用冷轧镀锌板、热轧高强度汽车结构钢、汽车用标准件用钢等汽车用钢产业链；发展高强度船舶用钢、高止裂性能船舶用钢和耐候耐腐蚀船舶用钢等船舶用钢产业链。以北海诚德不锈钢有限公司等企业为龙头，发展高氮不锈钢、经济型双相不锈钢，海工、航空航天用高性能不锈钢，高硬高韧高耐磨性不锈钢等不锈钢新材料产业链。推进防城港千万吨级沿海钢铁基地建设，加快形成国内沿海先进冶金生产加工基地。

4.2.2.11 《新疆维吾尔自治区钢铁工业“十三五”发展规划》

钢铁产能严重过剩矛盾得到有效化解，规模基本合理，产能总量控制在1 800万t以内，化解过剩产能685万t。产能利用率达到80%以上，行业利润率及资产回报率回升到合理水平。

通过组织结构调整，积极推动钢铁企业联合重组，减少中小钢铁企业数量，提高产业集中度。区内排名前3位钢铁企业产能占全区钢铁总产能的90%以上。

随着各地方钢铁行业产业政策的颁布，部分钢铁企业集中城市根据国家和省政府的要求，制定了更为详细的文件，如唐山市制定发布了《唐山市钢铁、焦化超低排放和燃煤电厂深度减排实施方案》，邢台市发布了《邢台市钢铁行业去产能工作方案（2018—2020年）》。

5

烧结（球团）工序全过程污染控制技术时政研究

5.1 烧结（球团）工序烟气循环技术

烧结废气温度偏低、废气量大、污染物含量高且成分复杂，是钢铁行业低温余热利用和废气治理的难点和重点。据统计，烧结工序能耗约占整个钢铁生产总能耗的 12%，SO_2、NO_x、CO_2 和粉尘排放分别约占钢企总排放量的 40% ～ 60%、50% ～ 55%、12% ～ 15% 和 15% ～ 20%。随着《钢铁烧结、球团工业大气污染物排放标准》（GB 28661—2012）的实施，对钢企烧结工序的节能减排和达标排放提出了更严格的要求。

5.1.1 工艺原理

烧结烟气循环技术是选择性地将部分烧结烟气返回到点火器后烧结机台车上部的循环烟气罩中循环使用的一种烟气利用技术，通过回收烧结烟气中显热和潜热、提高二氧化硫、氮氧化物及粉尘的处理浓度，减少脱硫脱硝系统的烟气处理量，降低净化系统的固定投资和运行成本，最终实现节能减排。根据烧结机烟气取风位置的不同可以分为内循环工艺和外循环工艺，内循环工艺在烧结机风箱支管取风，外循环工艺在主抽风机后烟道取风。研究表明：内循环工艺操作灵活，可避免循环气流短路，更适于新建的项目。

5.1.2 关键技术装备

烧结烟气循环利用成套设备：由循环风机、烟气混合器、循环风罩、高效除尘器、专用切换阀等关键设备及热工自控系统、在线监测系统、在线控制模型系统等组成。图 5-1 和图 5-2 分别为烧结废气循环示范工程的外部烟道系统和循环烟罩图。

图 5-1 示范工程外部实景

图 5-2 示范工程台车上方循环烟气罩

5.1.3 设备投资

烧结烟气循环系统，采用内循环工艺，将烟道分为脱硫烟道和循环烟道，需要末端治理的风量减少，脱硫烟道相比未采用烟气循环设计风量减少 9 000 m^3/min，主抽风机选型功率减小 1 800 kW，但是烧结烟气循环增加了烧结循环风机和环冷循环风机 4 200 kW，总的风机投入增加 2 400 kW。对比有烟气循环时和无烟气循环时主要设备选型的对比如表 5-1 所示。

表 5-1 主要设备选型对比

项目	设备名称	主要选型参数
无烟气循环	主电除尘器	370 $m^2 \times 2$
	主抽风机	19 500 $m^3/min \times 2$
烟气循环	主电除尘器	285 $m^2 \times 2$
	主抽风机	15 000 $m^3/min \times 2$
	多管除尘器	9 000 m^3/min
	烧结循环风机	9 000 m^3/min
	环冷循环风机	5 500 m^3/min

烟气循环主要将低 SO_2 烟气进行循环，对脱硫主烟道的 SO_2 含量有一定的富集作用，可以提高脱硫的效率。采用烟气循环后需要脱硫处理的烟气量减少 9 000 m^3/min，以活性炭法脱硫为例，设备投入减少约 2 000 万元，运行成本与活性炭吸附的硫含量浓度有关，相比没有变化。

5.1.4 实施效果

烧结循环烟气和环冷循环烟气在烟气混合器中混匀，并进入烧结台车面机罩内。烧结机部分循环烟气和环冷机部分循环烟气混合后的烟气温度为 180℃。根据烟气比热：0.309 kcal/（m^3 • ℃），循环烟气输送过程中温度损失约为 20℃，烧结机附近环境温度取 30℃计算，则相比常规烧结，采用烟气循环后多带入的热量为：

$E_{循环}=Q_{循环}\times C_{空气}\times \Delta T$=7 453 × 0.309 × 141=324 720 kcal/min=2 783 kg（标准煤）/h。

按烟气带入的热量利用率 50% 考虑，烧结机利用系数为 1.35 t/（m^2 • h），焦粉折算标煤系数 0.971 计算，采用烟气循环后吨烧结矿节约的标准煤为：m 节标准煤 /t 矿 $=E_{循环}\times \eta/Y$ 烧结矿小时产量 =（2 783 × 0.5 × 0.971）/（360 × 1.35）=2.78 kgce/tsinter。

即在未考虑自用电的情况下，吨烧结矿可节约标准煤 2.78 kg。

烧结烟气循环系统设计，将烧结机的烟气量的 25% 得到循环利用，直接减少末端烧结烟气的处理量，达到减排目的。同时循环烟气中利用了一部分环冷机中低温段废气，也减少了环冷机废气的直接外排。烟气排放量为无烟气循环：39 000 m^3/min；烟气循环：30 000 m^3/min。

与传统烧结工艺（废气未循环利用）对比，实施本工艺后，具有如下效果：

（1）烧结产量可提高 15% ～ 20%；

（2）工序能耗降低 3% ～ 4%；

（2）CO_2 减排 3% ～ 4%；

（3）二噁英减排 35%；

（4）烧结外排废气总量减少 20% ～ 40%。

5.1.5 行业推广应用

2013 年 5 月，宁波钢铁 486 m^2 烧结机废气循环示范工程（废气循环量 110 万 m^3/h）建成投运。实践表明，烧结废气循环不但可以显著减少烧结工艺的废气排放总量（削减 20% ～ 40%）及污染物排放量，还可以提高烧结机产能、回收烟气中的低温（100 ～ 300℃）余热、节省烧结工序能耗（3% 以上），具有较大的节能减排和推广应用价值。

示范工程投运后，至少取得如下收益：

（1）按外排烟气量减少 30%，选用主排风机可采用国产设备，节省投资约 1 500 万～ 2 000 万元；

（2）采用烧结烟气循环工艺后，因烟气量减少，宁钢烧结脱硫装置实现了“双机一塔”（两台烧结机共用一套吸收塔及附属系统），仅脱硫装置一次性投资，宁钢每台烧结机可减少 3 500 万元。

（3）从节省燃料角度来看，每生产 1 t 烧结矿可节省固体燃料约 2.0 kg，每年可节省固体燃料约 9 000 t，按照平均每吨 1 000 元（焦粉约 1 200 元 /t，煤约 800 ～ 900 元 /t）估算，每年可节省约 900 万元。

5.2　富氧烧结技术

5.2.1　技术原理

富氧燃烧是指供给燃烧用的气体中氧气的体积分数大于 21% 时的燃烧。通常空气中的氧气含量为 21%，氮气为 78%，在燃烧过程中只有占空气总量 1/5 左右的氧气参与燃烧，而占空气总量约 4/5 的氮气和其他惰性气体非但不助燃，反而将随烟气带走大量的热量。如采用富氧燃烧，在助燃空气中每增加 1% 的氧气，则相应减少 4% 的氮气。故富氧燃烧可加快燃烧速度，提高燃烧效率，减少废气量，具有明显的节能减排效果。

富氧烧结是通过提高点火助燃空气和抽入料层空气的含氧量，改善燃料燃烧条件，增强燃烧带的氧化气氛。富氧烧结可使烧结液相生成量增加，保温时间延长，使烧结矿成品率及转鼓指数都随之升高，并使烧结料层中的固体燃料得到充分燃烧，从而降低燃耗，减少 CO_2 排放。

5.2.2　技术特性

（1）燃料消耗量的降低：在冶金行业中，应用富氧燃烧技术混合煤气消耗量、煤气单耗量和天然气单耗量均低于普通燃烧，随着富氧程度增加，燃料的单位消耗量减少。

（2）火焰温度：在富氧燃烧中，随着富氧空气中氧气浓度不断增大，火焰温度会明显升高。

（3）污染物的排放：富氧燃烧可以使烟气中的 CO_2 的浓度高达 85% 以上，可回收再利用，减少温室气体的排放；富氧燃烧中氮气的含量相对减少，减少 NO_x 等污染物的排放。

（4）火焰形态：在富氧燃烧中，随着富氧空气中氧气浓度不断增大，其火焰变得越来越明亮且有力量感，增加了燃烧速度。

5.2.3 应用推广

富氧烧结在国外如日本、苏联、德国等研究得较早，1985 年日本神户钢铁公司加古川厂就在其 262 m^2 烧结机上实际采用。加古川厂采用的是向料层吹氧的富氧烧结工艺。该厂在烧结机点火器后安装了两套 4 m × 12 m 的移动式吹氧装置，标准状态下供氧量 1 万 m^3/h（最大），压力 0.2 kg/cm^2，可沿台车宽度与烧结机身方向往料层内均匀吹氧。实践证明，在标准状态下吹氧量为 9 m^3/t 的情况下，烧结各项指标均有改善。在国内，继攀钢和韶钢分别进行的富氧烧结实验室和工业试验之后，宝钢梅钢炼铁厂在其 3 号 180 m^2 烧结机上进行了富氧烧结试验，结果表明烧结矿强度、RDI、RI 明显改善，有利于高炉冶炼和降低焦比。

5.3 燃气烧结技术

5.3.1 技术原理

燃气烧结技术是日本 JFE 公司开发的一项烧结新技术。2009 年 1 月在京滨厂的烧结机上进行了工业化应用；2011 年年末，仓敷厂的烧结机也安装了燃气烧结设备。据统计，燃气烧结技术的应用可以使 JFE 公司的 CO_2 排放量每年减少 26 万 t。燃气烧结是在点火后向烧结料吹入燃气，目的是使烧结料层温度均匀化、烧结矿质量均匀化。其原理是：通过燃气的燃烧给烧结料提供热量，以补充上层烧结矿热量的不足，使料层上部烧结温度提高、液相量增加，同时液相黏度降低，有利于矿物充分结晶，玻璃相含量减少，从而提高上层烧结料的成品率和烧结矿强度，使上下料层烧结矿质量均匀化。该技术实施时，只需将燃气引入烧结机前部，即供烧结上层物料使用。烧结下层物料由于料层的自蓄热作用，热量充足，不需要引入燃气燃烧放热。燃气在烧结机台车上所覆盖的时间需根据企业的实际参数确定。

5.3.2 实施效果

采用燃气烧结技术的主要效果概括为：

（1）若固体燃耗不变，整个烧结料层的烧结矿总体强度提高 4%，可显著提高高炉块状带的透气性，降低高炉焦比；

（2）保证烧结矿强度不变的前提下，引入燃气后可降低固体燃耗。若按固体燃耗降低 5kg/t 计算，则烧结矿成本约降低 5 元 /t，吨铁成本可降低约 8 元。

目前，燃气烧结技术在我国钢铁企业的应用主要面临的问题：日本公司所使用的燃气主要是天然气，其主要目的是通过使用富氢燃气来减少排放量，以减少环境污染和碳税。而我国天然气资源短缺，只能维持民用需要。但近年来钢铁企业随着高炉煤气的高效利用，焦炉煤气可以出现剩余情况。因此，将焦炉煤气（或改质的焦炉煤气）作为燃气烧结的气源应当是目前该技术在国内实施的物质条件。气压在燃气出口与烧结料面距离一定的前提下，若气压太大，吹到料面后会反射到烧结料外部；若气压太小，烧结抽风压力条件下无法有效的将全部燃气抽入料层内部；总而言之，无论气压太大还是太小，都会导致燃气扩散至烧结台车以外，造成燃气浪费，甚至产生危险。因此，建议在燃气烧结技术工业化应用之前，应根据各个企业的实际生产状确定合适的气源、气压、流速、烧结、料层、温度场分布、烧结矿强度等技术经济指标 。

5.3.3　应用案例

2017 年 6 月韶钢 5# 烧结机上成功投运燃气喷吹先进装备技术，喷吹介质为焦炉煤气，运行数据表明：在韶钢 5# 烧结机（360 m^2）料种和工况条件下，平均每喷入 1 m^3 焦炉煤气，可减少烧结焦粉用量 1.5 ～ 1.7 kg，提高成品率 0.3% 左右，烟气等污染物排放量均有小幅度降低。考虑该技术的煤粉 / 煤气热量置换比为 1 ：2.8，则该技术吨矿经济效益为 0.76 元 /t（烧结矿），年度经济效益为 313.5 万元。该技术具有较好的经济效益。

5.4　能量、环境型优化烧结技术

EOS（能量型优化烧结技术）技术在烧结机头烟气汇集经旋风除尘器后，将约 50% 的烟气与少量空气混合，循环至热风罩，剩余的烟气外排处理。该技术在利用了循环烟气余热的同时，将循环烟气中的二噁英通过燃烧层裂解。该技术由荷兰克鲁斯艾莫伊登在其 135 m^2 烧结机上应用。

EPOSINT（环境型优化烧结技术）工艺将机尾部分高温度、高污染物浓度的烟气引出，将 35% 的烟气与冷却机废气混合，用作循环气使用，减排量达 30%，但高硫循环烟气使得烧结矿中含硫量增加。该技术由奥钢联钢铁公司应用于 250 m^2 烧结机上。

LEEP（低排放能量优化烧结技术）技术将烧结机后半部高温度、高污染物浓度的烟气与前半部分低温烟气换热后进行循环，循环比例达 47%，SO_2 减排 67.5%，二噁英减排 90%，但同样存在烧结矿含硫量增加，影响烧结矿品质的问题。该技术由德国 HKM 公司在其 420 m^2 烧结机上应用。

区域性废气循环技术是将风箱分类，针对烟气组分的区别进行不同的处理，将点火段高氧、低温的烟气循环至烧结机中段；低氧、低 SO_2 的烟气经除尘后排出；低氧、高 SO_2 的烟气引至脱硫设施处理；高氧、高 SO_2 的烟气经换热后循环至点火段后。此方法减排量可达 28%，减排量相对较低，且改造复杂。由新日铁公司在其 480 m^2 烧结机上使用。

5.5 烧结余热利用技术

5.5.1 烧结余热能量回收驱动技术

该技术是集成配置原有的电机驱动的烧结主抽风机和烧结余热能量回收发电系统，形成将烧结余热回收汽轮机与电动机同轴驱动烧结主抽风机的新型联合能量回收机组。取消了发电机及发配电系统，合并自控系统，润滑油系统，调节油系统等，避免了能量转换的损失环节，增加了能量回收，确保装置在各种工况下都不会影响烧结生产线的正常运行，并且能最大限度地回收利用烧结烟气余热的能量。

该技术应用于盐城市联鑫钢铁有限公司 SHRT 机组项目。项目建成后，能量回收效率在之前系统各自独立的基础上可提高 6% 左右，年节约标准煤 10 240 t。

5.5.2 烧结余热发电技术

钢铁行业烧结、热风炉、炼钢、加热炉等设备产生的废烟气，通过高效低温余热锅炉产生蒸汽，带动汽轮发电机组进行发电。该技术是通过分级利用余热，使余热锅炉能最大限度地利用 200 ～ 400℃的低温余热。某钢铁投资 1.7 亿元人民币，安装了低温余热锅炉及汽轮发电机组，年发电量达 1.4 亿 kW·h，年取得经济效益 7 000 万元人民币，投资回收期 2.5 年。在未来 5 年，改技术预计推广到 40%，总投入 17 亿元，节能能力（标准煤）可达 15 万 t/a，减排能力 41 万 t/a（CO_2）。

5.6 环冷机液密封技术

我国现有烧结机 1 200 余台，总面积约 110 000 m^2。2011 年，我国粗钢产量为 6.83 亿 t，据此计算，冷却烧结矿所需电耗达到 50 亿 kW · h。目前，我国烧结矿冷却机绝大部分以鼓风冷却为主，以常温空气作为冷却介质，利用鼓风机的推动力，使常温空气持续穿过高温物料，并与其进行热交换，从而使高温物料快速冷却。经过破碎后的热烧结矿，其温度约 800℃，需将其冷却到 150℃以下供后续流程使用。目前国内外使用的环式冷却机主要采用橡胶件与环锥面接触密封，而环冷机的半径一般为 10 ～ 40m，在制造及安装过程中，难以保证结构尺寸的精准，在长期运行过程中又不可避免地产生磨损和变形，导致密封效果下降，据统计，当前运行的环冷机漏风率平均为 30% 左右，导致配置的鼓风机装机容量偏大，且不利于冷却风余热利用。目前该技术可实现节能量（标准煤）3 万 t/a，减排约 8 万 t/a（CO_2）。

5.6.1 技术原理

基于动密封机理、流体力学原理、气液两相动平衡密封原理，以及大型环状设备运动学和动力学，在高速气流的条件下，以水作密封介质构造液密封环冷机密封系统。

5.6.2 关键技术

1）气液两相动平衡密封技术；

2）热工过程仿真分析及优化技术；

3）环向气液密封技术；

4）高效气固传热技术；

5）气流均衡散料处理综合技术；

6）以台车为单元的复合静密封技术；

7）高温烟气循环区液体防汽化技术。

5.6.3 主要技术指标

1）有效冷却面积：180 ～ 720 m^2；

2）处理能力：360 ～ 1 540 t/h；

3）有效冷却时间：35 ～ 75 min；

4）冷却矿温度低于 120℃；

5）吨烧结矿冷却风量：2 100 ～ 2 400 m^3/h；

6）风机风压：4 070 ～ 3 648 Pa；

7）总漏风率：＜ 5%（其中：水密封漏风率约为 0.5%；静密封漏风率＜ 4.5%）；

8）主要能耗指标：电耗：4.3 kW·h/t 成品烧结矿。

5.6.4 典型应用案例

建设规模：420 m^2 烧结环冷机改造。主要技改内容：将传统环冷机改造为液密封环冷机，主要设备为液密封环冷机。节能技改投资额 2 500 万元，建设期 6 个月。每年可节能（标准煤）4 500 t，年节能经济效益为 605 万元（仅考虑节约风机电耗），投资回收期约 4 年。

5.7 烟气脱硫及脱硝技术

目前烧结烟气脱硫脱硝技术分为以湿法、半干法和干法技术。干法联合烟气脱硫脱硝技术包括：固相吸附法、气 / 固催化同时脱硫脱硝技术、吸收剂喷射法以及高能电子活化氧化法四种方法。半干法脱硫技术应用较多的有旋转喷雾半干法、循环流化床法、MEROS 等。湿法以石灰石—石膏法、氨法为主。

5.7.1 干法

1）固体吸附法（活性炭 / 焦法）

主要是采用活性炭、活性焦炭等碳质材料对烟气中的硫和硝进行吸附，其处理的烟气不需要额外加热就有很高的脱硫率（98%）和脱硝率（80%），且不使用水，不会产生额外的粉尘，粉尘排出浓度小于 10 mg/m^3，无二次污染，除此之外，固相吸附法还能很好地处理粉尘中其他 SO_2、HF、HCl、As、Hg 等污染物，且吸附的碳物质还能进行再次回收处理，能有效起到深度处理的目的，非常适合用于天然气或煤为燃料的发电厂，但该方案暂时无法克服高温的问题，且一次性投入大，长期运行下来吸附能力也会下降，吸附剂成本也比较高等问题。

该技术是目前公认的、最适用于钢铁烧结烟气多污染物的协同治理技术。活性炭烟气净化技术以物理 - 化学吸附和催化反应原理为基础，以活性炭为吸附剂，吸

附烟气中的 SO_2，完成吸附后的活性炭再通过加热的方式再生，解吸出高浓度 SO_2 混合气体可用来制取 98% 商品硫酸，脱硫率可达 95%。

由于活性炭的催化作用，加入适量的氨可将烟气中的 NO_x 还原成 N_2 和 H_2O，脱硝效率可达到 50%。除了脱硫和脱硝，该技术可同步脱除碳氢化合物，如二噁英，重金属、水银及其他有毒物质，整个反应过程无废水、废渣排放，无须烟气再热，无二次污染，技术先进成熟，在实现烟气综合治理的同时使废物得到资源化利用。

活性炭脱硝工艺在系统设计时应采用两段式设计，在前端脱硫反应结束后再喷氨进行脱硝，以提升脱硝效率，同时，有必要在活性炭装置后增设高效袋式除尘器，以确保实现氮氧化物的超低排放。一直以来，活性炭工艺被认为是最适用于钢铁烧结烟气的多污染物协同治理技术，但由于活性炭工艺对系统设计、设备配置和运行管理的要求比其他治理工艺更加严格，活性炭生产过程产生的废气、废水污染严重，治理难度大，随着活性炭使用量的增加，不仅会大幅增加上游产业链的污染物排放量，还会让活性炭的价格飞涨，进一步增加活性炭装置的运行成本。同时，由于活性炭装置的副产物硫酸的利用途径有限，且属于危险化学品，活性炭工艺大面积推广后，活性炭使用量和硫酸副产物产生量将大幅增加，在硫酸的贮存、运输和利用方面还存在一系列问题。因此，活性炭工艺的大面积推广会受到一定程度上的制约。由于烧结所使用的原料中硫、氮的含量不同，烧结过程温度的波动、烧结矿产量的变化和不同的生产工艺等因素都会影响烧结烟气污染物的产生量，对烧结烟气的治理路线也各不相同。

2）气固催化法（氧化法及 SCR）

其主要是在 300 ～ 500℃高温下使用催化剂降低反应活化能，促进二氧化硫和氮氧化物的脱除，主要包括氧化法脱硝、中低温 SCR、中高温 SCR 技术。比起传统的工艺，具有更高的氮氧化物脱除效率，基本可去除 90% 的 NO_x 和几乎所有的颗粒物，但气固催化法需要较高的反应温度才能执行，在实施过程中也存在着能耗大、运行费用高、脱硫效率低问题。

氧化法脱硝和中低温 SCR 脱硝技术目前都存在着一些弊端。长期连续大量采用氧化脱硝工艺进行烟气脱硝会导致脱硫脱硝副产物中产生大量的硝酸钙，对副产物的综合利用会产生一定的影响，其影响程度以及相应的对策途径还需做进一步的研究。

中低温 SCR 脱硝，其反应温度区间在 200℃以下，与中高温 SCR 脱硝相比更接近钢铁烧结烟气温度。但是，目前中低温 SCR 脱硝应用于烧结烟气，仍有 4 个关键问题需要解决：中低温 SCR 脱硝催化剂抗毒性比较差，易受到烟气中硫氧化物、水、重金属等物质的影响，因此，中低温 SCR 脱硝装置只能布置在除尘、脱硫塔后部；烧结烟气温度，特别是脱硫后的烟气温度，无法达到中低温 SCR 脱硝反应温度区间，仍然需要进行烟气再加热；与中高温 SCR 脱硝催化剂相比，中低温 SCR 脱硝催化剂的造价和运行费用比较高；中低温 SCR 催化剂对烧结烟气中的二噁英没有去除作用。

中高温 SCR 脱硝，即在催化剂的作用下，向温度 320 ～ 450℃的烟气中喷入 NH_3，利用 NH_3 将 NO 和 NO_2 还原成 N_2 和 H_2O 的工艺过程，是迄今为止比较成熟、应用最广的脱硝技术，具有较高的脱硝效率，其脱硝效率可达 80% ～ 90%。中高温 SCR 脱硝是在火电燃煤锅炉烟气脱硝中应用十分成熟的脱硝工艺，完全可以将其移植至烧结烟气上，关键是 SCR 脱硝装置前的烟气加热系统和 SCR 脱硝装置后的烟气换热系统的设计。在实际应用过程中，将烟气换热回收的热量再用于前端加热烟气，可以降低能耗，即启动中高温 SCR 脱硝装置时需要将 150℃左右的烟气加热至 280℃以上，消耗的热源比较大；在设备正常运行过程中，通过换热器回收热量再利用，只需要额外再补充 30 ～ 50℃升温即可。另外，中高温 SCR 脱硝还需将反应温度区间控制在 300℃以下，避免二噁英在分解后再次合成。

3）吸收剂喷射技术

即将碱或尿素等干粉喷入炉膛、烟道或喷雾干式洗涤塔内，在一定条件下能同时脱除二氧化硫和氮氧化物。但这种方法的效果不稳定，其效果取决于烟气中的二氧化硫和氮氧化物的比、反应温度、吸收剂的粒度和停留时间等，特别是当系统中的二氧化硫浓度较低时，其氮氧化物脱除效率也低，这种工艺只适合高硫煤烟气处理。

4）电子活化氧化法

主要是通过电子束照射法，利用阴极发射并经电场加速形成高能电子束，这些电子束辐照烟气时产生自由基，再和 SO_x 和 NO_x 反应生成硫酸和硝酸，在通入氨气（NH_3）的情况下，产生（NH_4）$_2SO_4$ 和 NH_4NO_3 氨盐等副产品，这种脱硫脱硝效果也不错，但耗电量极高，运行费用也极高，而且整套脱硫设备十分昂贵，系统运行和维护工作量极大的问题。

5.7.2 半干法（MEROS 法）

MEROS 是一种高效的半干法烟气脱硫工艺，该工艺技术主要分三步进行：第一步将脱硫剂（消石灰）和碳基吸附剂（活性碳或活性褐煤）逆向喷吹到烧结废气管道中，以吸附酸性气体，去除重金属和有机物成分；第二步废气通过调节反应器并用双流（水／压缩空气）喷嘴进行冷却和加湿，以促进废气中 SO_2 和其他酸性气体成分的反应，加快脱除速度；第三步经过调节反应器的废气高效布袋除尘器分离粉尘。

MEROS 技术投入工业应用后，烧结废气的净化效果完全达到了预期指标，在高效脱除 SO_2 的同时（脱硫效率可达 90% 以上）粉尘排放量减少了 99% 以上，降到 5 mg/m^3 以下；汞和铅的排放分别减少了 97% 和 99%；有机物，如二噁英以及有机挥发分去除了 99% 以上。该技术与其他烟气脱硫技术相比的优势在于，可以选择多种脱硫剂，末尾采用高效的布袋除尘器来把关出口烟气，可完全达到业主和环保标准要求的污染物排放浓度。同时，该技术采用废气循环系统，将部分烧结烟气循环使用，以减少废气量，提高净化效率，大幅降低添加剂的成本。该技术不仅可以高效脱除烟气中的 SO_2，还可以有效去除 HCl、HF、Hg 以及各种有机废气，实现多种污染物协同处理，符合未来烟气治理的大方向，可深度有效地净化烧结废气，有着广阔的发展空间。

对半干法脱硫法 +SCR 脱硝法与活性炭法的成本做比较分析，结果表明，如果是单纯脱硫，则初期投资及维护管理费用皆为半干法脱硫法更低。若为半干法脱硫法 +SCR 脱硝法，则情况有所变化。图 5-3 为两者工艺的比较。

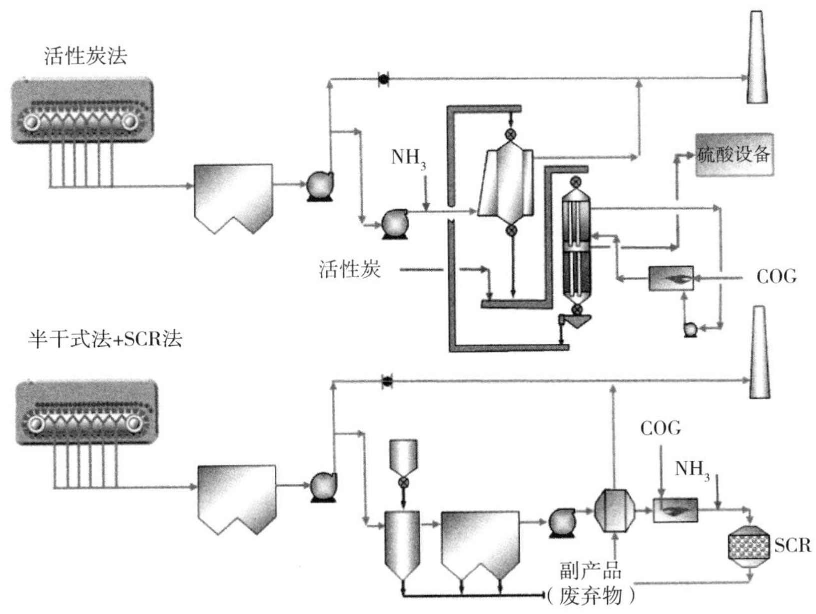

图 5-3　活性炭法与半干法的脱硝工艺比较

电力消耗方面，由于需要与烟气流量相适应的排风机，不会有大的差别。若要仔细研究，则在SCR催化剂层的压降方面，半干法的电力消耗会高一些。若除去电力消耗，则活性炭法在维护管理费用方面活性炭的补充费用占一半左右。

其次，半干法还有催化剂功能退化所需的催化剂更换费用、袋式除尘器的滤布交换费用。而活性炭法，在副产品及活性炭粉的有效利用上可以创造收益。综合考虑以上比较，活性炭法的每年维护管理费用约为半干法的40%。以上仅为维护管理费用的分析，未包括初期投资的寿命周期成本。根据中国制造的设备对初期投资费用进行了比较，结果表明，半干法+SCR法的初期投资费用更低。两年半后，半干法+SCR法的累计费用高于活性炭法。

5.7.3 湿法

湿法脱硫脱硝采用湿式洗涤系统，用石灰浆、喷雾干燥塔、除尘设备等组成的一套系统，系统通过喷头将石灰浆喷入干燥塔，再在液体中加入催化剂，使其能解决NO_x在催化剂的作用下，溶于水，与烟气中的酸性物质发生中和反应，从而脱除烟气中的二氧化硫和氮氧化物，但这种脱硫脱硝的方法的脱氮率不高，而且该方法很难实现SO_2和NO_x的同时高度净化，并且需对烟进行加热至催化剂能反应的温度，而且催化剂的消耗会比较大。

1）石灰石—石膏湿法脱硫技术

石灰石—石膏湿法是目前国内外应用范围最广、技术最成熟的脱硫技术。湿法脱硫工艺的高效性、可靠性在火电燃煤锅炉烟气治理中已经得到充分证明。目前，在我国已有烧结烟气脱硫装置中，约有80%是湿法，有60%是石灰石—石膏法。石灰石—石膏法工艺系统稳定可靠，效率高，一般可达90%以上，工业化应用广泛，烟气处理量大，系统适应负荷变化能力强，吸收剂价格便宜，易得且利用率高，副产品为二水石膏，可回收再利用。

2）高效脱硫除尘除雾（尘硫一体化）技术

采用双气旋脱硫增效器+多级气旋除尘除雾器相结合技术，在空塔喷淋吸收塔内加装双气旋脱硫增效气液耦合器，使浆液液滴与烟气充分混合碰撞，烟气迅速降温，为上层喷淋层浆液吸收二氧化硫提供最佳反应温度，从而扩大了有效的吸收空间，有效降低液气比，减少喷淋层加装量，降低改造投入费用和运行成本，有效解决了烟气偏流和烟气降温的问题，使整个吸收系统运行更加稳定、可靠，避免液滴二次破碎雾化产生气液夹带造成浆液二次污染的问题。

经喷淋处理后的脱硫净烟气含有大量的雾滴，雾滴由浆液液滴、凝结液滴和尘颗粒组成，当这部分烟气进入多级气旋高效除尘除雾器时，气旋板使脱硫净烟气在气旋筒内高速旋转，在气旋器上方形成气液两相的剧烈旋转和扰动，从而使得净烟气中的细小液滴、细微粉尘颗粒、气溶胶等微小颗粒物互相碰撞团聚成大液滴。在气旋板的作用下，脱硫净烟气向外做离心运动，聚合形成的大液滴与气旋筒壁碰撞，被气旋筒壁表面液膜捕获，从而达到去除微小颗粒物和高效除尘除雾的目的。该技术对烟气污染物含量和负荷波动适应性强，负荷30%～100%均可稳定运行。系统整体工程量小、简单易行、可靠性高。到目前为止，采用该技术运行的脱硫装置可实现稳定脱硫效率99%以上，除尘效率超过70%，完全实现了烟尘和SO_2超净排放，彻底消除了“石膏雨”“酸雨”现象，系统运行稳定、可靠性高。

3）氨法脱硫

氨法烟气脱硫技术，以液氨、氨水为脱硫剂对烟气中的SO_2进行吸收脱除。烟气经过吸收塔，其中的SO_2被吸收剂吸收，生成亚硫酸铵与硫酸氢铵。采用空气对亚硫铵直接氧化，可将亚硫铵氧化为硫铵。高浓度的硫酸铵先经过沉淀罐除去灰尘等杂质，再通过浓缩结晶生产硫铵。本技术的关键装备包括三段双循环双塔脱硫工艺、高效的硫酸铵结晶制备装备及钢支架吊挂湿烟囱技术。

本技术采用外购无水液氨加水稀释18%稀氨水作为吸收剂与烟气中的SO_2进行酸碱中和反应，脱除SO_2。

（1）技术特点

①利用高效脱硫剂大幅提高烟气脱硫效率

针对目前国内其他烧结烟气脱硫工艺中普遍存在的脱硫效率不高的问题，本项目采用氨水作为主要脱硫剂，对烟气中的二氧化硫进行脱除。氨是良好的SO_2吸收剂，其溶解度远高于钙基等吸收剂，用氨吸收烟气中的二氧化硫是气—液或气—气相反应，反应速度快，脱硫效率高，脱硫效率可从一般脱硫工艺的70%～80%提高到95%以上，吸收剂利用率大幅提高。表5-2为几种典型脱硫剂的反应性能比较（从1到5代表从好到差）。

表5-2 几种典型脱硫剂的反应性能

脱硫剂	氨	氢氧化镁	氢氧化钙	氢氧化钙	碳酸钙
反应状态	湿态	湿态	湿态	半干半湿	湿态
反应性能排序	1	2	3	4	5

②集脱硫、脱硝、除尘于一体

相比其他脱硫工艺，氨法脱硫是可在脱硫的同时同步脱除氮氧化物的脱硫工艺。由于本工程采用的是湿法脱硫脱硝，对烧结电除尘后的细粉尘还有30% ～ 40% 的除尘效率。

③脱硫副产物的有效利用

烧结机烟气脱硫工程建成有专门的硫铵制备车间，生成的脱硫副产物硫酸铵为白色颗粒物，氮含量达到 21% 以上，品质达到国家农用肥料标准要求，既可以作为农用氮肥，也可用于探矿、冶金、化工、皮革、纺织印染等工业行业。

④氨法脱硫工艺不影响主体工艺运行

一方面，相比钙法脱硫工艺在运行中经常出现的系统堵塞、负压降低，以及半干法脱硫工艺运行中由于烟气流量变化过大引起吸收剂的流化状态不稳定，造成的堵塞、失流、塌床等现象，氨法脱硫工艺副产物硫酸铵易溶于水，结垢和堵塞在吸收系统、循环系统和喷淋系统中都很少出现，不会出现影响烧结机的正常运行。另一方面，氨法烟气脱硫系统设在烧结主抽风机后，并单独设增压风机克服脱硫系统的阻力，不改变主抽风机的工作负荷。

（2）环境、经济效益

安阳钢铁股份有限公司氨法烟气脱硫设施建成稳定运行后，烧结机外排烟气中 SO_2 浓度从目前的平均 750 mg/m^3 降到 100 mg/m^3 以下，NO_x 浓度从目前的 600 mg/m^3 降到 400 mg/m^3 以下，烟（粉）尘浓度从目前的 50 mg/m^3 降到 30 mg/m^3 以下，年减排二氧化硫约 7 500 t，极大地改善周边环境质量，环境效益显著，可实现脱硫副产物的综合利用和零排放。

360 m^2 烧结烟气量为 2 400 000 m^3/h，进口 SO_2 含量平均 750 mg/m^3，按 95% 的脱硫效率，净烟气 SO_2 排放浓度小于 100 mg/m^3，每年可脱除烧结烟气中 SO_2 约 7 500t/a，副产硫铵产品 1.47 万 t/a。目前市场硫酸铵单价约为 600 元 /t，按照市场价格，每年烧结机硫铵制备系统销售硫酸铵可创效约 880 万元。

（3）技术案例

目前应用本技术的安阳钢铁股份有限公司于 2013 年建成了 360 m^2 烧结机烟气氨法脱硫示范性工程，近一年基本保持了连续稳定运行。该工艺脱硫效率高，并兼具脱硝、除尘作用，脱硫副产物可有效利用，符合“以废制废”的发展趋势，是一种兼顾经济效益及环境效益并且值得应用示范的清洁生产项目，在全行业有一定的推广意义。

5.8 高效除尘技术

静电除尘器技术以其安全、可靠、除尘效率高的特点仍作为各行业烟气治理技术的首选。目前，国内大多数烧结烟气除尘仍采用电除尘器，随着时间的推移，高效除尘器数量逐渐增加，而低效除尘器逐渐减少。除尘器的形式也发生了变化，由电除尘器替代了效率较为低下的旋风除尘器和多管除尘器，电除尘器的选型也由原来 3 电场改为 4 ～ 5 电场。针对烧结烟气高比电阻的特点，在实际工作中，着重考虑电场风速、比集尘面积、电源形式和结构形式等，确保电除尘器的高效、可靠运行。随着环保排放标准的不断提升和各地非电行业超低排放政策的相继出台，电除尘技术，特别是提效改造技术仍有较大的发展空间，电除尘器技术将在包括钢铁烧结在内的非电行业，实现技术全面提升和市场全面拓展。众所周知，布袋除尘器以其除尘效率高、不受工况波动影响等诸多优点在各行业烟尘治理领域被广泛应用。在烧结烟气超低排放处理路线中，布袋除尘器布置在活性炭脱硫脱硝装置和半干法脱硫装置后，其功能有两个：①进一步将烟气中的粉尘和固体颗粒物分离出来，在出口处产生清洁无尘烟气，起到精除尘的作用；②在布袋外侧不断累积粉尘层，包括消石灰干粉和活性炭，这样烟气中的污染物在半干法脱酸塔后可以与烟气中的有害酸性气体继续反应，提高去除效率，同时，吸附重金属和有机物等。湿式电除尘器（WESP）作为烟气治理工艺的终端设备布置在湿法脱硫装置后，它可以有效收集微细颗粒物（$PM_{2.5}$、SO_3 酸雾、气溶胶）、重金属（Hg、As、Se、Pb、Cr）、有机污染物（多环芳烃、二噁英等），除尘效率可达 70% ～ 85%，有效控制脱硫塔后细颗粒物、硫酸雾滴和石膏浆液等污染物的排放，同时，解决 WFGD 带来的“石膏雨”、蓝烟的问题，缓解下游烟道烟囱腐蚀的情况，节约防腐成本。目前，国内采用的湿法脱硫几乎都没有加装 WESP，颗粒物排放浓度一般只能达到 50 ～ 80 mg/m^3，在这种情况下实现超低排放是不可能的。在湿法脱硫后建设湿式电除尘器，完全可以作为烟囱前的最后一道技术把关措施，在实现超低排放，全面解决烟尘、$PM_{2.5}$、石膏雨、SO_3、汞、多种重金属、二噁英和多环芳烃（PAHs）等多种污染物问题方面发挥重要作用，为治理雾霾作出贡献。因此，钢铁企业湿法脱硫系统后加装 WESP 是达到环保超低排放的必要措施，应用前景非常广阔。

5.9 球团工序污染治理技术

近几年的球团技术进步主要体现在调整三大球团工艺设备（竖炉、链箅机 - 回转窑和带式焙烧机）及提高球团矿品位等方面。

武钢鄂州、宝钢湛江年产 500 万 t 链箅机—回转窑生产线的建设标志着近年来中国链箅机—回转窑生产工艺向大型化方向发展；大型带式焙烧机以其对原料适应性强、工艺过程简单、布置紧凑、所需设备吨位轻、占地面积小、工程量减少、可实现焙烧气体的循环利用以降低热耗和电耗、生产规模大的优势，受到国内冶金行业的重视；首钢国际工程技术有限公司设计的首钢京唐 400 万 t 带式焙烧机于 2010 年 9 月建成投产，包钢 500 万 t 带式焙烧机生产线正在施工建设中。采用高品位优质球团矿炼铁，对于降低高炉燃料比消耗、节能减排和环保均有益。然而，当前球团矿在中国高炉炉料中的比例仅处于 15% ～ 20% 的相对较低水平。未来需要继续发展球团技术，在降低工序能耗、球团烟气处理等方面需要进一步研究。

6

焦化工序全过程污染控制技术时政研究

6.1　装炉煤水分控制技术

煤料含水量每降低 1%，炼焦耗热量就减少 62 MJ/t（干煤），采用煤调湿技术后，煤料水分如从 10% 下降至 6%，炼焦耗热量节省约 248 MJ/t（干煤），折合 8.48 kg（标准煤）/t（干煤）。炼焦能耗的降低主要源自入炉煤含水降低后，可节约大量水分升温耗热及蒸发潜热，同时，因炼焦时间缩短，还可减少焦炉散热损失。煤料水分的降低可减少 1/3 的剩余氨水量，相应减少剩余氨水蒸氨用蒸汽 1/3，同时也减轻了废水处理装置的生产负荷。

采用焦炉烟道气进行煤调湿，减少温室效应，平均每吨入炉煤可减少约 35.8 kg 的 CO_2 排放量。此外，煤料水分的稳定可保持焦炉操作的稳定，有利于延长焦炉寿命。

中国第一套煤调湿装置于 1996 年首钢投产，2000 年以后进入快速发展阶段，逐渐开发出自主知识产权的技术。济钢、宝钢、太钢等企业先后建设了煤调湿装置，见表 6-1。

表 6-1　主要煤调湿装置概况

煤调湿技术类型	企业	处理能力 /（t/h）	建成时间
蒸汽热源	宝钢一期	330	2008 年
	太钢	400	2008 年
	攀钢	380	2009 年
	宝钢四期	330	2012 年
烟道气热源	济钢	300	2007 年
	昆钢	180	2009 年
	马钢	125	2011 年
	邯钢	209	2013 年
	柳钢	230	2013 年

6.2 装煤烟尘处理技术

目前焦炉装煤方式有顶装和侧装两种，装煤过程产生烟尘及煤气等有机物废气：煤料装入炭化室后，大量空气被置换排出，以及部分煤粉接触高温空气不完全燃烧形成黑烟；煤料接触炉墙产生荒煤气以及大量水蒸气；装煤过程产生的烟尘排放量约占焦炉烟尘排放的60%。出焦过程排放的污染物主要有粉尘及部分荒煤气，焦炭接触空气燃烧产生废气以及逸散的荒煤气、熄焦车粉尘等。

6.2.1 侧吸管工艺

增设消烟除尘车和大炉门密封以及高压氨水系统，装煤开始时，消烟除尘车上的U形管落下，将炉体内溢出的荒煤气通过炉顶除尘孔导入相邻的趋于成焦后期的炭化室；同时采用高压氨水喷射并结合大炉门密封技术，控制烟气均匀排放；荒煤气中的煤尘、BSO、BaP等有害物质通过相邻炉室进入煤气系统，有效地控制了烟气中BaP等有害物质的含量，并使废气中氧含量＜0.8%，废气进入煤气系统不外排，见图6-1。

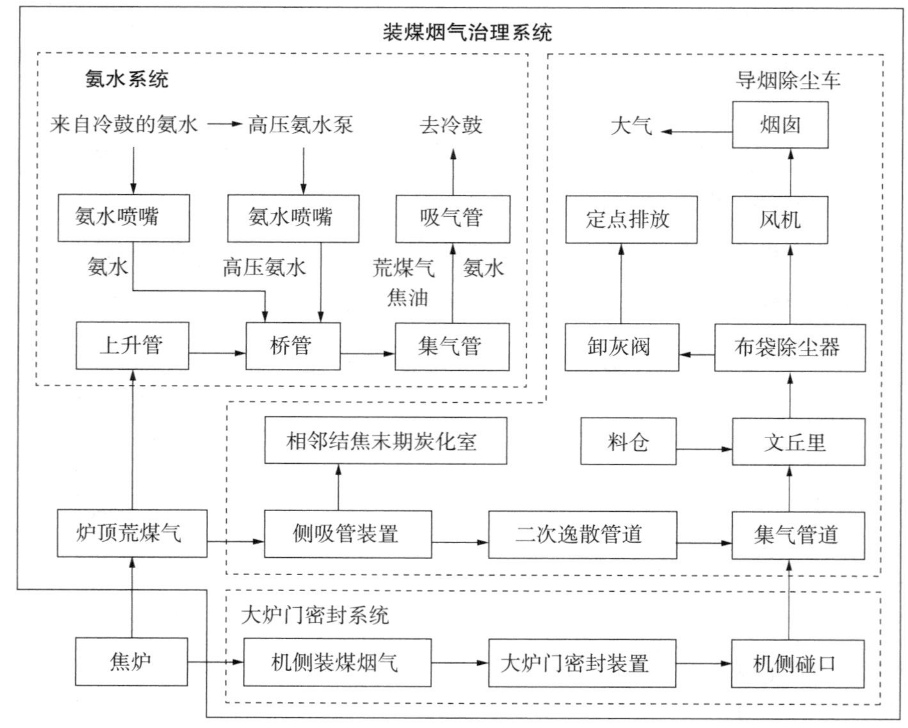

图6-1　燃烧法二合一工艺

此工艺的特点是装煤烟气采用燃烧法，燃烧后的烟气与推焦烟气都进入同一套地面站除尘系统处理，而根据装煤烟气和推焦烟气连接汇合的方式不同，又可分为下面三种方案：

1）第一种方案

装煤烟气和推焦烟气各用一套管路，两套管路在炉间台处汇合。

装煤除尘系统由移动和固定装置两部分组成。移动装置即消烟除尘车。固定装置包括：机侧炉顶的集气小罩、炉顶集气管道、煤气系统、装煤/出焦二合一集气总管、地面除尘站的除尘设备、风机、烟囱等。

装煤除尘过程为：首先，侧装煤车行走至待装煤的炭化室定位，炉顶烟尘收集车待排气孔盖打开后，将导烟口集气罩与炭化室中心对正，同时向地面除尘系统发出电讯号，风机开始高速运行。车载煤气燃烧系统与炉顶煤气管道连接，装煤烟气从机侧车载碰口和导烟口集气罩被吸入，缓冲、配风、燃烧、冷却后，再经车载碰口导入炉顶集气管道内，再由装煤、出焦二合一集气总管送至地面站除尘系统净化后，由风机经烟囱排至大气。地面除尘系统接受信号，风机进入低速运行状态，见图 6-2。

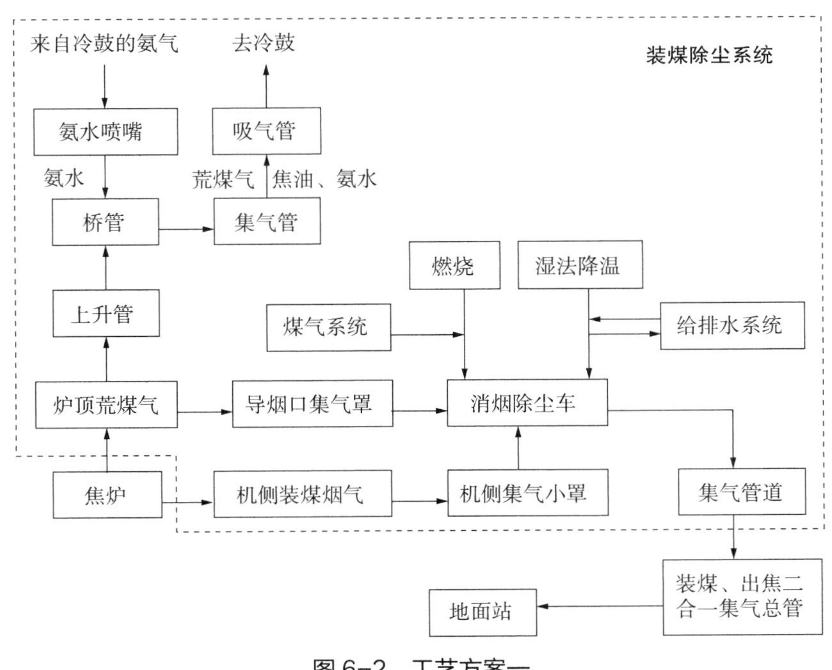

图 6-2　工艺方案一

2）第二种方案

焦侧设一套管道及管道支架，装煤烟气通过燃烧导烟车与拦焦车集气大罩的碰口对接进入焦侧管道。

装煤除尘系统由移动和固定装置两部分组成。移动装置即消烟除尘车。固定装置包括：机侧炉顶的集气小罩、煤气系统、装煤 / 出焦二合一集气总管、地面除尘站的除尘设备、风机、烟囱等。

装煤除尘过程为：首先，侧装煤车行走至待装煤的炭化室定位，炉顶烟尘收集车待排气孔盖打开后，将导烟口集气罩与炭化室中心对正，同时向地面除尘系统发出电讯号，风机开始高速运行。车载煤气燃烧系统与炉顶煤气管道连接，装煤烟气从机侧车载碰口和导烟口集气罩被吸入，缓冲、配风、燃烧、冷却后，再经车载碰口经由拦焦车集气大罩进入装煤、出焦二合一总管，再由装煤、出焦二合一集气总管送至地面站除尘系统净化后，由风机经烟囱排至大气。地面除尘系统接收信号，风机进入低速运行状态，见图 6-3。

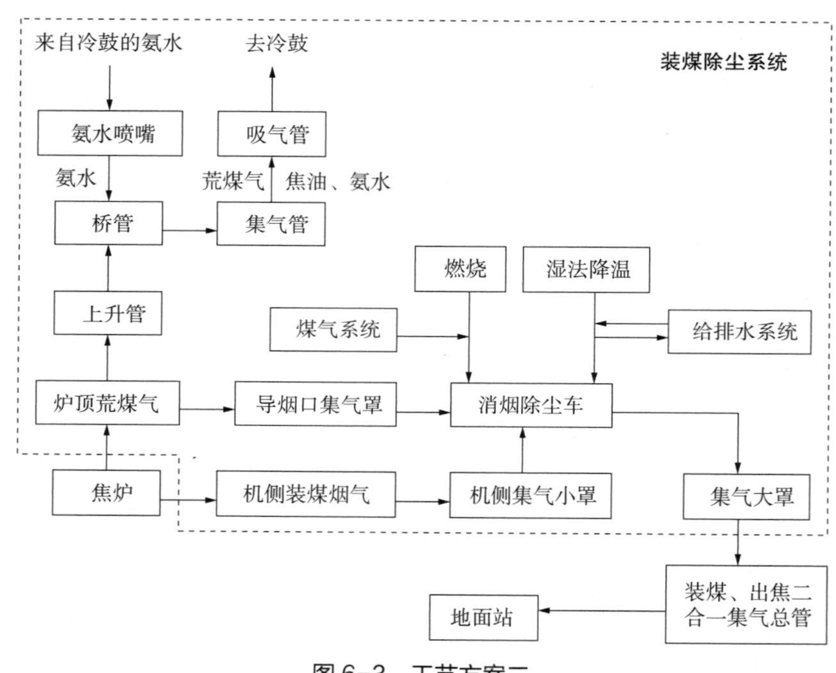

图 6-3　工艺方案二

3）第三种方案

炉顶设一套管道及管道支架，推焦烟气通过拦焦车集气大罩的碰口与燃烧导烟车对接进入燃烧导烟车，再由燃烧导烟车的碰口装置进入炉顶管道。

装煤除尘系统由移动和固定装置两部分组成。移动装置即消烟除尘车、拦焦车集气大罩。固定装置包括：机侧炉顶的集气小罩、煤气系统、炉顶管道、地面除尘站的除尘设备、风机、烟囱等。

装煤除尘过程为：首先，侧装煤车行走至待装煤的炭化室定位，炉顶烟尘收集车待排气孔盖打开后，将导烟口集气罩与炭化室中心对正，同时向地面除尘系统发出电讯号，风机开始高速运行。车载煤气燃烧系统与炉顶煤气管道连接，装煤烟气从机侧车载碰口和导烟口集气罩被吸入，缓冲、配风、燃烧、冷却后，再经车载碰口进入炉顶管道，再由炉顶管道送至地面站除尘系统净化后，由风机经烟囱排至大气。地面除尘系统接收信号，风机进入低速运行状态。推焦烟气也由碰口装置进入炉顶管道，见图 6-4。

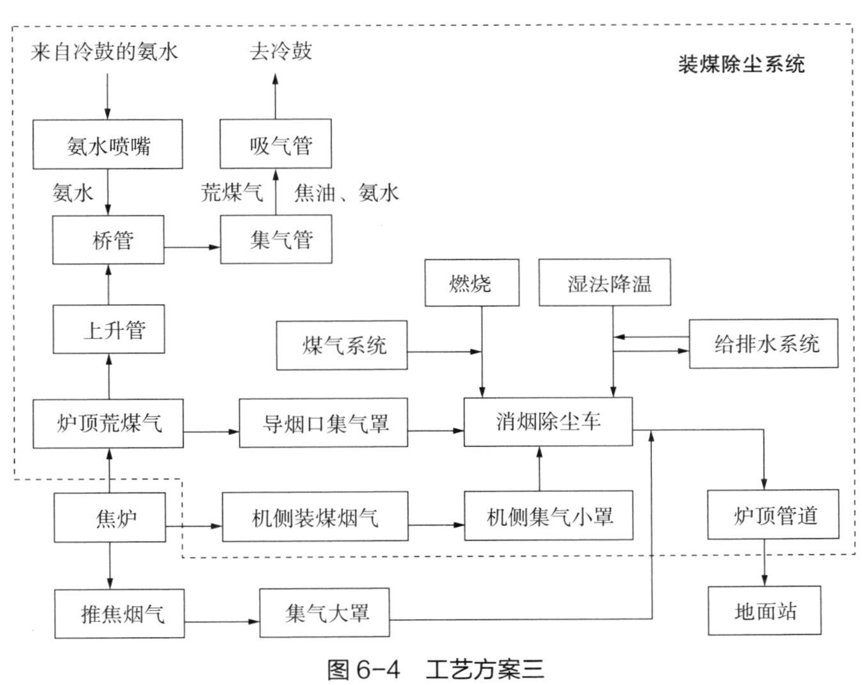

图 6-4　工艺方案三

6.2.2　燃烧法独立地面站除尘系统

此工艺的特点是装煤烟气采用燃烧法，燃烧后的烟气经集气管道引至地面站除尘系统处理，地面站设两套除尘系统，一套用于装煤烟气治理，另一套用于推焦烟气治理。

装煤除尘系统由移动和固定装置两部分组成。移动装置即消烟除尘车。固定装置包括：机侧炉顶的集气小罩、煤气系统、炉顶管道、地面除尘站的除尘设备、风机、烟囱等。

装煤除尘过程为：首先，侧装煤车行走至待装煤的炭化室定位，炉顶烟尘收集车待排气孔盖打开后，将导烟口集气罩与炭化室中心对正，同时向地面除尘系统发出电讯号，风机开始高速运行。车载煤气燃烧系统与炉顶煤气管道连接，装煤烟气从机侧车载碰口和导烟口集气罩被吸入，缓冲、配风、燃烧、冷却后，再经车载碰口进入炉顶管道，再由炉顶管道送至地面站除尘系统净化后，由风机经烟囱排至大气。地面除尘系统接收信号，风机进入低速运行状态。推焦烟气也由碰口装置进入炉顶管道，见图 6-5。

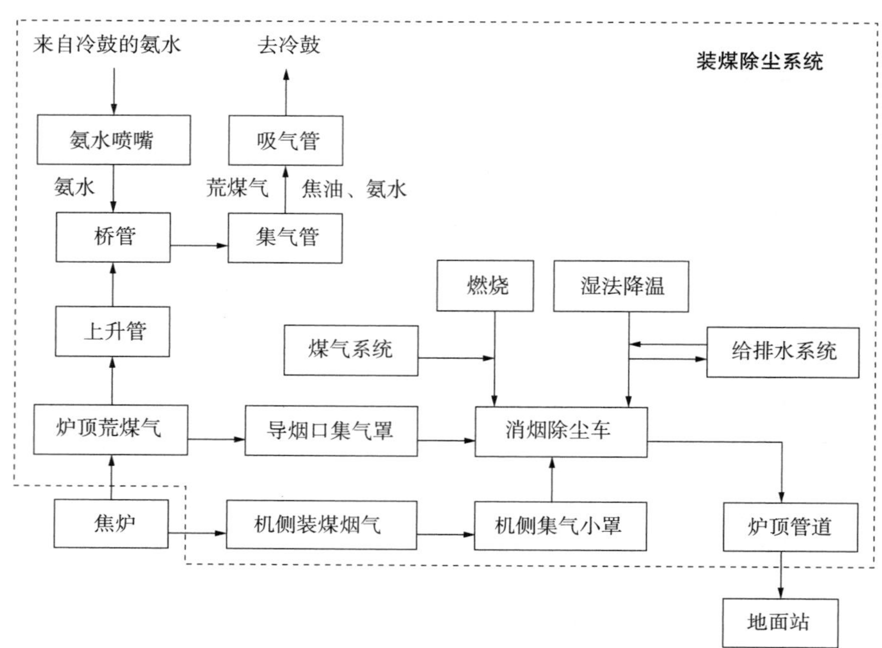

图 6-5　独立地面站除尘系统

6.3　推焦烟尘处理技术

出焦过程排放的污染物主要有粉尘及部分荒煤气，焦炭接触空气燃烧产生废气以及逸散的荒煤气、熄焦车粉尘等。

焦侧设置一套集气干管，管道对应每个碳化室的位置设有翻板阀及碰口装置一套，同时拦焦车集气大罩顶部也设有碰口装置和推杆装置。推焦开始前，拦焦车对位，集气大罩顶部推杆装置将集气干管上的翻板阀推开，碰口装置对位，推焦开始后产生的大量烟尘由热浮力上升至集气大罩顶部经由碰口装置进入集气干管并最终被引至地面站处理，见图 6-6。

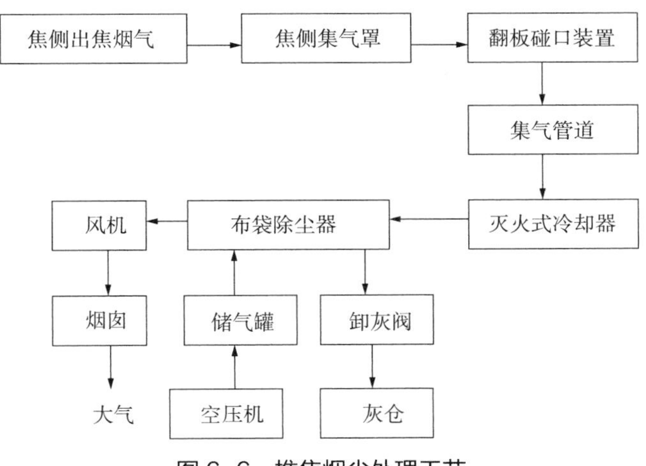

图 6-6　推焦烟尘处理工艺

6.3.1　焦侧集气干管＋皮带小车装置

焦侧设置一套集气干管，集气大罩与集气干管的连接采用皮带小车装置，由拦焦车牵引的皮带提升小车行走胶带覆盖在集尘管道上并与导焦车上主吸气罩相连，导焦车行走到哪里，与其同步走行的胶带提升小车就将那里的管道上部胶带抬起，由气体转送密封装置将吸气泡罩收焦的烟气从胶带抬起管道开口处送入集尘管道。集尘管道可以做成 U 形或大半圆形，开口处部分有格栅板，格栅板主要支撑管道上的胶带以及承受管内负压形成胶带向管内凹陷的压力，并起到烟气与胶带隔离的效果。密封胶带宽 1 000 mm，采用耐热、耐老化的橡胶材料，内设织物硬度较低，有利于密封，见图 6-7。

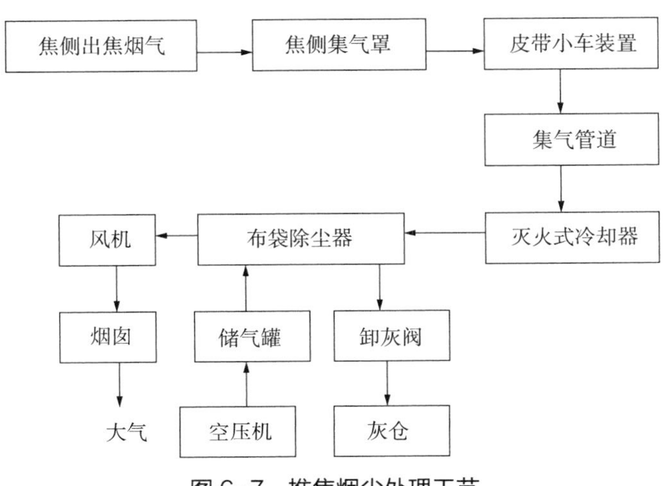

图 6-7　推焦烟尘处理工艺

6.3.2 焦侧不设集气干管

焦侧不设置集气干管，集气大罩顶部设置碰口与燃烧导烟车的碰口对接，推焦时烟气经由集气大罩和顶部的碰口进入燃烧导烟车，最后进入炉顶的集气干管被引至地面站，见图 6-8。

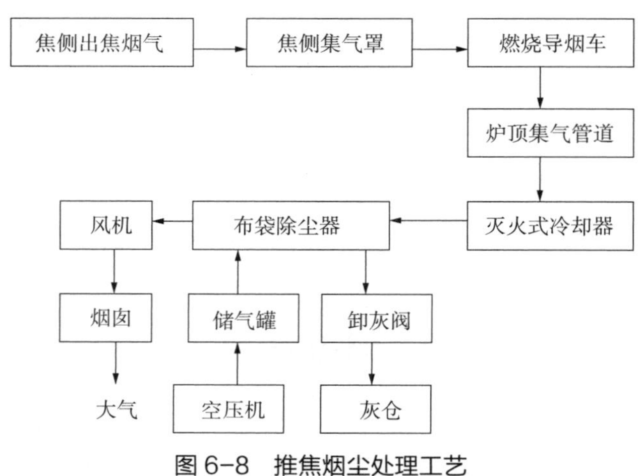

图 6-8 推焦烟尘处理工艺

6.4 焦炉烟气脱硫脱硝技术

焦炉烟气脱硫脱硝技术组合主要有碳酸钠半干法脱硫 + 低温脱硝一体化工艺、加热焦炉烟气 + 高温催化还原脱硝工艺、SICS 法催化氧化（有机催化法）脱硫脱硝工艺、活性炭 / 焦脱硫脱硝工艺。

6.4.1 碳酸钠半干法脱硫 + 低温脱硝一体化工艺

焦炉烟气被引风机引入工艺系统，先脱硫除 SO_2，后除尘脱硝，再脱除颗粒物和 NO_x，最后经引风机增压回送至焦炉烟囱根部。

该工艺主要由以下系统组成：

脱硫系统由脱硫塔及脱硫溶液制备系统组成。Na_2CO_3 溶液通过定量给料装置和溶液泵送到脱硫塔内雾化器中，形成雾化液滴，与 SO_2 发生反应进行脱硫，脱硫效率可达 90%。脱硫剂喷入装置与系统进出口 SO_2 浓度联锁，随焦炉烟气量及 SO_2 浓度的变化自动调整脱硫剂喷入量。

核心设备为烟气除尘、脱硝及其热解析一体化装置，包括由下至上集成在一个塔体内的除尘净化段、解析喷氨混合段和脱硝反应段。氨系统负责为烟气脱硝提供还原剂，可使用液氨或氨水蒸发为氨气使用。热解析系统负责为脱硝装置内的催化剂提供 380 ～ 400℃高温解析气体，分解黏附在催化剂表面的硫酸氢铵，净化催化剂表面。

工艺特点：

（1）半干法脱硫设置在脱硝前，将烟气中的 SO_2 含量脱除至 30 mg/m^3 以下，以保证后续的高效脱硝；

（2）烟气脱硫、除尘、脱硝、催化剂热解析再生一体化，节省投资、运行费用低、占地面积少；

（3）脱硝前先除尘，以减少粉尘对催化剂的磨损、延长催化剂使用寿命；

（4）通过除尘滤袋过滤层和混合均流结构体的均压作用，使烟气速度场、温度场分布更加均匀，可提高脱硝效率；

（5）氨气通过网格状分布的喷氨口喷入装置内，高温热解析气体通过孔板送风口送入烟气中，使氨气与烟气、高温热解析气体与烟气接触更充分，混合更均匀；

（6）在不影响正常运行的条件下，可在线利用高温烟气分解催化剂表面黏性物质，提高脱硝催化效率和催化剂使用寿命；

（7）省略传统工艺中的催化剂清灰系统；

（8）烟气通过滤袋在过滤过程中，与滤袋外表面滤下的未反应脱硫剂充分接触，进一步提高烟气的脱硫效率；

（9）半干法脱硫温降小（小于 30℃），除尘脱硝一体化缩短流程，减小整体温降，回送烟气温度大于 150℃，满足烟囱热备要求；

（10）烟气在高于烟气露点温度的干工况下运行，不存在结露腐蚀的危险，无须做特殊内防腐处理。

6.4.2 加热焦炉烟气 + 高温催化还原脱硝工艺

该脱硝工艺装置主要由 GGH（烟气—烟气换热器）、烟气加热炉、余热锅炉、SCR 反应器、氨站等组成。

高温脱硝工艺特点：

（1）脱硝效率可达 70%，能够满足 150 mg/m^3 排放标准。

（2）脱硝效率稳定，对于低 NO_x 排放有更稳定的脱硝能力。

（3）一般 SCR 脱硝系统的最佳反应温度为 350℃，为此设置了烟气 - 烟气换热器 GGH，让 SCR 出口 350℃净化后的烟气与 180℃原焦炉烟气换热，使原焦炉烟气升高至 350℃，减少 COG 燃料的消耗量，极大地降低了系统能耗。

（4）为使进入 SCR 反应器的原焦炉烟气达到最佳脱硝温度（320 ～ 370℃），系统还设置一套以焦炉煤气或高炉煤气为主燃料的加热炉。从加热炉出来的烟气温度为 700 ～ 800℃，和原焦炉烟气进行混合加热，将欲脱硝的焦炉烟气温度升高至 350℃。

（5）设置了一套余热锅炉系统。从 GGH 出来的洁净烟气温度为 200℃，进入余热锅炉，将冷水（20℃）加热至 100℃，生产热水用于采暖或供热，达到节能降耗目的。

（6）SCR 反应器系统采用蜂窝波纹板式催化剂；布置形式为“2+1”，即两层运行一层预留；脱硝剂为液氨；最佳反应温度约 320℃；催化剂能承受运行温度 400℃不少于 5h 的考验，而不产生任何损坏。SCR 反应器设置一套氨 / 烟气混合均布系统。

6.4.3　SICS 法催化氧化（有机催化法）脱硫脱硝工艺

焦炉烟气先经过臭氧氧化，烟气温度小于 150℃，然后进入脱硫塔，烟气中的 SO_2 和 NO_x 溶解在水里分别生成 H_2SO_3 和 HNO_2。有机催化剂捕捉以上两种不稳定物质后形成稳定的络合物 L・H_2SO_3 和 L・HNO_2，并促使它们被持续氧化成 H_2SO_4 和 HNO_3，催化剂随即与之分离。生成的 H_2SO_4 和 HNO_3 很容易被碱性溶液吸收，这样就在一个吸收塔内同时完成了脱硫和脱硝。

（1）脱硫效率＞ 99%，脱硝效率＞ 85%；氨回收利用率＞ 99.0%。氨逃逸率＜ 1%，而普通氨法脱硫只能控制在 5% ～ 10% 以上。

（2）在同一系统中可同时实现脱硫、脱硝、脱重金属汞、二次除尘等多种烟气减排效果。

（3）对烟气硫分适应强，可在标准状态下用于 150 ～ 10 000 mg/m^3 甚至更高的硫分，因此，可使用高硫煤降低成本。

（4）整个过程无废水和废渣排放，不产生二次污染。同时净烟气中 NH_3 含量在标准状态下小于 8 mg/m^3（在标准状态下完全满足生态环境部 NH_3<10 mg/m^3 的要求）。

（5）催化剂使用寿命可长达 15 年。

（6）运行成本低（据某钢厂统计吨焦运行成本不超过 2 元）。

（7）通过增加催化剂，提高亚硫酸铵的氧化效率，运行 pH 值低于氨法脱硫，能有效抑制氨的逃逸。

（8）可实现焦炉烟气低温脱硝（目前国内普遍使用的 SCR 属于高温脱硝），减少对设备的腐蚀。

（9）对烟气条件的波动性有较强的适应能力。

（10）副产品硫铵质量达标，且稳定。

6.4.4 活性炭 / 焦脱硫脱硝工艺

焦炉烟气在烟道总翻板阀前被引风机抽取进入余热锅炉，烟气温度从 180℃降低至 140℃，然后进入活性炭脱硫脱硝塔，在塔内先脱硫、后脱硝，烟气从塔顶出来经引风机送回烟囱排放。从塔底部出来的饱和活性炭进入解析塔，SO_2 等气体出来后送化工专业处理，再生后的活性炭重新送入反应塔循环使用。

工艺特点：

（1）SO_2 脱除效率可达 98% 以上，NO_x 脱除效率可达 80% 以上，同时粉尘含量小于 15 mg/m^3；

（2）实现脱除 SO_2、NO_x 和粉尘一体化，脱硫脱硝共用一套装置；

（3）烟气脱硫反应在 120 ～ 180℃进行，脱硫后烟气排放温度 120℃以上，不需增加烟气再热系统；

（4）运行费用低，维护方便，系统能耗低（每万立方米焦炉烟道气耗能标准状态下约 2.51 kg，相当于吨焦脱硫脱硝耗能标准状态下为 0.587 kg）；

（5）工况适应性强，基本不消耗水，适用于水资源缺乏地区；能适应负荷和煤种的变化，活性焦来源广泛；

（6）无废水、废渣、废气等二次污染产生；资源回收、副产品便于综合利用。

6.5 干法熄焦技术

目前熄焦工艺有湿熄焦和干熄焦两种，其各自有着不同的工艺优势。湿式熄焦工艺是将成熟的焦炭由装煤推焦车推出经除尘拦焦车导入熄焦车箱内，然后由熄焦车运至熄焦塔喷淋熄焦，熄灭后的焦炭被卸至凉焦台凉焦，再送往筛焦系统筛分并按级保存待运。干熄焦工艺是利用湿度低的惰性气体冷却红焦，并将换热吸收的热量传给干熄焦锅炉产生蒸汽或并入厂内蒸汽管网或送去发电，冷却后的惰性气体再由风机引入干熄炉冷却红焦循环使用。干熄焦相对于湿法熄焦，可有效降低粉尘排放量。

传统的熄焦方法采用喷水降温，红焦显热浪费很大。因为每炼 1 kg 焦耗热约 750 ～ 800 千卡，而湿熄焦浪费的热量可达 355 千卡。干熄焦避免了上述的缺点，它吸收红焦的 80% 左右的热量使之产生蒸汽。干熄每吨焦炭大约可产生 420 ～ 450 kg，450℃，4.6 MPa 的中压蒸汽（蒸汽压力根据各厂实际而定）。

焦炭在干熄炉的预存室里有一个再炼焦的过程，再加上它随着排焦均匀的下降和缓慢的冷却，因此焦炭裂纹较少，强度较好。再则干熄焦炭与焦粉容易分离也减轻筛分的困难，焦粉又可作为烧结的重要原料。

在湿熄焦中，熄焦用的水主要来自化工车间的冷却水，其中含有大量的酚、氰等有害物质。湿法熄焦产生的蒸汽及残留在焦内的酚、氰、硫化物等腐蚀性介质，侵蚀周围建筑物，并能扩散到几千米外的范围，有害物质超过环境标准的几倍造成大面积的空气污染。

目前干法熄焦技术在行业内逐步推开，2000 年以前，中国以引进方式为主建设多套干熄焦装置，如今我国逐渐攻克干熄焦多项难题，可自行设计、安装大型化干熄焦装置。中国焦炭产能 6.7 亿 t 中 3 亿 t 以上已配备干熄焦装置。

6.6　炼焦炉规模化

我国焦炉操作条件差，焦炉周围有毒气体比较多，污染源来自装煤时逸出的烟尘与煤气、推焦时的粉尘以及炉门的泄漏等。国内有的焦化厂的上空苯并比含量达到 2 500 ～ 5 600 μg/m^3，粉尘达到 80 mg/100 m^3，推焦粉尘到 500 ～ 400 g/t 焦炭。现代大型焦炉一般都设计和安装了吸收装煤时烟尘和煤气的净化装置或采用了无烟装煤设备，采用推焦除尘装置、干法熄焦等较好的环保措施。此外，由于大焦炉每孔有效容积扩大了，年产同样数量的焦炭，炉孔数可减少，结焦时间可以延长，因此，每日装煤出焦的次数减少，从而可减少逸散污染物量。炉室的严密性是由炉门刀边紧贴门框来达到。年产焦 45 万 t 的指标，可由 4.3 m 高的 65 孔焦炉或由 6 m 高的 43 孔焦炉来完成。前者炉门刀边的总长度为 1 223.1 m，后者炉门刀边的总长度为 1 109.4 m，减少了 114.4 m，这说明 6 m 焦炉的漏点比 4. 3 m 焦护的漏点少，有利于改善环境。

2006 年我国首座 7.63 m 焦炉在兖矿集团投产，2007 年太钢引进德国焦炉技术建设 7.63 m 大容积焦炉投产，至 2017 年我国已建设 7.63 m 焦炉 16 座，年焦炭产能 1 740 万 t，7.63 m 大型焦炉数量和产能世界第一，见表 6-2。

表 6-2 中国 7.63m 焦炉投产厂家

厂名	孔数	产能 /（万 t/a）	投产年份
兖矿集团	2 × 60	220	2006 年
太钢	2 × 70	220	2007 年
马钢	2 × 70	220	2008 年
武刚	2 × 70	220	2008 年
首钢京唐	2 × 70	380 ～ 440	2009—2010 年
沙钢	2 × 70	220	2009—2010 年
平煤首山	2 × 70	220	2010 年
总计	16	1 740	

6.7 有机物废气处理技术

6.7.1 吸收法

吸收是利用气体在液体中溶解度的不同来分离和净化气体混合物的一种操作过程。它在化工生产中是一个重要单元，是发生两相间的质量传递过程。吸收法也常用于气态污染物的处理，例如，硫化氢、氨等污染物的工业废气都可用吸收法加以处理。吸收可分为物理吸收和化学吸收两大类

物理吸收：大部分利用相似相溶原理，用吸收液吸收类似组分的气体。这种一般吸收所溶解的气体与吸收液不发生明显的化学反应，仅仅是被吸收的气体组分溶于液体的过程。如用水洗氨、用洗油吸收烃类蒸气等过程都属于物理吸收。

化学吸收：被吸收的气体与吸收液发生明显化学反应的过程称为化学吸收。由于废气中污染物的含量一般很低，所以它们的处理多采用化学吸收法。例如，用碱液吸收烟气中的 SO_2，用水吸收 NO_x 等属于化学吸收过程。

尾气处理技术应用较广的是文氏管产生的吸力作为尾气捕集、洗净的动力，尾气经洗涤液喷洒进入文氏管是第一次洗净，经洗净塔二次洗净后外排。这种技术优点集文氏管、洗涤净化塔、贮槽三位一体，占地面积小。另外，高效文氏管喷洒，具有足够的吸力的压头，维护方便，洗涤喷洒喷嘴采用有特殊结构的喷心，喷洒断面实心。缺点是一次投资较高，运行需要消耗动力等。

6.7.2 活性炭吸附法

吸附是一种复杂的表面现象。它是利用多孔性固体吸附剂来处理气态（或液态）混合物，使其中的一种组分在固体表面未平衡的分子引力或化学键力的作用下被吸附在固体表面，从而达到分离目的。目前吸附操作在净化有毒有害气体方面也得到了广泛应用，成为处理气态污染物的重要方法之一。吸附与吸收是有区别的，吸收时液相中分子基本上是均匀分散的，而吸附时在固体表面上分子“浓缩”形成了吸附层，所以从分子角度上看，它是不均匀过程。气体吸附原理和液体吸附原理相似，在废气处理上主要适用于去除混合气中的低浓度气态污染物。常用的气态吸附剂有分子筛、活性炭、焦炭等，其中用的最广泛的是活性炭。

活性炭吸附可以用于处理有机废气、臭味。大部分比较大的有机物分子、芳香族化合物、卤代炔等能牢固地吸附在活性炭表面上或空隙中。吸附效果主要取决于吸附剂的性质、挥发性有机物的种类、浓度、吸附系统的操作温度、压力等因素。

6.7.3 冷凝回收法

采用降低温度或提高系统压力的方法使气态污染物冷凝并从废气中分离出来的过程。它尤其适于处理含较高浓度、有回收价值的有机气态污染物的气体，单纯的冷凝法往往不能达到规定的分离要求，因此此法常作为吸附、燃烧等净化高浓度废气的前处理过程。基本原理为气态污染物在不同的压力和不同的温度下具有不同的饱和蒸汽压，因此降低温度和加大压力就可以使某些气态污染物凝成液体，从而达到净化和回收的目的。在一定的压力下，某气体物质开始冷凝出第一滴液滴时的温度称为露点温度，因此只要将系统的温度降低到某气态污染物的露点之下，就会使冷凝液而得到分离。增大系统压力也可以使气态污染物在临界温度和临界压力下变为液态而分离出来，但这一方法处理费用较高，目前很少采用。

6.7.4 负压回收法

利用负压工艺装置，将废气回收至装置内。现在应用较多的是将尾气回收到负压煤气管道中。该种工艺运行稳定，所需能耗低，实施简便，但必须进行严格有效的安全评估，并在设计上采取有效的安全控制措施。

6.7.5 燃烧处理技术

利用燃烧过程将废气中可燃气体、有机蒸汽、微细的尘粒等转变为无害或易除去的方法。它的特点是可以处理污染物浓度很低的废气、净化度高，还可消烟、除臭。该工艺简单，操作方便。燃烧法可分三类：直接燃烧法、焚烧法和催化燃烧法。它是利用燃料产生的热量将废气加热至高温，使其中所含污染物燃烧分解、氧化。此法必须保证燃烧完全，否则形成的燃烧中间产物危害可能更大。因此有充足的氧气、足够的温度和适当的停留时间，并保持高度的湍动，以保证高温燃气与废气的混合。

6.8 焦化废水处理技术

焦化废水处理技术主要有生物处理（AB 法生物处理、延时曝气法、传统生物脱氮 A/O、A^2/O、SBR 生物脱氮工艺、MBR 生物膜反应器等）、物理化学处理、化学处理等方式。

焦化废水化学成分复杂，并且含量较高。当前，焦化废水处理技术包括物理、化学以及生物等，但是人们很难采用单一的处理方法来达到综合治理焦化废水的目的。生物法是焦化废水的核心处理技术，将生物法处理技术与物理法处理技术、化学法处理技术相结合，可以达到很好的处理效果。例如，当前 A^2/O 臭氧氧化—活性炭过滤组合工艺比较常用，采用这种焦化废水处理技术，可以很好地改善焦化废水的生化性能。无论选用哪种焦化废水处理方式，其主要的工艺流程大体包含预处理、二级处理、深度处理以及废水回收利用。

6.8.1 预处理

焦化废水成分复杂，色度、COD 较高，需先进行预处理，减轻后续生化处理的负荷，降低处理成本。常用的预处理方式有吸收吸附、萃取脱酚法、沉淀、蒸氨法等。

6.8.2 二级处理

预处理结束焦化废水 COD 仍达不到国家排放标准以及回用要求，需进一步处理，一般采取物理化学处理和生化处理的方式。

物理化学处理方式有化学沉淀法、臭氧氧化法、利用烟道气处理剩余氨水或全部焦化废水、催化湿式氧化技术、焚烧法、光催化技术、芬顿氧化等。另有一些新型物理化学处理技术如高铁氧化法、EM 脱氮、电极生物膜技术、电化学氧化技术等。

生化处理方式主要有活性污泥法、生物铁法、缺氧—好氧处理法、A^2/O 处理技术、A/O/O 处理技术、序批式活性污泥法、

6.8.3 深度处理

深度处理技术主要有氧化塘、固定化微生物技术等。

6.8.4 废水回用

焦化废水经处理后可以用于厂内回用，对于采用湿法熄焦工艺的独立焦化厂，废水可以用于熄焦，消耗水量大，使用成本低，缺点是会造成二次污染；也可以用于煤气冷却水，用作煤气发生站双竖管和洗涤塔循环冷却水的补充水。山东烟台煤气化公司已投入使用此方法；焦化废水可用于曝气池消泡水，增强活性污泥耐负荷能力；对于联合焦化企业，用于浊循环水系统；用于洗煤补充水；用于厂区和煤厂抑尘。

7

炼铁工序全过程污染控制技术时政研究

7.1 炼铁—炼钢区段“一罐到底”衔接界面技术

7.1.1 技术介绍

纵观钢铁生产流程发展历程，不难看出高炉—转炉区段的变化是很大的，不仅设备装置、工艺和功能逐步优化，而且工序间衔接匹配关系也日趋完善。炼铁与炼钢区段界面衔接匹配和运行节奏是影响全流程稳定运行的关键因素之一，优化的炼铁—炼钢区段界面衔接匹配—协同模式对于降低全流程能耗、物耗、降低成本和促进环保都是非常重要的。“界面技术”包括相邻工序之间的衔接—匹配、协调—缓冲技术、物质流的物理和化学性质调控技术及其相关装置。就高炉—转炉区段而言，其界面技术是指钢铁生产流程中，衔接炼铁、炼钢区段内的有关技术及其装路组成的衔接—匹配过程，这一过程的科学内涵是丰富的，包括时间衔接、物流矢量衔接、铁水成分—温度衔接等。

7.1.2 技术特点及效果

炼铁—炼钢区段界面技术是多种异质技术的综合集成，包括工艺、设备的设计集成包；物流运行技术包及物流与冶金效果技术包等。

1）工艺、设备的设计集成技术包

平面图设计：高炉容积、高炉座数及其位置、布局对于出铁次数、铁水运输至预处理站的时间及运行节奏均有重要影响，决定着流程的时间衔接和物流衔接。

铁水包管理权限设计：铁水包应归炼钢厂管理，这是决定在线铁水包个数的关键因素，为确保铁水包多功能化的运行与冶金效果提供软件保障。传统流程铁水包管理并不由炼钢厂负责，在线运行的铁水包数量以满足高炉出铁安全、方便为主要考虑因素。沙钢首创炼钢主导铁水包“生命周期管理”技术，为铁水包运行管理提供了有益借鉴。

合理的铁水包个数和周转次数：铁水包个数是在既定的平面布置条件下，影响高炉—转炉之间界面铁水输送节奏、铁水温度的重要因素，影响高炉—转炉之间界面铁水成分（主要是［S］）—温度衔接，也是关系到铁水包多功能化冶金效果的关键因素。

2）物流的运行技术包

铁水包快速编组与管理：要取消机车编组站，即利用炼钢厂的行车实现铁水包快速编组，炼钢和炼铁均按实现“先进先出”原则进行铁水运行管理，最终实现铁水包快速周转。

出准率：高炉—转炉之间的铁水包多功能化界面技术，取消铁水倒罐站，除了出铁过程就将铁水量出准外，其他环节再没有改变铁水量的可能，因此，出铁场下铁水精确称量成为能否实现“一包到底”界面模式的又一关键。铁水出准率必须由炼铁厂负责管理，并作为高炉生产运行的考核指标。铁水出准率高，铁水供应稳定，也为炼钢生产的稳定提供了重要保障。

鉴于非铁路—机车运输方式的灵活性，对于卡车运输铁水包或是电动车运输铁水包的工艺、装备应该开发研究，这将有助于大高炉—大转炉之间铁水包运输的快速化，也有助于实现在 1 400 ～ 1 450℃进行铁水预处理。

3）物流与冶金效果技术包

铁水温度高，有很好的脱硫效果：炼铁厂—炼钢厂界面间空间布局紧凑，使得时间节奏优化，有效地缩短了铁水包的周转时间、取消倒罐环节，铁水温降小，铁水到达脱硫站温度高，可实现高温条件下的铁水脱硫，有很高的脱硫率。

投资降低，运行成本降低：高炉—转炉之间界面采用多功能铁水包，即“一包到底”技术，使工艺流程取消了鱼雷罐车、取消机车编组站、以高炉炉下在线称量系统替代原有的高炉—炼钢厂之间的称量设施、取消了铁水倒包站及除尘设施、取消了炼钢车间的混铁炉，降低了投资；高炉—转炉工序界面间空间布局紧凑，有效地缩短了铁水包的周转时间，延长了铁水包寿命，减少了吨铁耐材消耗量，降低了重包和空包的温降，进而降低了铁水温降，因此运行成本低。

节能减排（清洁生产）：取消倒罐环节，铁水温降小，有显著的节能效果，而且明显地解决了钢铁厂内的石墨粉尘污染问题，相应地减少了温室气体排放量。

7.1.3 技术案例

1）京唐钢厂案例

本案例是新建的首钢京唐钢铁厂，两个 5 576 m^3 大型高炉和转炉之间完全以多功能化的铁水包来进行高效有序的衔接。采用 300 t 铁水包作为铁水承接、输送、缓冲、保温和铁水脱硫 / 扒渣直至向转炉准确、及时兑铁等多功能装置。并在高度、容量、准确称重、重心位置、保温措施等方面进行了优化设计。特别强调了空包状态下的保温措施。专门研发了 16 轴的铁水运输车，配备了全程跟踪定位系统，高精度的铁水称量系统和液位检测系统等。为提高铁水包的周转次数，提高铁水到达 KR 处理站的温度，进而提高铁水脱硫效率，设计了紧凑简捷化的铁水包输送网络系统。

京唐钢铁公司的生产实际中得到的效果，具体表现为：

（1）铁水包出准率控制实绩

铁水包内铁水重量可以实现 288 t ± 1 t 精准控制，这将对下游工序的精准、稳定运行创造有利条件。同时，由于在炼钢厂不存在半罐铁水包，也有利于铁水包的管理，加速铁水包周转。

（2）铁水包运转过程温降控制实绩

铁水包快速周转可减少高炉出铁至 KR 脱硫站之间的铁水温降（减少温降 30 ～ 50℃）。目前京唐钢铁公司钢水包的周转率由于多种原因，只有 4 次 /（天 · 个），尚有改进余地；即使如此，其达到 KR 脱硫站的铁水温度可达到 1 380℃以上，经计算与使用鱼雷罐运铁车相比可使铁水的过程温降减少 30 ～ 50℃。

7.2 高炉炉料结构优化技术

7.2.1 技术介绍

近年来，随着国家对钢铁企业烧结、球团工序环保要求的逐步提高，提高块矿在高炉中的使用比例，成为钢铁企业降低生铁成本的最有效途径。在性价比方面块矿比酸性球团矿要合适；从环境保护角度来看，球团矿生产过程存在不同类型、不同程度的环境污染，而块矿则不存在高温加工工序的环境污染。从两个方面出发，提高块矿使用比例是合适的。高炉炉料结构主要取决于原料资源情况、配套生产工艺、操作技术水平、操作习惯和理念、生产成本、环保要求等多方面因素。日本、韩国高炉以烧结矿为主，北美高炉以球团矿为主。欧盟由于环保要求，烧结矿的生产和建设受到了严格的限制，以球团矿为主。欧美高炉球团矿使用比例一般都较高，个别的高炉达 100%，其中一部分高炉使用熔剂性球团矿，另一部分高炉以酸性球团矿为主。

7.2.2 关键技术

（1）提高球团矿中 MgO 含量，改善球团矿的高温性能；

（2）调整黏结剂结构，改善生球的落下强度和爆裂温度；

（3）生产熔剂性球团矿时，调整链箅机工艺参数，减轻球团矿的热爆裂程度；

（4）对部分含铁原料进行细磨处理；

（5）调整高炉含铁料的装料顺序，稳定炉墙的热负荷；

（6）系统降低入炉各种原燃料 SiO_2 含量，减少熔剂料的加入量。

7.2.3 应用案例

河钢唐钢 450 m^3 高炉用高比例球团矿冶炼试验，高炉炉料结构中球团矿配比达到 60%，减排效果如下：SO_2、NO_x 减排量计算：基准期高炉炉料结构为：78% 烧结矿 +20% 球团 +2% 块矿。当球团配比为 60% 时，高炉炉料结构为：39% 烧结矿 +60% 球团 +1% 石灰石。与基准期相比，球团配比为 60% 时，可得高炉 SO_2 减排量为：462 g/t-Fe、NO_x 减排量为：235 g/t-Fe，高炉年产生铁 62 万 t，按 60% 球团配比计算，可得每年高炉 SO_2 减排量为 287 t，高炉 NO_x 减排量为 146 t。

7.3 热风炉优化控制技术

7.3.1 技术介绍

热风炉是高炉炼铁工序中的重要一环，它首先通过燃烧煤气（主要为高炉煤气）产生的高温烟气，将炉内蓄热体加热，达到要求的蓄热量后，换炉到送风状态，高炉生产必需的压缩空气（冷风）流经热风炉蓄热体，使冷风加热到 1 200℃左右进入高炉，为高炉生产提供必要的热量和氧气。目前大部分热风炉的烧炉过程基本为人工操作，不仅工作强度大，也很难保证烧炉始终处于最佳状态，煤气消耗较高，且热风风温波动较大。该技术是在保证满足高炉所需热风温度及流量的前提下，降低煤气消耗，并保证设备安全并延长其使用寿命。

7.3.2 技术原理及效果

基于热量平衡实现对蓄热速率的在线计算，根据高炉需要的送风总热量及烧炉时间与热风炉蓄热速率特性，设定一个合理的蓄热速率设定曲线，根据蓄热速率实时控制烧炉阶段的燃料量，并根据拱顶温度、废气温度工艺允许上限对所计算出的燃料量进行限制，该系统既充分满足了高炉对热风的需要，又降低了废气带走的热量损失，同时又能保证设备的安全性，最终实现烧炉全过程（强化燃烧、蓄热期和减烧期）自动优化控制，综合节能率 5% 以上。

7.3.3 技术应用案例

山东德州永锋钢铁 4 号高炉热风炉优化控制系统，技术提供单位为南京南瑞继保电气有限公司，项目投资额 150 万元，建设期 1 个月，投资回收周期 2.2 个月，更换 1 080 m^3 的高炉热风炉的煤气流量计和空气流量计，增加 1 套热风炉优化控制系统，更换后可实现综合节能 4 710 t/a（标准煤），减排 $SO_2$77.7 t/a，$CO_2$11775 t/a，NO_x73.5 t/a。

7.4 高炉鼓风除湿技术

7.4.1 技术介绍

炼铁工序是我国钢铁工业节能的重要环节，重点钢铁企业入炉焦比低于 90 kg/t-Fe，但一些中小钢铁企业入炉焦比较高，甚至达到 488 kg/t-Fe，燃料比在 560 kg/t-Fe 左右。高炉鼓风除湿技术是通过降低空气温度，除去空气中的湿分，然后将除湿后的空气送往高炉的一种技术。如果在高炉鼓风中风流预热前就加入脱湿环节，将鼓风系统中的空气湿度降低到一个理想值，提高热能有效利用率、高炉喷煤比及降低焦炭消耗，增加高炉产量、减少排放和节约能源，实现高炉生产的最佳稳产状态。

7.4.2 技术特点及效果

采用冷凝法除湿，入热风炉的空气采用脱湿技术工艺，将进入鼓风机之前的湿空气先行预冷，接着将预冷后的湿空气通过表冷器冷却，使其温度降低到空气含湿量对应的饱和温度以下，湿空气中的多余饱和量的水分凝结析出，再经过除水器排出，使空气中含水量降低。工艺流程：高炉鼓风除湿系统工艺流程见图 7-1。

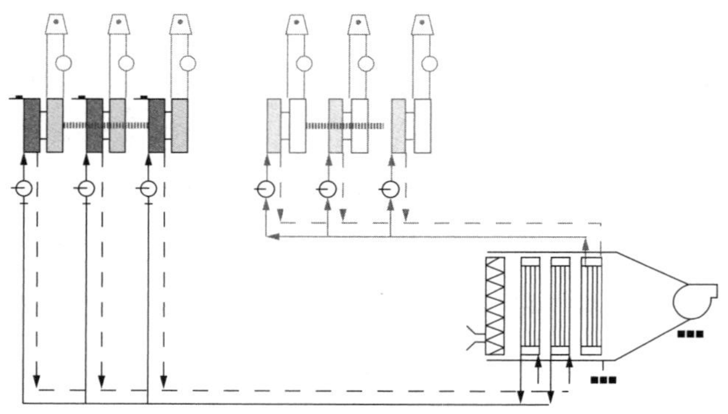

图 7-1　高炉鼓风除湿系统工艺流程

其特点为：采用制冷剂直接蒸发冷却空气，效率高，可增加鼓风质量流量 5% ～ 15%，或保持不变（13.8%）、减少鼓风机功率 5% ～ 15%；脱湿装置双层布置，设备紧凑，管道短，占地少；完全清除吸入空气中残存灰尘，解决了风机叶片、叶轮磨损问题，出口气体含尘量 1 mg/m^3。效果表现为：高炉鼓风含湿量每降低 1 g/m^3，综合焦比降低 0.7 kg/t-Fe，折合 0.68 kg（标准煤）/t-Fe；高炉鼓风含湿量每降低 1 g/m^3，增加喷煤 2.23 kg/t-Fe；高炉鼓风含湿量每降低 1 g/m^3，由于高炉顺行增加产能 0.1% ～ 0.5%。

7.4.3　技术应用案例

秦皇岛首秦金属材料有限公司。主要技改内容：对 2 号、3 号高炉鼓风机组进行改造，安装高炉鼓风除湿设备，对高炉鼓风进行制冷除湿。节能技改投资额 3 000 万元，建设期 6 个月。年节能 14 000 t（标准煤），取得节能经济效益 1 500 万～ 2 000 万元，投资回收期 2 年。

7.5　基于炉腹煤气量指数优化的智能化大型高炉技术

7.5.1　技术介绍

目前，我国拥有高炉约 1 200 余座，1 000 m^3 级以上高炉 600 余座，高炉炼铁平均燃料比约 540 kg/t，平均工序能耗 420 kg/t（标准煤）左右，吨铁碳排放量约 1 200 kgCO_2。采用基于炉腹煤气量指数优化的智能化大型高炉节能技术是在传统高炉炼铁流程基础上优化升级，通过基于炉腹煤气量指数为理论基础的工艺设计，采用高准确率的智能化控制模型，在精料的基础上合理优化煤气流分布，上部调剂采用“平台 + 漏斗”的布料模式，下部调剂采用适当高的鼓风动能保证吹透中心，获得以中心气流为主、边缘气流适度发展的两道气流，使高炉软熔带形状、位置合理，增大上部间接还原空间，从而提高煤气利用率，降低高炉燃料比，实现节能。

7.5.2 技术特点和效果

1）基于炉腹煤气量指数的高效低耗理论体系

由于不同高炉的原料和操作条件不同，炉内状况也不同，难以采用特定指标对常规操作参数进行量化评价。本技术提出的炉腹煤气量指数综合表征了风量、风温、喷煤量、富氧率等操作参数对高炉燃料消耗的影响，能够较为全面表征炉内的冶炼状态。通过炉腹煤气量指数与里斯特操作线关系的理论研究及对高炉生产实践的长期跟踪，提出大型高炉炉腹煤气量指数的合理区间在 56 ～ 65，为高炉设计和生产提供了重要指导，降低燃料比 20 kg/t 以上，见图 7-2 和图 7-3。

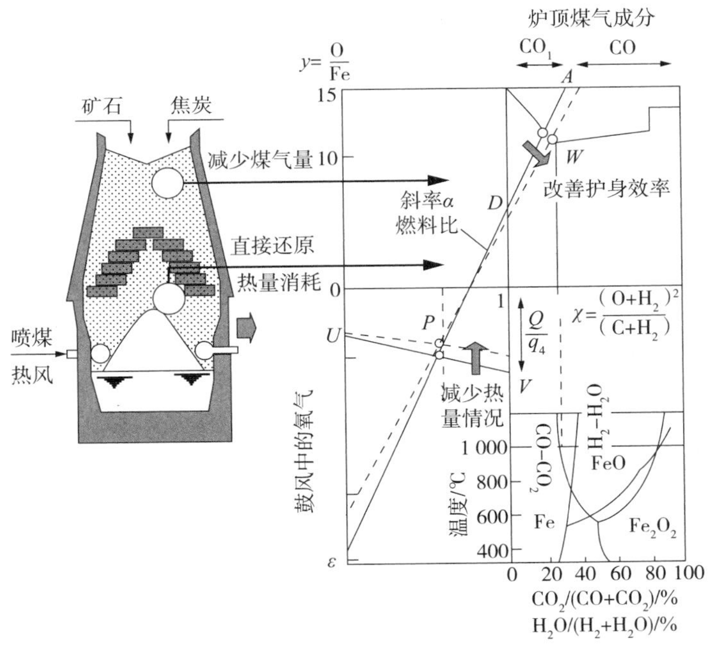

图 7-2 炉腹煤气量与 RIST 操作线解剖

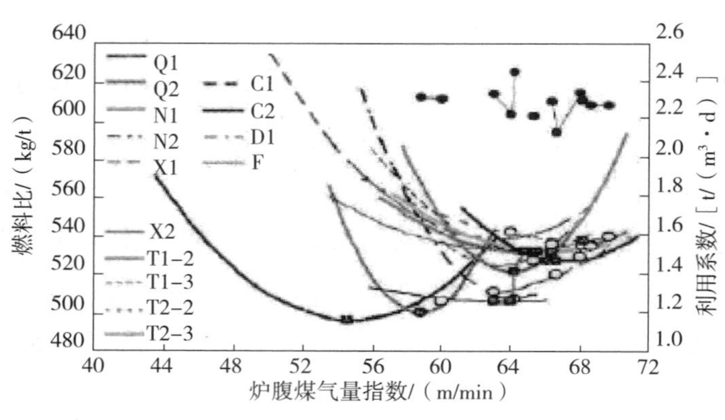

图 7-3　炉腹煤气量指数与燃料比关系

2）结合炉腹煤气指数理论和高炉仿真的合理炉型设计技术

基于不同钢厂的不同的原燃料条件，展开不同的炉型设计。以炉腹煤气指数为理论基础，开展高炉全炉仿真研究，模拟炉顶料面形状和风口鼓风回旋区作为输入条件，模拟高炉内的温度场、压力场和物质场，为优化高炉炉型、寻找与原燃料条件及操作最匹配的炉型尺寸、实现定制化设计奠定基础。该仿真技术以炉腹煤气从风口形成、发生碳素溶损反应、穿过软熔带焦窗、上升到块状带发生间接还原、加热上部炉料为路径链条，模拟了高炉最接近真实的动力学、热力学和传热传质，有效地提升了高炉炉内现象认识和炉型设计水平，见图 7-4 和图 7-5。

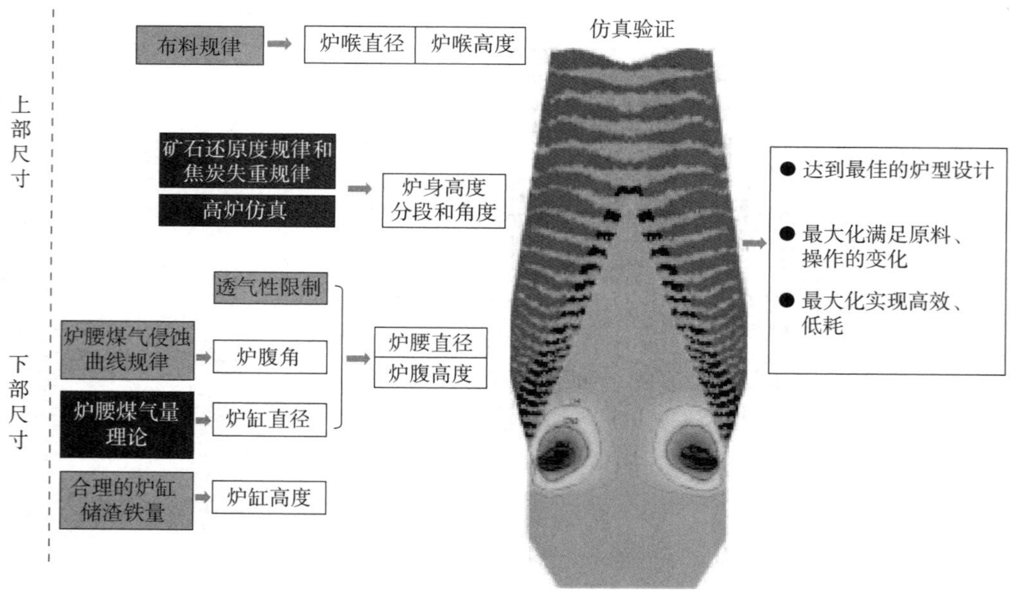

图 7-4　高炉高煤气利用的炉型设计体系

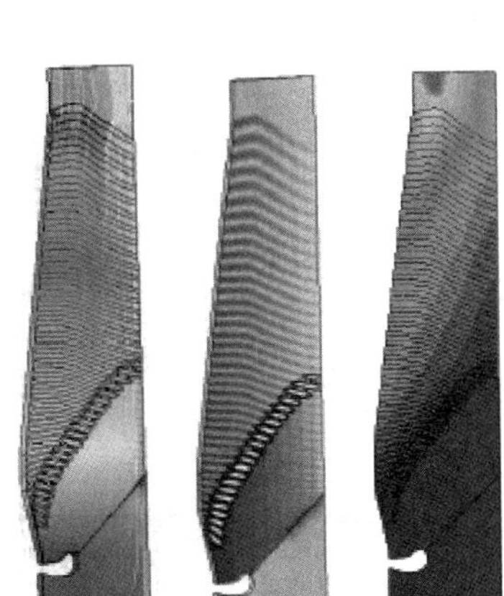
图 7-5 高炉全炉仿真技术

3）大型高炉合理炉型构造技术

现代薄壁高炉的炉腹、炉身等部位的冷却设备在炉内复杂侵蚀作用下易出现侵蚀损坏，造成煤气流分布失常。本技术基于炉内不同部位的煤气流运动和内衬侵蚀规律，独创了三段式炉身和炉腹板壁结合的关键部位炉型构造技术，实现流线型构造，延长炉体寿命，同时促进煤气流合理分布。

4）大型高炉系统节能技术

以往我国通过引入苏联的冶炼强度指标计算风量，造成鼓风系统、煤气系统及 TRT 等配套系统能力普遍偏大，造成“大马拉小车”，燃料比高，能源大量浪费。本技术基于合理炉腹煤气量指数理论，建立了风机、热风炉、煤气清洗、TRT 等配套系统能力的计算模型，实现了各系统间的最佳匹配和整体能效的提高，见图 7-6 和图 7-7。

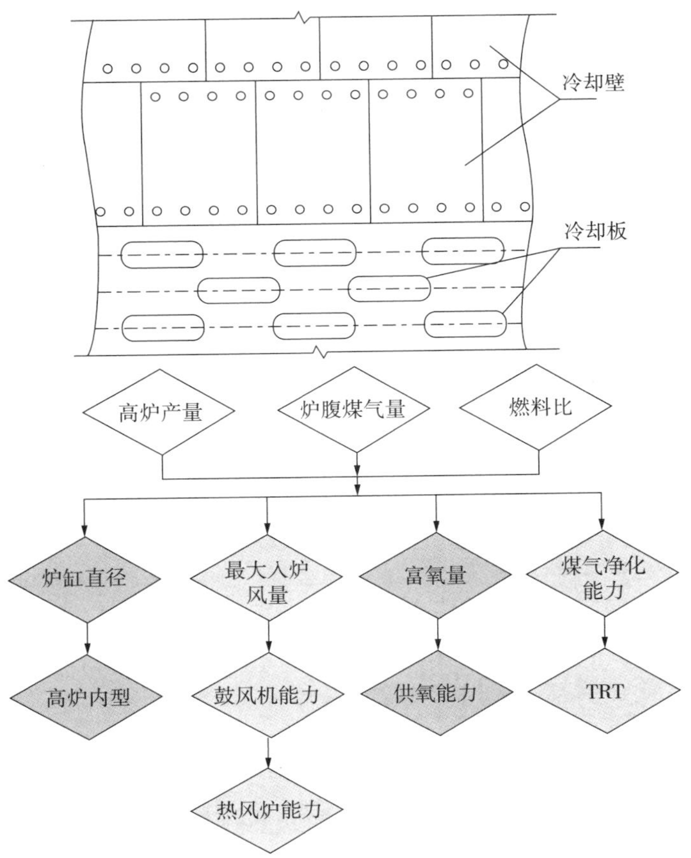

图 7-6 炉腹板壁结合炉型构造技术

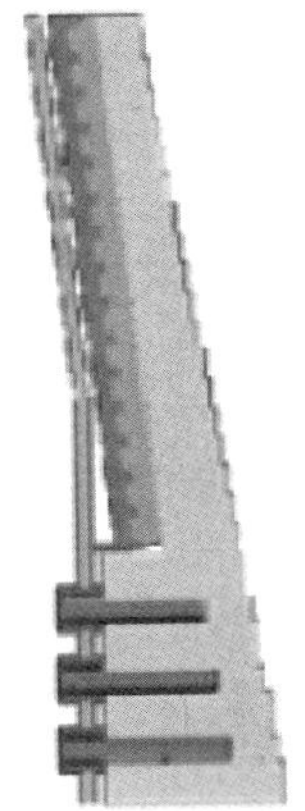
图 7-7 高炉系统节能设计体系

5）高炉智能化生产管理系统

开发出大型高炉高效低耗智能控制技术，为实现高炉稳定、顺行、低耗运行提供生产操作保障。引入工业大数据技术，加强高炉实测数据和历史数据的动态交互，自动修正参数设定和更新控制模式，提高了模型的智能水平。实现炉热 Si 偏差控制小于 0.1%，减少管道、滑料、渣皮脱落等异常炉况 20% 以上，燃料比降低 5 ～ 10 kg/t 以上，见图 7-8 和图 7-9。

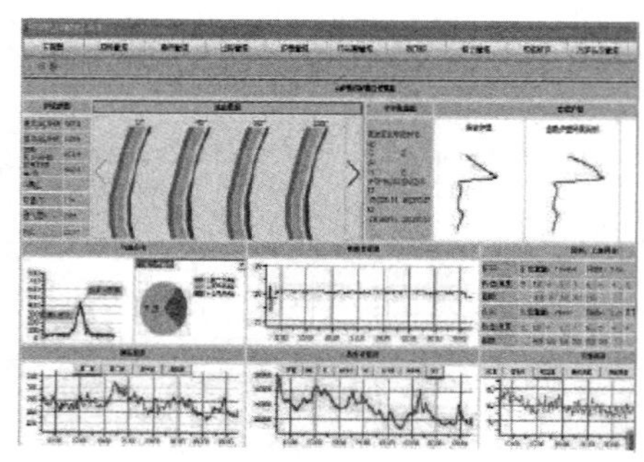

图 7-8　操作炉型智能管理模型界面

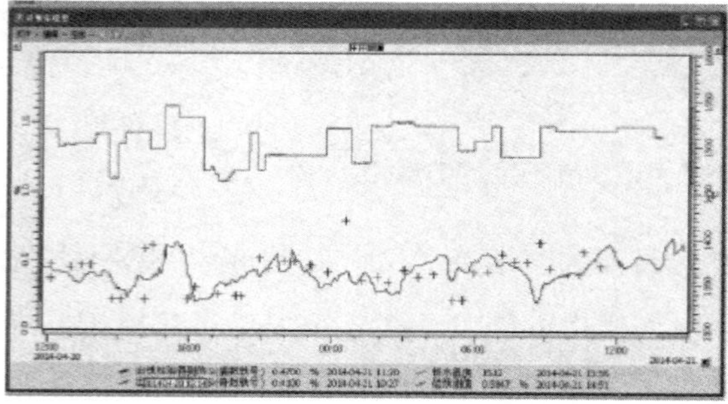

图 7-9　炉热预测及智能控制模型界面

工艺流程：大型高炉的工艺流程图见图 7-10。大型高炉由炉体系统、炉顶系统、热风炉、出铁场、水渣系统、喷煤系统、除尘系统、矿焦槽及鼓风机系统等组成。从矿焦槽通过主皮带，由炉顶系统为高炉提供矿石和焦炭，由鼓风机输送的冷风经热风炉加热为热风后，从高炉风口鼓入炉内，高炉生产的铁水和热渣分别由出铁场铁沟和渣沟引至鱼雷罐车和水渣处理设施，而高炉炉顶的高炉煤气经除尘后经过 TRT 发电。

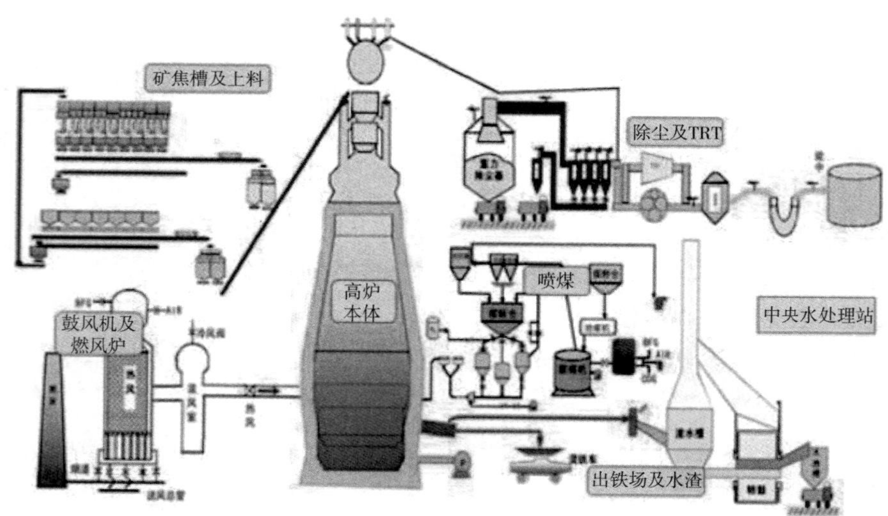

图 7-10　高效低耗大型高炉节能工艺流程图

在必要的精料指标保障下，本技术可以使高炉实现更高的煤气利用率和更低的燃料比指标，如表 7-1 所示。

表 7-1 大型高炉煤气高效利用技术主要指标

类别	项目	2000 级	3000 级	4000 级	5000 级
原燃料条件	入炉品位	≥ 57%	≥ 58%	≥ 58%	≥ 58%
	熟料率	≥ 85%	≥ 85%	≥ 85%	≥ 85%
	铁分波动	≤ ±0.5%	≤ ±0.5%	≤ ±0.5%	≤ ±0.5%
	焦炭 CSR	≥ 60%	≥ 62%	≥ 64%	≥ 65%
	焦炭 CRI	≤ 26%	≤ 25%	≤ 25%	≤ 25%
	焦炭 M40	≥ 82%	≥ 84%	≥ 85%	≥ 86%
	焦炭 M10	≤ 7.0%	≤ 6.5%	≤ 6.0%	≤ 6.0%
高效低耗指标	煤气利用率	≥ 48%	≥ 49%	≥ 51%	≥ 51%
	燃料比	≤ 510	≤ 500	≤ 485	≤ 485
	焦比	≤ 330	≤ 320	≤ 300	≤ 300
	煤比	≥ 160	≥ 160	≥ 180	≥ 180

7.5.3 技术应用案例

宝钢湛江 2 × 5 050 m^3 特大型高炉工程，建设规模：铁水年产量 800 万 t。主要建设内容：新建 2 座 5 050 m^3 高炉，主要设备为高炉本体、国产无料钟炉顶、高风温顶燃式热风炉。项目投资额约 35 亿元，建设期 30 个月。每年可实现节能量 39.6 万 t（标准煤），减少碳排放 104.5 万 tCO_2，年节能经济效益约 3.2 亿元，铁水年利润效益 3.2 亿元，项目年总效益 6.4 亿元，投资回收期约 5 年。

7.6 钢铁行业能源管控技术

7.6.1 技术介绍

能源管理中心是在企业一定条件下，采用信息化技术，以全局理念，实现了宏观的综合管控。其核心是以全局平衡为主线，以集中扁平化调度管理为基本模式，以基于数据的客观评价为基础，实现了在既有装备及运行条件下的优化管控，可以显著改善企业能源系统的管控水平，达到节能减排的目的。

7.6.2 技术特点及效果

能源管理中心主要借助于完善的数据采集网络获取管控需要的过程数据，经过处理、分析、预测和结合生产工艺过程的评价，在线提供能源系统平衡信息或调整决策方案，使平衡调整过程建立在科学的数据基础上，保证了能源系统平衡调整的及时性和合理性，使钢铁联合企业生产工序用能实现优化分配及供应，从而保证生产及动力工艺系统的稳定和经济、提高二次能源利用水平，并最终实现提高整体能源效率的目的。

能源需求侧管理是在公司能源管理体系下，通过能源生产方、供应方、输配方及终端用户的协同，提高使用环节的能源使用效率，改善公司的能源成本的一种管理方式。本质上是通过一系列的技术和管理措施，减少终端装置或系统对能源供应的需求，在满足生产要求前提下节约能源。能源需求侧管理图及主要指标如图 7-11 和表 7-2 所示。

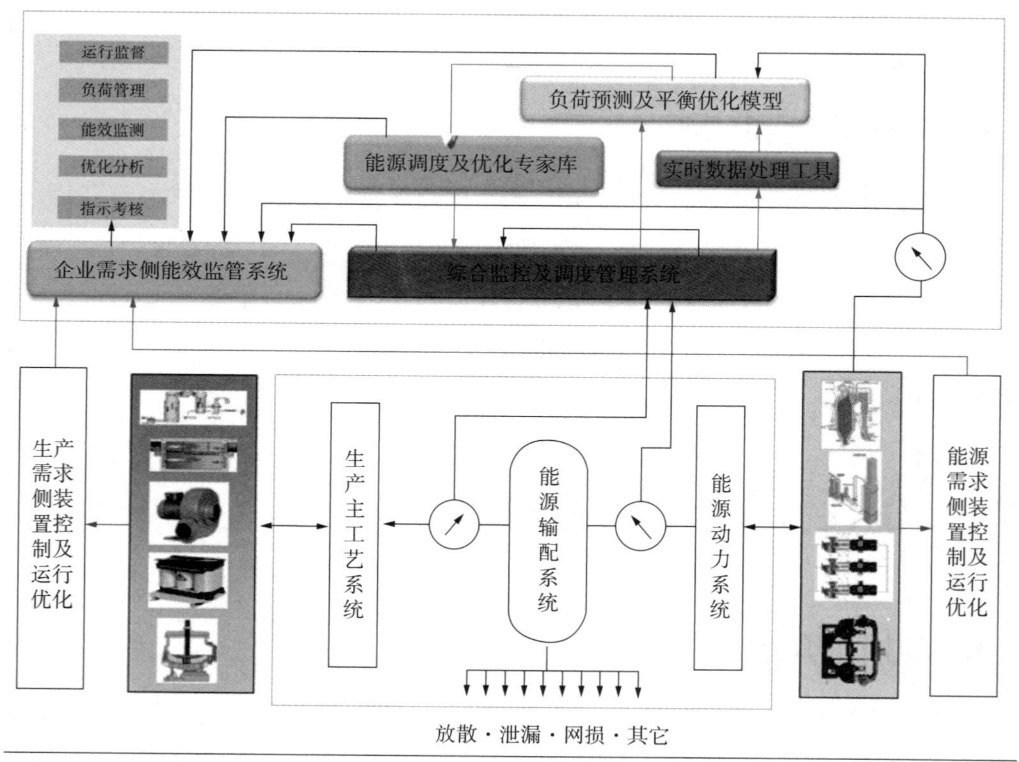

图 7-11 能源需求侧管理图

表 7-2 能源需求侧管理主要技术效果指标

技术类别	技术名称	主要技术参数
能源管理中心	系统节能技术	冶金节能指标：煤气（高炉、焦炉）放散率（%）转炉标准状态下煤气回收率（m^3/ts）、氧气放散率（%）、蒸汽放散率（%）等
需求侧管理技术	制氧优化决策支持系统	优化制订氧气的生产计划，如果已有的空分设备允许在线调节负荷则可以实现在线动态调整，可实现减少 1% ～ 5% 的氧气放散
	烧结风机智能节电系统	在风机变频运转的基础上进一步提高节电率，系统投用后提高节电率 2%
	高压水除鳞智能节能控制系统	在原设备纯工频运行情况下，通过变频改造，可实现 30% 以上的综合节电率
	加热炉自动燃烧控制系统	坯料预测温度与实际温度偏差 15℃以内；坯料出炉温度与目标温度偏差在现有基础上减低 5℃以上；在正常生产及同等工况情况下，预计吨钢热耗折算成标准煤后可减

7.6.3 技术应用案例

邯郸钢铁集团有限责任公司定位于集东、西区生产管控、物流管控、能源管控多调合一的高度集成管理模式。搭建公司能源管控信息化平台，实现公司能源、生产、物流管理的可视化、集成化、操控智能化、能效最大化。在公司工序能耗降低、提高自发电比例、CO_2 减排优化等方面发挥重要的作用。节能改造内容：数据采集、实时调控、实时数据平台的建立、实时数据再现、历史数据的分析、报表生成、WEB 服务、能源数据分类查询、能源量参数分类统计、优化分析、平衡预测等功能，最终通过与 ERP 及 MES 接口网络实现与 ERP 及 MES 的数据信息交换。邯钢管控中心系统研发与应用，立足于结合邯钢现有技术和信息化平台，在技术提供单位软件框架基础上自主创新，开发和应用了河北省首家集物流、信息流和能源流“三流合一”的管控系统平台。采用该技术后，预计节能 270 万 t/a（标准煤），减排能力 713 万 t/a（CO_2）。

7.7 高炉冲渣水直接换热回收余热技术

7.7.1 技术介绍

高炉炼铁熔渣经水淬后产生大量 60 ～ 90℃的冲渣水，其中含有大量悬浮固体颗粒和纤维。目前，我国高炉冲渣水余热主要采用过滤直接供暖及过滤换热供暖方式进行利用，但存在容易在管道或换热设备内发生淤积堵塞、过滤反冲频繁取热量少、产生次生污染等问题，无法长时间使用，因此多年来冲渣水余热未得到全面有效利用。按照我国钢铁生产产量 8 亿 t，按 350 kg 渣比计算，由冲渣水带走的高炉渣的物理热量占炼铁能耗的 8% 左右，能源浪费巨大。高炉冲渣水直接换热回收余热技术原理：高炉炼铁冲渣水含有大量 60 ～ 90℃低品位热量，该技术采用专用冲渣水换热器，无须过滤直接进入换热器与采暖水换热，加热采暖水，用于采暖或发电，从而减少燃煤消耗并减少污染物的排放，达到节能减排的目的。冷却后的冲渣水继续循环冲渣，对于带有冷却塔的因巴等冲渣工艺，可以关闭冷却塔进一步节约电能消耗；而对于没有冷却塔的冲渣工艺，冲渣水降温后减少了冲渣水蒸发量，进一步减少水消耗。采用该技术，无须过滤，工艺流程短，运行及维护成本低，取热过程仅仅取走渣水热量，不影响高炉正常运行，无次生污染，整体运行可靠，适宜于长周期运行。

7.7.2 技术特点和效果

1）直接换热技术

开发了专用冲渣水换热器，解决了纤维钩挂堵塞和颗粒物淤积堵塞问题，冲渣水无须过滤即可直接进入换热器与采暖水进行换热。

2）抗磨损技术

冲渣水含有大量固体颗粒物，不仅容易淤积堵塞，而且极易磨损，该技术通过板型、材质、结构、流速等方面的控制解决了磨损问题。

3）自动运行控制技术

根据高炉规模和冲渣工艺的不同特点，研发了系列工艺流程与之配套，大型高炉两侧冲渣的切换技术以及可靠的直接换热技术保证了自动运行的可实施性。以底滤法为例，其工艺流程和技术特点如图 7-12 所示。

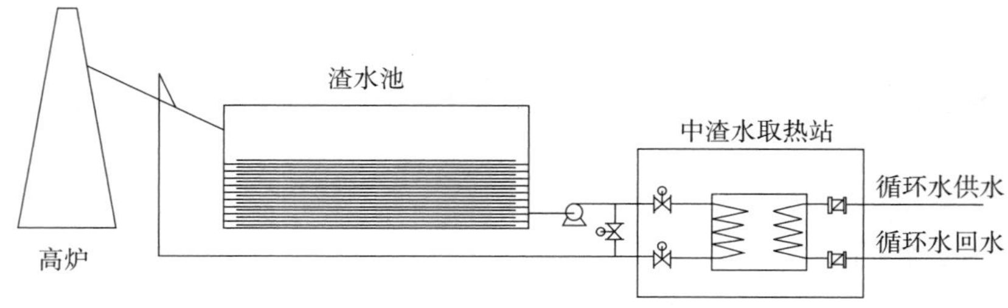

图 7–12　高炉冲渣水直接换热回收余热技术流程图

4）主要技术指标

（1）100% 全水量取热，回收热量大，年产吨铁可配置采暖面积 0.4 ～ 0.6 m^2，节能 5 ～ 7.5 kg（标准煤），节水 40 ～ 57 kg；

（2）直接换热技术，无须过滤、不堵塞，可实现一个采暖季连续不停车运转；

（3）大型高炉的因巴等冲渣工艺，冷端温差小于 5℃，可将冲渣水由 85℃降至 55℃以下；小型高炉的底滤等冲渣工艺，热端温差小于 2℃，可将采暖水加热至 65℃以上；

（4）单台最大换热器面积 1 200 m^2；单台最大换热负荷 1.7×10^7 kcal/h；单台最大冲渣水处理量 1 500 m^3/h（底滤法）、1 200 m^3/h（因巴法）；换热器单平方米供暖面积 175 ～ 500 m^2。

7.7.3 技术应用案例

太钢 5 号高炉冲渣水余热供暖项目：建设规模：高炉炉容 4 350 m^3，冲渣工艺环保因巴，为太原市 220 万 m^2 城区建筑集中供暖；建设条件：具有足够供暖面积需求，冲渣水温度大于 60℃；本项目冲渣水温度周期变化，最高温度 95℃，冷却至 60℃以下，冲渣水流量 2 400 t/h，两套冲渣系统交替冲渣。主要技改内容：建设两套冲渣水取热站，各 6 台冲渣水换热器；建设配套采暖水泵站实现采暖水输送和调峰补热功能；相应连接管道、切换系统及控制系统。投资额 5 200 万元，年节能量 2.85 万 t（标准煤），年减排量 7.53 万 t（CO_2）。

7.8 煤气透平与电动机同轴驱动的高炉鼓风能量回收技术（BPRT）

7.8.1 技术介绍

将两台旋转机械装置组合成一台机组，用煤气透平直接驱动高炉鼓风机，在向高炉供风的同时回收煤气余压、余热。该技术将回收的能量直接补充到轴系上，避免了能量转换的损失；兼备两套机组的功能并有所简化，取消了发电机，合并了自控、润滑油、动力油等系统，BPRT 机组的应用，不仅能做到对高炉煤气的能量回收，而且也降低了煤气输送管网的流动噪声，提高了高炉的冶炼强度和产量，减少了废弃物的排放，进一步提高了能源利用率。

7.8.2 技术特点及效果

BPRT系统主要由10个子系统组成：鼓风机系统、透平机能量回收系统、高精度炉顶智能稳压系统、输配管网与大型阀门系统、自动化仪表控制系统、高低压电气系统、液压伺服控制系统、润滑油控制系统、氮气密封系统、冷却水系统。该技术可应用于450～2 300 m^{3}高炉，可两座高炉共用。BPRT机组比单独透平机组发电提高效率6%～8%以上，设备投资可比分轴机组少20%～30%。工艺流程见图7-13。

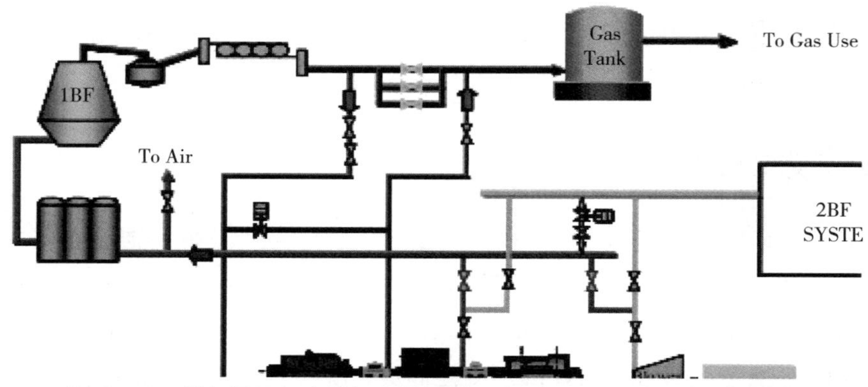

图7-13 煤气透平与电动机同轴驱动的高炉鼓风能量回收技术流程图

7.8.3 技术应用案例

唐山港陆钢铁公司新建1 160 m^{3}高炉BPRT项目。在机组正常运行期间，电动机只需消耗3 300 kW的功率，即可保证轴流压缩机正常给高炉供风，电机消耗功率减少33%。每年按8 000 h计算，年回收电能4 632万kW·h，按照电力折算标准煤等价系数计算，节约标准煤15 106 t/a（标准煤）。

7.9 高炉炉顶均压煤气回收技术

7.9.1 技术介绍

高炉冶炼生产过程中，炉顶料罐内的均压煤气通过旋风除尘器和消音器后，通常都是直接排入大气，此部分煤气为含有大量CO和灰尘的有毒、可燃物混合气体，对大气环境尤其是高炉生产区域造成污染，同时也浪费了能源。该技术能够有效解决有毒气体排放和粉尘污染问题，并减轻了消音器负荷，炉顶布置方便，同时，煤气经缓冲后压力下降，减小了对滤袋的冲击，有利于延长其寿命，满足日益增强的环境保护要求。

7.9.2 技术特点和效果

1）设置缓冲罐或缓冲区域

均压煤气是脉冲式，经精确计算料罐中的煤气以音速向缓冲罐流动，若没有缓冲罐做缓冲，其对管网的冲击肯定是不小的。均压煤气经缓冲后，再进入净煤气管网时已接近管网压力，压力波动对管网的影响很小。同时，煤气经缓冲后压力下降，减小对滤袋的冲击，有利于延长其寿命。

2）采用顶进顶出的组合干式除尘设备

技术采用顶进顶出进出气方式“组合干式除尘设备”。是将缓冲罐与除尘器合为一体，并集成了重力除尘器的功能。含尘的煤气（均压煤气）由组合式干式除尘设备的顶部进入，经中心导管式喇叭口导出，由于断面突然扩大，进入缓冲区，使流速降低，再转 180° 后，向上流动，煤气中的粗尘粒及燃烧的焦炭粒则因质量较大，在惯性力的作用下做沉降运动，到除尘器底部，实现尘、气分离，从而达到粗除尘的目的。煤气再通过滤袋精除尘之后进入净煤气管网。

3）工艺选择

均压煤气回收工艺分为“自然回收”和“强制回收”两种，用户可根据情况进行选择。高炉炉顶料罐装料前，料罐内压力与炉内压力一致，处于高压状态，而与常压煤气管网连接的煤气回收装置内压力为常压状态，开启料罐与回收装置之间的煤气回收阀，利用自然压差，对料罐排出的煤气进行自然回收。待料罐与回收装置内的压力达到平衡时，关闭煤气回收阀门，回收过程结束，再按照高炉装料程序将料罐内剩余的压力接近常压的煤气进行放散，此过程为“自然回收”。而“强制回收”，是在自然回收结束后，向料罐内通入氮气，将剩余煤气驱赶进入回收装置，当煤气赶完后切断回收系统，按照高炉装料程序将料罐中的氮气进行放散。回收阀门的开关时间，可以根据压力控制，也可根据计算得到相应的回收时间，进而采用时间控制。

4）工艺技术效果指标

该技术能够满足煤气净化要求，粉尘排放浓度低于 10 mg/m^3，均压煤气回收率大于 70%，设备噪声低于 85 dB，同时能够保证安全稳定运行。对于 3 200 m^3 的高炉能够实现日回收煤气 4.7 万 m^3，年减少煤气排放 1 630 m^3，每年减少炉顶粉尘排放约 167 t，减少碳排放量约 1 630 t，并实现 200 万元经济效益。

7.9.3 技术应用案例

2015 年高炉炉顶均压煤气回收技术在江阴兴澄特钢新 1 号高炉上得到成功应用后，又陆续在承钢 1 号、3 号、4 号、5 号高炉，江阴兴澄 3200 m^3 高炉，港陆 1 号至 6 号高炉上得到推广和应用。目前，生产运行情况良好。该项技术不仅能为企业和社会带来良好的环保效益，也给企业带来可观的经济效益，成本回收期短，具有很好的市场前景，成为助力钢铁企业实现安全生产、降本增效、环保节能的技术典范。

7.10 大型高炉煤气全干法袋式除尘技术

7.10.1 技术介绍

根据国家的能源与环保政策，干法布袋除尘代替湿法除尘将是一大趋势。干法除尘具有不用水、无污染、能耗小、运行费低的优点，属于环保节能项目，位于国家钢铁行业当前首要推广的“三干一电”（高炉煤气干法除尘、转炉煤气干法除尘、干熄焦和高炉煤气余压发电）之首。

7.10.2 技术特点和效果

高炉煤气全干法袋式除尘技术是高炉煤气经重力除尘和旋风除尘后，由荒煤气主管分配到布袋除尘器各箱体中，并进入荒煤气室，颗粒较大的粉尘由于重力作用自然沉降而进入灰斗，颗粒较小的粉尘随煤气上升。经过滤袋时，粉尘被阻留在滤袋的外表面，煤气得到净化。净化后的煤气进入净煤气室，由净煤气总管输入煤气管网。重点包括以下技术：

（1）荒煤气参数调制技术。针对高炉在发崩料、座料时，短时温度可达 400 ～ 600℃的问题，采用直接喷雾冷却方式，将荒煤气温度降到 260℃以下。

（2）荒煤气预除尘技术。荒煤气进入袋式除尘器之前进行预除尘，得到半净煤气。半净煤气进入袋式除尘进行精除尘后，最终达到满足使用要求≤ 5 mg/m^3 的净煤气。

（3）大直径除尘器箱体技术。开发大直径除尘器箱体，单箱体的过滤面积由原来不到 600 m^2，增加到 1 100 ～ 1 650 m^2，使 3 000 ～ 5 500 m^3 高炉的除尘器箱体数量维持在 10 ～ 16 个。

（4）滤袋及滤料技术。采用长袋（8.0 m），袋笼分节，换袋无障碍。采用高温 P84 复合滤料，具有耐高温、高过滤精度、高强低伸、低阻力的经济性能。

（5）大直径除尘器低压长袋脉冲喷吹技术。研发双向电磁脉冲喷吹装置，并使每个脉冲阀所带布袋数量接近，负荷分配合理。开放高速低阻引射喷嘴，喷嘴安装在喷吹管上，分别对应每条滤袋，喷嘴的数量由工艺条件决定。同一个喷吹管上的喷嘴采用不同孔径，确保脉冲气流量进入第一个滤袋和最后一个滤袋的差别在 ± 10% 以内。

（6）气流组织分布技术。除尘器主管道采用了等静压设计，保证进入除尘器筒体的风量偏差＜ 5%，确保煤气主管道气流均匀分布到每个除尘筒体。

（7）气力卸、输灰技术。研发压力可调式正压气力输送装置，采用氮气和高压净煤气（高炉煤气干法袋式除尘器净化后的煤气）作为输送介质。正常工况下采用高炉煤气，调试和检修工况下采用氮气，两者之间可以灵活切换。

7.10.3 技术效果

（1）投资省且占地少。该工艺节省了循环水、泵房、沉淀池、污泥处理等系统，总投资为湿法的 50% ～ 70%，同时建设速度快。干法除尘占地约为湿法除尘占地的 70%，为钢厂节省了空间。

（2）节约水电，有助于环保。干法除尘基本不用水，3 200 m^3 高炉煤气除尘系统约可节水 1 000 t/h。同时，采用干法除尘，没有冷却水，无须污水处理系统，只有间断运行的设备用电，耗电约为湿法除尘的 10%，并从根本上解决了污水排放不达标、污染物转移等隐患，有助于当地环境的改善。

（3）提高发电量，降低焦比。干法除尘后煤气的温度较高，煤气压力损失少，使 TRT 的发电量比湿法除尘提高 30% ～ 50%。同时，除尘后煤气温度比湿法除尘后煤气温度高 50 ～ 70℃，用于热风炉燃烧，可大大提高理论燃烧温度，节约焦炭 8 ～ 10 kg/t-Fe。

（4）缩短高炉休风时间，提高产量。一方面，湿法除尘系统为串联形式除尘设备，除尘设备发生故障，高炉必须休风才能检修；而干法除尘是多个除尘单元并联布置，若某个除尘箱体发生故障，可对该箱体离线检修，不影响高炉正常生产。另一方面，干法袋式除尘过滤精度高，净煤气含尘量可达到≤ 5 mg/m³，这样就可以大大延长 TRT 透平机转子的使用寿命及延长热风炉的炉龄。

（5）可节约检修人力成本，并实现除尘灰的综合利用。干法除尘的操作检修人员为湿法除尘的 1/2，其除尘灰可直接掺入到烧结配料，也可用于铺路、烧制高强砖等。

7.10.4 技术应用案例

武钢 3 800 m³ 高炉煤气全干法袋式除尘系统净煤气出口含尘量稳定在 5 mg/m³ 以下。相对湿法而言，干法除尘可以省掉几乎全部水电。和同级别的高炉湿法除尘相比，武钢每年可以节约循环水量约为 2 000 万 t，节约新水约为 100 万 t，节电 $1\ 600 \times 10^4$ kW·h，大大减少了运行费用；采用煤气干法除尘技术，TRT 发电已达到 50 kW·h/t，比煤气湿法除尘增加发电量 30% 以上，每年干法除尘比湿法除尘多发电约 $4\ 500 \times 10^4$ kW·h。此外，该工艺还可以省去污泥、污水处理费用等。特大型高炉由于容积大，炼铁生产更加稳定，平稳的炉顶压力和煤气温度为全干法除尘工艺系统顺行创造了更好的外部环境。而特大型高炉煤气采用全干法除尘工艺，其效益更加显著，是值得大力推广的工艺技术。

8

炼钢工序全过程污染控制技术时政研究

8.1 铁水“全三脱”与洁净钢平台界面技术

8.1.1 技术内容

在转炉炼钢厂建立全量铁水“在线”脱硫、脱硅、脱磷（“三脱”）预处理的目的，先是为了冶炼超低磷钢，现在已主要不是为了生产超低磷钢（因为超低磷钢的市场需求量很小），而是为了建立起新一代有市场竞争力的生产流程，即建立起高效、低成本、稳定运行的洁净钢生产平台，提高产品市场竞争力。

这一新流程主要适用于生产薄板的大型转炉炼钢厂，也适用于生产高性能无缝钢管、中、厚板以及若干高性能的棒材的炼钢厂。对于生产建筑用长材的小型转炉炼钢厂是不必要的。以全量铁水“三脱”预处理为基础的高效率、低成本洁净钢生产流程，其基础技术框架为：

（1）高炉—转炉之间以铁水包多功能化技术作为“界面技术”（所谓“一罐到底”技术），其输送方式可以因地制宜，选择火车—铁路、平车—轨道或汽车—道路等。以称量精确（230 t ± 0.3 t）、简捷、快速运输［铁水罐周转 5 次 /（d、罐）］和低成本为优化选择的目标。

（2）选择 2 ～ 3 座 KR 脱硫装置，先行进行高温、高活度状态下铁水脱硫预处理及相关的扒渣作业。KR 脱硫站的位路应尽可能靠近高炉为宜，其目的是争取在 1 400 ℃以上进行脱硫预处理，以利提高铁水脱硫效率，甚至将预处理后的［S］含量稳定在 0.001% 以下，并仍保持 1 370 ℃以上的处理后铁水温度。KR 装置采用“前扒渣”—“搅拌脱硫”—“后扒渣”三工位组合形式，提高搅拌脱硫装置的利用效率，并减少搅拌头间歇时间长而引起的温降，其预处理的作业周期为20 ～ 24 min。

（3）选择 2 座 230 ～ 250 t 脱磷预处理专用转炉（$BOF_{De[Si]/[P]}$），进行脱硅、脱磷预处理；要高度重视提高底吹搅拌强度，要回收蒸汽、煤气。$BOF_{De[Si]/[P]}$ 炉的炉型尺寸，应小于同吨位脱碳转炉的尺寸，以利降低投资。$BOF_{De[Si]/[P]}$ 的冶炼周期（Tapto Tap）应为 22 min，并要充分利用脱碳转炉返回渣，辅以适量石灰，使 $BOF_{De[Si]/[P]}$ 终点炉渣碱度为 2 左右。$BOF_{De[Si]/[P]}$ 只用两个铁水罐出钢，快速周转，以减少半钢出钢过程的温降。

（4）选择 3 座 230 ～ 250 t 脱碳转炉进行快速脱碳—升温、回收煤气、蒸汽并辅助脱磷。$BOF_{De[C]}$ 的氧枪要优化设计，以 4 ～ 4.5 m^3/（t · min）的供氧强度快速脱碳并减少喷溅。要选择转炉煤气焙烧石灰，以减少石灰含硫量。

$BOF_{De[C]}$ 应以快速直接出钢（不等成分分析）为手段，确保冶炼周期为28 ～ 32 min。

（5）以 3*RH-PB、1*LF 为二次精炼手段（必要时辅以 1 台 CAS），分别处理冷轧薄板和热轧薄板。要充分发挥 RH 真空处理装置的功能，因此，RH 的位路必须高度重视，应放在转炉钢包出钢线的方向上，以减少吊车吊包时间（CAS 的放置位置亦然）。LF 应放在靠近 2 050 mm（或以上）的轧机一侧。

（6）选择 3 台厚度为 230 mm 的板坯连铸机进行高拉速、恒拉速生产，其冶金长度必须适应高拉速运行。

三台连铸机的基本运行宽度分别为 1 650 mm、1 450 mm、1 250 mm。

连铸机在连浇时，一般不进行结晶器调宽（在换中间包、换结晶器时可以进行调宽），调宽功能应由热轧机适当分担。这样有利于整个炼钢厂生产流程的运行节奏稳定、产品质量稳定，提高铸坯收得率，也有利于铸机高效恒速运行。

8.1.2 技术案例分析

案例以 2009 年投产的首钢京唐钢厂为对象分析了其洁净钢平台技术的流程结构配置特点及实际运行特点，其流程结构特点是以 2 座 5 576 m^3 高炉—1 座全“三脱”炼钢厂—2 条热轧宽带轧机为核心的“2—1—2”结构。先进的流程结构和优化的平面布局，为铁水“全三脱”与洁净钢平台界面技术运行提供了硬件保障；在该流程结构条件和平面布局条件下，可实现铁水的高温运转，实现较好的冶金效果。实现了流程全局性的结构优化，从铁水脱硫效果、脱磷转炉运行特点与实绩、脱碳转炉运行特点与实绩等方面说明京唐钢厂洁净钢平台技术的运行实绩，运行结果表明，钢水洁净度高，实现了高效率、低成本生产洁净钢的目标。

经过两年多的生产实践，首钢京唐钢铁公司高效率、低成本洁净钢生产平台技术，取得了良好的进展，特别是：

（1）以铁水罐多功能化（所谓“一罐到底”技术）为特征的高炉 - 转炉之间的界面技术的优势得到了实践的验证。

京唐钢铁公司摒弃了混铁炉、鱼雷罐运铁车，直接以 300 t 铁水罐通过 1 435 mm 标准轨距铁路将铁水从高炉运到炼钢厂 KR 脱硫站，运输过程时间在 20 min 以内，并且建立了铁水重量的准确称量系统，见图 8-1，其铁水称量精度可达 288 t ± 0.5%（高炉铁水的出准率可达 95%），为下游 KR 脱硫、脱磷专用转炉、脱碳转炉的精准、稳定运行创造了有利条件。同时，由于在炼钢厂和运输过程中不存在半罐铁水罐，有利于铁水罐的管理和快速周转。

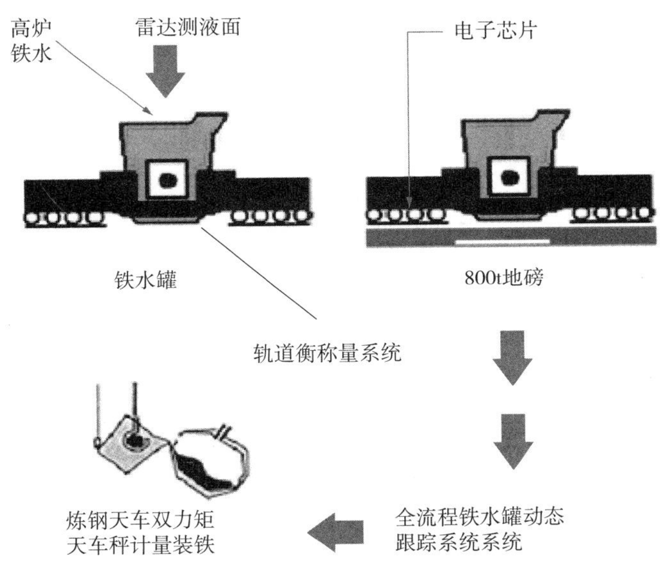

图 8-1 京唐钢铁公司高炉出铁过程的铁水称量系统

由于采用铁水罐多功能化技术，到达 KR 脱硫站的铁水温度一般在 1 380 ℃以上，甚至可达 1 440 ℃以上。同时，由于采用先脱硫、后脱硅的程序，KR 脱硫站的铁水在高温、高活度状态下脱硫，脱硫效率很高。KR 预处理后铁水含［S］量多在 0.002 5% 以下，其中 50% ～ 60% 小于 5 ppm。

（2）300 t 脱磷专用转炉：经 KR 脱硫预处理后，铁水以 1 350 ～ 1 360℃的温度直接兑入脱磷专用转炉，加入约 14 kg/t，钢石灰和约 12 kg/t，钢脱碳转炉返回渣后进行吹炼，吹氧时间已从 9 min 降低到目前 5 ～ 6 min，缩短了脱磷专用转炉的冶炼周期时间，见图 8-2。

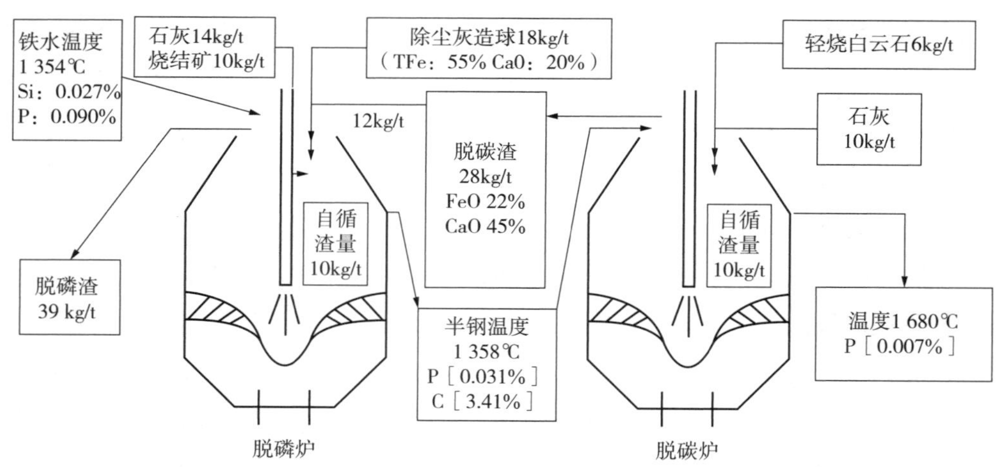

图 8-2　京唐钢铁公司脱磷专用转炉、脱碳转炉之间造渣剂和炉渣之间的关系

通过优化造渣工艺、提高顶吹供氧强度，加强底吹供氧系统的维护等措施，脱磷专用转炉的炉渣碱度一般控制在 1.8 ～ 2.0，FeO 降到 12% 左右，需指出该厂脱磷专用转炉底吹搅拌强度设计值较低，只有 0.3 m^3/（t • min），而实际运行过程中还低于设计值，这一因素，将影响脱磷专用转炉的脱磷效率。

由表 8-1 可见，京唐钢铁公司脱磷专用转炉可能由于底吹搅拌强度偏低和吹炼终点温度偏高，导致该炉脱磷效率偏低。

表 8-1　京唐钢铁公司脱磷专用转炉终点月均指标

项目	单位	1 月	2 月	3 月
终点［C］	%	3.29	3.36	3.46
终点［P］	%	0.034	0.035	0.033
终点［S］	%	0.008 7	0.008 9	0.007 4
终点［Si］	%	0.020	0.022	0.021
终点［Mn］	%	0.041	0.044	0.037
终点温度	℃	1 339.3	1 336.2	1 335.4

（3）300t 脱碳转炉少渣冶炼：采用 KR 高温、高活度脱硫预处理和脱磷专用转炉预处理后，大大地减轻了脱碳转炉的冶金任务，可以少加石灰，进行少渣、高速脱碳吹炼，现在脱碳转炉的石灰加入量已降低到 10 ～ 11 kg（t · 钢）。脱碳转炉终点钢水的［C］和温度的命中率都在 94% 以上，［C］-T 双命中率在 90% 以上，此举进一步促进了脱碳转炉的直接出钢率的提高，即使由于某些钢种开发对直接出钢率带来影响，也已达到 50% 左右。

8.2 铁水倒罐站和铁水预处理系统

铁水倒罐站产生的大量高温烟气由其上部设置的排烟罩捕集，通过管道送铁水预处理系统布袋除尘器进行除尘。铁水倒罐站为间歇操作，倒罐瞬时产生大量烟气，抽风罩在倒罐开始前启动、倒罐完成后关闭，减少除尘系统的处理风量，节约电能和运行费用。

铁水预处理系统采用大型脉冲布袋除尘器，同时设置多个除尘点对铁水预处理和辅料输送系统的烟粉尘进行收集和净化处理，除尘效率大于 99.5%，外排废气含尘浓度≤ 30 mg/m^3。各抽尘点设有电动阀门，阀门启闭与各工位操作进行联锁，没有废气产生时，停止抽风，以减少系统抽风量，降低系统的处理负荷，节省电能。

工程实例：太钢 180t 转炉使用鱼雷罐运输铁水，转炉车间设有两个铁水倒罐站，交替工作，设一个除尘系统，风道上设置气动阀门进行切换，使用覆膜布袋除尘器除尘，外排废气含尘浓度≤ 20 mg/m^3。

本钢 180 t 转炉铁水预处理站主要工艺设备和控制系统从加拿大 HOOGONENS 公司和美国 ROSSBOROUGH 公司引进，含尘废气采用正压反吹清灰布袋除尘器处理，设置有多个抽尘点，总排气量 310 000 m^3/h，除尘效率大于 99.5%，粉尘排放浓度≤ 30 mg/m^3，除尘后的烟气经 30 m 高烟囱排放。

8.3 蓄热式钢包烘烤技术

蓄热式烘烤是采用高温空气燃烧技术，燃料在高温低氧气氛中燃烧，火焰体积成倍增大，炉气充满钢包，包内温度均匀；同时，平均温度的提高使炉气辐射能力显著增强，热换效率提高，钢包受热均匀，升温速度加快，从而缩短了加热时间，节约了煤气，钢包烘烤温度提高了 200 ～ 300 ℃，达到 1 000 ℃以上，煤气利用率提高 30% ～ 40%，降低了煤气消耗。

蓄热式钢包烘烤器主要由燃烧系统和控制系统组成，包括蓄热烧嘴（含蓄热体）、包盖、两位四通换向阀、供风系统、排烟系统、空 / 煤气管路系统、钢结构支架、自控仪表系统以及相关辅助设备。

工程实例：太钢为降低煤气消耗和改善钢包烘烤和轧钢加热炉工艺，相继对炼钢厂 12 台钢包烘烤器和轧钢厂 3 座加热炉相继进行了蓄热式燃烧技术的应用和改造，实现废气余热的极限回收，从而大幅度地提高工业炉的热效率，降低加热炉煤气消耗。

炼钢厂钢包烘烤器在采用蓄热式燃烧技术后，将喷入钢包的空气和煤气预热温度预热到 1 000 ℃左右，并使排烟温度降低到 150℃左右，相对于改造前使用普通钢包烘烤器，焦炉煤气消耗量减少 40% 左右，年节能效益约 635 万元。

从轧钢 3 座加热炉蓄热式技术应用效果来看，2 250 mm 生产线 4 号加热炉为新建轧机生产线同步配套采用，燃气消耗量较其他加热炉降低约 15%，热连轧 1 549 mm 生产线 1 号加热炉改造为脉冲式自动燃烧控制式步进梁加热炉，改造完成后燃气消耗较改造前降低约 15%，热轧厂 2 号加热炉改造采用蓄热式燃烧技术，改造完成后燃气消耗较改造前降低约 40%。3 座加热炉采用蓄热式燃烧技术后年合计节约标准煤约 5.78 万 t，节约生产成本约 3 800 万元，见图 8-3。

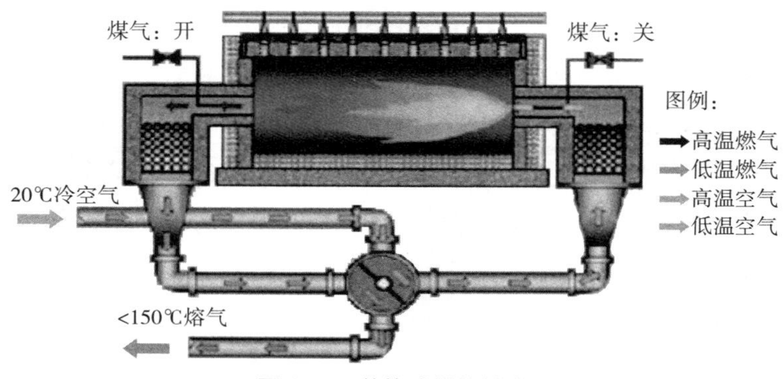

图 8-3　蓄热式烘烤技术

2006 年对 6 台 85t 钢包的统计数据显示，包衬温度由 700℃提高到 1 100℃，钢水在钢包中的温度降低 25℃，因而使出钢温度降低 20 ～ 30℃；85 t 在线钢包温度的监测表明，烘烤时间缩短到原来的 20% ～ 40%，离线钢包的烘烤时间可缩短到原来的 30% ～ 50%；钢包炉衬寿命至少可以提高 15%，按 85 t 钢包衬寿命 30 炉次计算，采用蓄热式燃烧技术后可达 34 炉次；钢包烘烤器周围煤气浓度由改造前的 220×10^{-6} 降低到 20×10^{-6}，由于燃烧充分，大大降低了 CO 和 NO_x 等有害气体的浓度，明显改善了现场生产环境；按每年工作 7 000 h 计算，单台 85t 蓄热式钢包烘烤器年节能效益为 52.92 万元。

唐钢一炼钢以低热值的高炉煤气（热值为 3.34 MJ/m³）为燃料，采用蓄热式燃烧技术，可在 10 min 左右将 160 t 在线钢包包温从 800℃烘至 1 100℃以上。

8.4 转炉负能炼钢

炼钢主要工艺流程为：高炉热铁水→铁水预处理→转炉→精炼→连铸→热装热送，消耗的主要能源介质包括氧气、氮气、氩气、蒸汽、转炉煤气、焦炉煤气、高炉煤气、水、电等，回收的二次能源有转炉煤气和蒸汽，转炉负能炼钢主要取决于二次能源的回收利用水平。

为实现炼钢工序负能炼钢或炼钢厂全工序负能炼钢，钢铁企业要从以下几方面采取措施：降低能源消耗（包括综合电耗）、提高转炉煤气和蒸汽回收利用水平、实施节水技术和强化能源管理等。

工程实例：宝钢是国内最早实现“负能炼钢”的炼钢厂，1989 年宝钢 300 t 转炉实现转炉工序负能炼钢，转炉工序能耗达到 −11 kg/t（标准煤）钢的世界领先水平；1996 年宝钢实现全工序（包括连铸）负能炼钢，能耗为 −1.12 kg/t（标准煤）钢。

武钢三炼钢于 1999 年实现转炉工序（包括铁水脱硫、鱼雷罐维修、转炉冶炼、钢水吹氩、LF 炉）负能炼钢，2007 年全年转炉工序能耗达 −6.75 kg/t（标准煤）钢，其中 3 号 250 t 转炉工序能耗达 −21.51 kg/t（标准煤）钢的世界领先水平。

8.5 转炉煤气回收利用

转炉煤气回收是转炉负能炼钢的关键，是炼钢节能降耗的重要途径。目前，转炉煤气净化回收技术主要有两种：湿法（OG 法）技术和干法（LT 法）技术，转炉煤气净化回收技术的关键是在保证煤气回收量（50 ～ 110 m^3/t 钢）的同时，保证回收煤气的热值，主要技术措施：控制炉口微差压波动范围在 ±20 Pa，提高炉口处压力或改进烟道设计，将炉口压力控制在 +5 Pa 左右，以减少空气的吸入量，使空气燃烧系数小于 0.1，煤气热量回收率可达到 91% 。

工程实例：太钢不锈钢股份有限公司 180 t 顶底复吹转炉一次烟气采用 LT 电除尘净化和冷却高温烟气等方法后，转炉煤气回收量达 110 m^3/t 钢水。

8.6 转炉烟气余热回收利用

转炉一次烟气为高温烟气，在与二次烟气混合降温进入除尘系统前，采用汽化冷却装置对烟气进行降温，同时产生大量蒸汽，利用余热锅炉回收这部分蒸汽的物理热，蒸汽回收量 60 ～ 100 kg/t 钢。由于余热锅炉产生的饱和蒸汽压力普遍波动在 1.0 ～ 2.6 MPa，炼钢厂内部使用蒸汽的压力需达到 3.5 MPa，余热锅炉回收的蒸汽不能满足要求，造成蒸汽放散。为了充分利用炼钢转炉回收的蒸汽，采用优化转炉设计、提高蒸汽压力、同时将无法利用的蒸汽送电厂等措施，以保证转炉炼钢回收的蒸汽得到全部利用。目前，国内钢铁企业为了有效地利用转炉炼钢回收的余热，普遍采用将供热蒸汽与余热回收蒸汽并网，实现转炉回收蒸汽并全部利用，不再由外部锅炉向炼钢厂供蒸汽。

工程实例：唐山不锈钢有限责任公司 110 t AOD 转炉烟气采用汽化冷却技术回收烟气余热，该技术利用辐射型汽化冷却烟道及对流换热型气—水换热器吸收烟气余热，产生的蒸汽供生产、生活使用。该技术的成功应用，每年可生产蒸汽约 900 万 t，节约用水约 2 700 万 t、电能约 2.3 × 106 kW・h、标煤约 36 万 t，减排 CO、SO_2 和粉尘分别为 281.5 万 t、7 200 t 和 10 万 t。

太钢不锈钢股份有限公司 180 t 转炉烟气采用复合冷却型（强制冷却和自然冷却相结合）的汽化冷却系统回收烟气余热，蒸汽回收量为 100 kg/t 钢水。

8.7 钢渣辊压破碎—余热有压热闷技术与装备

8.7.1 技术内容

1）基本原理

基于钢渣热闷基本工艺原理。钢渣中有 5.80% ～ 11.64% 的 f-CaO，1 650 ℃形成的 f-CaO 为死烧石灰，结晶致密，常温下 f-CaO 水化缓慢，数年才能消解。10% ～ 35% 硅酸三钙（C_3S）、20% ～ 40% 硅酸二钙（C_2S）。硅酸二钙在 675℃会发生晶型转变，体积膨胀 10%。

f-CaO 消解速度取决于水蒸气浓度。密闭容器内蒸汽浓度为 100%，是自然条件下的 25 ～ 33 倍。钢渣辊压破碎 - 余热有压热闷技术通过提高热闷工作压力，促进 f-CaO、f-MgO 消解反应的进行，提高水蒸气在钢渣体系中的渗透速率，加快水蒸气与钢渣的充分接触。实现钢渣稳定化处理。

2）工艺技术

与热闷法比，钢渣辊压破碎—余热有压热闷技术在钢渣处理工序、钢渣稳定化处理方式方面有新的突破和创新。

装有转炉熔融钢渣的渣罐由过跨车运至钢渣处理生产线，用铸造桥式起重机将渣罐吊起放入倒罐车中，倒罐车沿着预定轨道移动至倾翻区，通过倒罐车自带的倾翻机构将熔渣缓慢地倾翻入钢渣预处理破碎槽中，钢渣辊压破碎机启动，对熔融钢渣进行一次干拌冷却，之后再进行雾化打水、搅拌冷却破碎，重复三次，将钢渣温度冷却至 600 ～ 800℃，粒度破碎至 300 mm 以后，由钢渣辊压破碎机将其推至卸料口处，卸入到渣槽中，之后通过转运台车将渣槽转运入钢渣热闷罐中，关闭罐门后，由计算机控制进行自动雾化打水，经过约 1.5 h 的有压热闷后，完成对钢渣中不稳定物质（f-CaO 和 f-MgO）的快速消解。

3）技术创新点

基于钢渣热闷基本工艺原理，提高热闷工作压力，促进游离氧化钙消解反应的进行，有利于提高水蒸气在钢渣体系中的渗透速率，加快水蒸气与钢渣充分接触，从热力学和动力学两方面为钢渣有压热闷工艺提供了理论依据。工作压力为 0.2 ～ 0.4 MPa，热闷时间由常压热闷工艺的 8 ～ 12 h 缩短至 1.5 h。自主开发了国内外首创的“钢渣辊压破碎—余热有压热闷”成套装备及工艺包。

4）实施效果

环境效益见表 8-2。

表 8-2　环境效益

改善环境	资源利用、节能减排	金属回收
减少排渣占地、环境污染和生态破坏，改善了厂区操作环境	经稳定化处理，可生产钢渣微粉和钢铁渣复合粉，路面基层材料、采矿充填胶凝材料及建筑材料。按 2013 年形成的 1 020 万 t/a 钢渣粉生产能力，等量取代水泥后可：节省石灰石 1 132 万 t、节省黏土 182 万 t、减排 $CO_2$831 万 t、节能 369 万 t 标准煤	按未来市场累计处理钢渣约 3 000 万 t，回收废钢 195 万 t，磁选粉 282 万 t

在工艺技术及配套装备研发成功后，经首台套工程实际生产数据表明：稳定性情况：原渣的 f-CaO 含量 6.48%，浸水膨胀率平均为 4.00%；热闷后钢渣 f-CaO 含量 2.12%，浸水膨胀率平均为 1.00%；粉化率：小于 20 mm 的粒级达到 72.5%；能耗：吨渣电耗约 7.25 kW • h，吨渣新水用量约 0.35 t，与同类技术相比，节能约 40%。

5）经济效益

钢渣处理成本降低。本工艺单位运营成本为 24 元 /t 渣，现有的常压池式热闷工艺运营成本为 40 元 /t 渣，运营成本同比降低 40%；以年处理 100 万 t 钢渣计，年可节约运营成本为 1 600 万元。

钢渣余热得以回收利用。钢渣辊压破碎—余热有压热闷技术与装备，实现钢渣处理过程的装备化、高效化、自动化和洁净化，且热闷蒸汽以一定压力稳定输出，通过热闷压力非线性微差压控制系统（通过模糊 –PID 串级控制方式，实现了恒压热闷），获得了 0.2 ～ 0.4 MPa 稳定输出的蒸汽，为钢渣余热的回收利用创造了条件。依据现有低温低压蒸汽螺杆发电效率测算，该工艺 1 t 熔融钢渣产生 0.2t 压力为 0.2 MPa 的蒸汽，净发电量约 20kW · h；以年处理 100 万 t 钢渣计，年发电量为 2 000 万 kW · h；按每千瓦时电 0.60 元，其总值达 1 200 万元。

通过钢渣处理成本降低和钢渣余热回收利用，可以为企业实现综合增效 2 800 万元 /a。

8.7.2 关键技术装备

在实验模拟及中试试验基础上，进行装备结构的设计，自主开发了国内外首创的“钢渣辊压破碎—余热有压热闷”成套装备。

1）渣罐倾翻车

渣罐倾翻装置的功能：主要用来将熔融钢渣运至密闭体系下进行定点倾倒；为了能够实现该装置行走和倾翻倒渣的两大功能，主要进行了该装置行走机构和倾翻机构的设计。避免了采用行车、抱罐车等设备进行敞开式倒渣造成的扬尘，为实现钢渣清洁化生产创造了条件。

2）辊压破碎机

钢渣辊压破碎装置的功能：主要用于熔融钢渣的快速冷却固化、推渣卸料。

为了能够实现该装置以上两大功能，主要进行了该装置破碎辊及行走台车的结构设计；破碎辊为圆柱状筒体，可正反旋转，表面带有辊齿，辊齿成“V”布置；

通过该装置破碎辊回转运动和行走机构直线运动的合理匹配，可实现多相态并存钢渣的快速固化和推渣落料两种功能，为后续进行钢渣有压热闷创造了条件。

3）钢渣热闷罐

钢渣有压热闷装置的功能：在一密闭的高温高压饱和水蒸气体系下，快速完成钢渣中游离氧化钙的消解，实现钢渣的稳定化处理；为了能够实现该装置上述功能，进行了其结构的设计；该装置为一端带快开门式的压力容器，内部采用了隔热水冷设计结构，顶部设有多组雾化喷头，同时在顶部还设有排气阀、放散阀和防爆阀等。

钢渣有压热闷装置设计压力为 0.7 MPa，内部采用隔热、水冷结构，避免了装置反复受热变冷所产生的蠕变效应，顶部三种排气阀保证了有压热闷装置的安全性、可靠性；该装置不仅可实现钢渣的快速稳定化处理，同时通过采用非线性微差压控制系统，可稳定输出一定压力（0.2 ～ 0.4 MPa）的低温蒸汽；为钢渣余热回收利用奠定了基础。

4）转运台车及渣槽

转运台车主体结构设计：

转运台车的功能：完成钢渣在不同作业位置的转运；为了能够实现该设备上述功能，进行了其结构的设计，该设备主要由横、纵两个台车组成（类似铸造桥式起重机的大、小车结构），可沿轨道在横向和纵向方向上运动。

渣槽的设计：

渣槽的功能：盛放固态钢渣；渣槽为一顶部可开启的蛤状槽型容器，最大装渣量 50t；通过对其进行荷载变形分析，加劲板渣槽底部受应力最大，但变形量在可控范围，可满足实际工况要求

8.7.3 典型应用案例

技术主要适用于钢铁企业，规模或处理能力为年处理钢渣 10 万 t 以上的钢渣资源化利用领域。以首台套应用工程为例——河南济源钢铁项目炼钢工程 60 万 t/a 钢渣处理生产线，工程一次性投资 5 000 万元，自 2012 年 8 月投产至 2014 年 2 月，运行成本 2 001.60 万元 /a，综合经济效益 14 599.5 万元 /a，直接经济效益 2 584.3 万元 /a，投资回收年限 1.92 年。

8.8 转炉煤气干法回收技术

目前大部分采用的湿法系统吨钢耗能：6 ～ 15 kW · h 电；0.3 ～ 0.5 m^3 水，另外，湿法系统回收煤气量小、存在污水处理问题、排放烟气含尘浓度高达 100 mg/m^3、运行费用高。目前推广开来的干法系统吨钢耗能：2 ～ 3.8 kW · h 电；0.1 ～ 0.2 m^3 水，另外干法系统无污水处理、排放烟气含尘浓度小于或等于 15 mg/m^3、比湿法多回收约 10 m^3 煤气、运行费用吨钢节约约 2.5 元人民币。目前该技术可实现节能量 8 万 t/a（标准煤），减排约 21 万 t/a（CO_2）。

8.8.1 技术内容

技术原理：通过蒸发冷却把约 1 000℃的烟气降温到约 250℃并对烟气进行粗除尘，然后通过防爆型静电除尘器对烟气进行精除尘，烟气通过风机切换站进入烟

囱排放或进入煤气冷却器对烟气进一步降温后回收利用，工艺流程见图 8-4。

关键技术：烟气喷雾降温技术、静电除尘及防爆技术

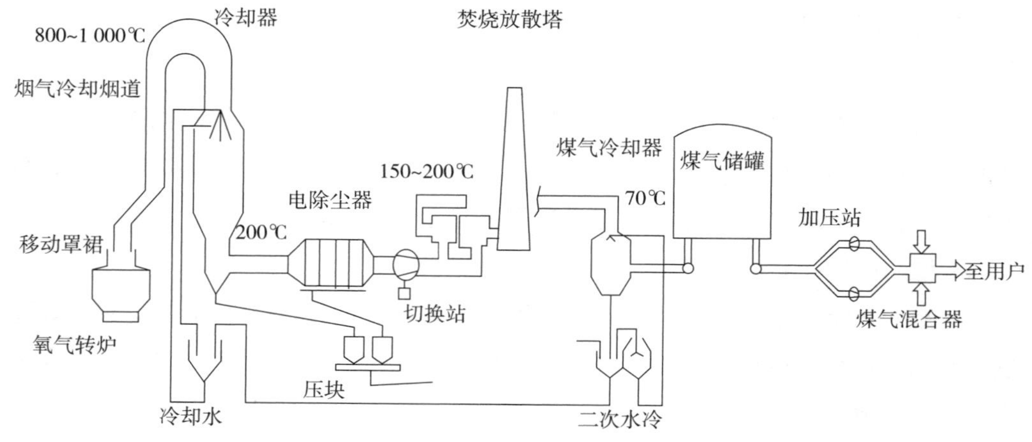

图 8-4　干法回收技术

8.8.2　主要技术指标

（1）放散烟气含尘量标准状态下小于 15 mg/m^3。

（2）回收煤气含尘量标准状态下小于 10 mg/m^3。

（3）典型应用案例

典型案例 1：建设规模：3 台 65 t 转炉，技改内容：信钢为新建 3 套 65 t 转炉配套 3 套转炉一次烟气干法净化回收系统，主要设备：蒸发冷却器、静电除尘器、风机、切换站煤气冷却器及烟囱等。节能技改投资额约 5 300 万元，建设期约 24 个月，节能量：与传统湿法相比吨钢节能约 5 kg（标准煤）。年节能经济效益不低于 1 200 万元，投资回收期不到 5 年。

典型案例 2：建设规模：3 台 220 t 转炉，技改内容：攀钢西昌为新建 3 套 220 t 炼钢转炉配套 3 套转炉一次烟气干法净化回收系统，主要设备：蒸发冷却器、静电除尘器、风机、切换站煤气冷却器及烟囱等。节能技改投资额约 1.6 亿元，建设期约 21 个月，节能量：与传统湿法相比吨钢节能约 5 kg（标准煤）。年节能经济效益不低于 4 250 万元，投资回收期不到 4 年。

8.9　转炉一次烟气除尘系统

转炉一次烟气除尘分为湿法和干法两大类，最具代表性的是高效喷雾洗涤塔加

新型 RD 文氏管流程（第四代 OG 系统）和 LT 干法除尘工艺。

8.9.1 高效喷雾洗涤塔加新型 RD 文氏管流程系统（第四代 OG 系统）

第四代 OG 系统的主要设备组成为除尘塔 +RD 文氏管。转炉一次烟气通过汽化冷却烟道冷却后，温度由 1 450 ℃左右降至 800 ℃左右，然后经过高温非金属膨胀节依次进入高效喷雾洗涤塔和新型 RD 文氏管进行精除尘，然后进入旋流脱水器脱水，最后进入风机加压，合格煤气进入回收系统，不合格煤气经放散塔点火放散，外排废气含尘浓度≤ 80 mg/m^3。

工程实例：2001 年马钢 70 t 转炉采用日本新日铁和川崎重工共同开发、改进和发展的第四代 OG 系统，随后，莱钢 80 t 转炉、太钢 80 t 转炉、攀钢 120 t 转炉、上海一钢和三钢的 150 t 转炉、南钢 150 t 转炉也相继从国外引进了第四代转炉煤气回收系统。2007 年 4 月，承钢 4 号转炉（40 t）煤气回收净化系统改造工程也采用第四代 OG 系统，其中二文喉口（RSW）和液压伺服装置为国产，由中国京冶工程技术有限公司提供。

8.9.2 LT 干法除尘工艺

高温烟气经汽化冷却烟道间接冷却后，再用蒸发冷却器进行直接冷却——冷却过程是向通过蒸发冷却器内的烟气喷入雾化水。喷入的水量，要准确地随炼钢生产过程中产生的热气流的热焓而定，将烟气冷却到 150 ～ 200℃后，经由煤气管道引入静电除尘器进入煤气切换站，合格煤气经进一步冷却后进入煤气回收系统，不合格煤气经放散塔点火放散，外排废气含尘浓度≤ 20 mg/m^3。

LT 干法除尘工艺的主要设备组成是喷雾塔 + 干式静电除尘器 + 冷却塔。

工程实例：1994 年宝钢首次全套引进转炉煤气干法除尘技术，1997 年投产使用；2003 年 8 月莱钢以中外合作的方式建成了 3 套 120 t 转炉煤气干法除尘系统，包钢、太钢、天铁等钢厂也以同样的方式新建了 LT 系统；2006 年 6 月实现转炉煤气干法除尘设备国产化（莱钢）和干法除尘技术在国内小转炉上的首次应用（唐山贝氏体钢厂 35 t 转炉）。

8.10 转炉二次烟气除尘系统

转炉二次烟气尘源分散，阵发性强，烟气量大，温度高，捕集难度较大。通常采用在转炉前、后分别设置抽风罩的方法进行烟气捕集，并通过布袋除尘器进行除尘净化。

由于布袋除尘器已是比较成熟的技术，收尘罩的形式则成为二次除尘的核心技术，收尘罩的合理设计可以提高无组织废气的捕集率，减少无组织废气的排放量。目前国内炼钢企业采用的烟气捕集形式主要有炉前挡火门封闭、顶吸罩和转炉厂房屋顶除尘系统等，采用的布袋除尘器主要有脉冲清灰布袋除尘器和大室大灰斗脉冲布袋除尘器，净化后的外排废气含尘浓度≤ 30 mg/m^3。

工程实例：国内炼钢厂普遍使用转炉车间二次除尘，即炉前挡火门和顶吸罩，废气捕集率达 95% 以上；宝钢、太钢、首钢等大中型企业则设置了转炉厂房屋顶除尘系统（即三次除尘），基本可以消除无组织废气排放。

宝钢和攀钢转炉二次烟气除尘采用大室大灰斗脉冲袋式除尘器，外排废气粉尘浓度达 10 mg/m^3。

8.11 电炉烟气除尘系统

目前，电炉烟气（一次烟气和二次烟气）捕集形式通常采用炉内排烟和炉外排烟组合方式，或将炉外排烟的两种集烟方式组合起来，主要有以下几种方式：第四孔排烟 + 屋顶罩、第四孔排烟 + 大围罩、第四孔排烟 + 大围罩 + 屋顶罩、导流罩 + 屋顶罩（也称天车通过式捕集罩）等，最后经布袋除尘器净化处理，外排废气含尘浓度≤ 30 mg/m^3。

工程实例：宝钢和太钢 150 t 电炉均采用三级排烟（即第四孔 + 密闭罩 + 屋顶罩），使电炉车间成为无烟车间，外排废气含尘浓度小于 20 mg/m^3，并利用炉顶第二孔排出的高温废气预热废钢。

攀钢四川长城特钢有限责任公司炼钢车间 2 座 70 t 电炉一次烟气采用第四孔 + 低压脉冲布袋除尘器除尘，电炉二次烟气采用导流罩 + 屋顶罩（天车通过式捕集罩）+ 脉冲袋式除尘器除尘，烟气捕集率大于 95%，除尘效率大于 99.5%，外排废气含尘浓度≤ 20 mg/m^3。

8.12 精炼系统烟气除尘系统

精炼系统烟气除尘系统包括烟气捕集系统和烟气净化系统两部分。烟气捕集系统一般有炉盖侧吸罩和半密闭罩两种，烟气净化系统绝大部分采用袋式除尘器，现多采用“半密闭罩 + 布袋除尘器”的组合方式，其技术优点是：①精炼逸散烟气和泄漏烟气均能捕集；②能够屏蔽或阻挡炉前冶炼噪声和热辐射，可减轻对炉前操作环境的影响。该烟气净化方式已在国内广泛采用，外排废气含尘浓度≤ 30 mg/m^3，且在技术上可行、经济上合理。

工程实例：攀钢四川长城特钢有限责任公司炼钢车间 2 座 70 t 精炼炉和 1 座 70 tAOD 炉烟气采用合并处理工艺，2 座 70 t 精炼炉烟气采用炉盖排烟罩收集 + 大密闭罩 + 屋顶导流罩捕集，1 座 70 tAOD 炉烟气采用导流罩 + 屋顶罩（天车通过式捕集罩）捕集，3 座精炼炉烟气合并后由一套脉冲袋式除尘器净化，除尘效率大于 99.5%，外排废气含尘浓度小于 20 mg/m^3。

8.13 连铸烟气处理技术

（1）连铸结晶器浇注烟气——采用结晶器排烟装置，将烟尘排至连铸二冷室内，利用连铸二次冷却产生的大量水蒸气将其净化后经烟囱排放。

（2）连铸二冷段水蒸汽——采用离心风机通过高于厂房 3 m 以上的排气筒排出车间。

（3）连铸切割和烘烤烟气——连铸火焰切割及铸坯修磨时产生的含氧化铁粉尘经捕集后，由袋式除尘器净化，除尘效率大于 99.5%，外排废气的含尘浓度≤ 30 mg/m^3；烘烤采用脱硫后的焦炉煤气，燃烧废气由导风机经车间天窗排放。

（4）连铸中间罐拆包、倾翻时产生的粉尘——采用洒水抑尘。

工程实例：本钢 2 台单流宽幅板坯连铸机、1 台双流板坯连铸机和 1 台矩形坯连铸机生产过程中连铸结晶器浇注烟气采用排烟装置，将烟尘排至连铸二冷室内，利用连铸二次冷却产生的大量水蒸气将其净化后经烟囱排放；产生的连铸二冷段水蒸汽由 40 m 高排气筒经离心风机排至室外；连铸火焰切割及烘烤等采用脱硫后的焦炉煤气为燃料，燃烧废气由导风机经 15 m 高车间天窗排放；另外，连铸中间罐拆包和倾翻时产生的瞬时性粉尘，采用洒水抑尘装置净化。

8.14 转炉煤气洗涤废水（湿式除尘浊环水系统）

转炉煤气洗涤废水的处理工序主要包括去除悬浮物、稳定水质、污泥的脱水和回收。目前，转炉煤气洗涤废水处理与回用主要有两类工艺流程：

1）混凝沉淀—水稳药剂处理与回用工艺流程

大中型转炉煤气洗涤废水中含尘量及尘粒径相对较大，粒径≥ 60 μm 的占 15% ～ 23%，洗涤废水经明渠流入粗粒分离器（槽），在其中将含量约 15%、粒径大于 60 μm 的粗颗粒通过分离机分离出来，沉渣送烧结厂回收利用；其余含细颗粒的废水流入沉淀池，加入凝聚剂和助凝剂进行混凝沉淀处理，根据烟气净化工艺对供水温度的要求，确定是否需设置冷却塔冷却沉淀池出水；沉淀池或冷却塔出水由循环水泵送二级文氏管使用；二级文氏管的排水经水泵加压，再送一级文氏管串联使用，为防止设备、管道结垢，在循环水泵的出水管内注入水质稳定剂。沉淀池下部尘泥经脱水后送往烧结配料使用。

2）药磁混凝沉淀—永磁除垢处理与回用工艺流程

小型转炉煤气洗涤废水中含尘量及尘粒径相对较小，洗涤废水直接进入沉淀池，沉淀池若采用斜板沉淀器，则在其前设磁凝聚装置，起凝聚作用。沉淀池出水经冷却塔降温后进入集水池，然后由循环水泵送用户串联使用，为防止设备、管道结垢，在循环水泵的出水管内注入水质稳定剂。沉淀池下部尘泥经脱水后送往烧结配料使用。

工程实例：福建省三钢闽光股份有限公司转炉煤气洗涤废水采用粗颗粒预分离、磁凝聚（电磁絮凝器）与药凝聚（立式沉淀池）复合处理，为确保水质稳定，在调节池内投加水质稳定剂和缓蚀阻垢剂，出水经冷却塔降温后自流入清水池，再经各泵组加压后分别送至用户使用。

上钢一厂 2 × 150 t 转炉煤气洗涤废水采用絮凝沉淀的物理化学方法进行处理，即废水经粗颗粒分离设备将大于 60 μm 的悬浮粗颗粒分离出来，然后再进入沉淀池。在进入沉淀池前的分配槽内，加入高分子絮凝剂（PAM）及 pH 水质调整剂（H_2SO_4）使其在池内实现悬浮物和成垢物的共同絮凝沉淀。最后在沉淀池的溢流水中，加入水质稳定剂（分散剂）。这样，不但解决了废水中 SS 的问题，同时也解决了循环水的结垢问题，达到了较理想的处理效果。采用这种方法处理的转炉除尘废水，其出水 SS 含量在 50 mg/L 左右。

8.15 真空精炼浊环水

RH 真空脱气冷凝废水处理工艺流程为混凝沉淀 + 过滤，其中混凝沉淀多采用多流向强化澄清池，过滤多采用高梯度电磁过滤器。

1）高梯度电磁过滤

冷凝器排出污水先进入温水池，一部分经冷却塔冷却到小于 33℃，另一部分提升并在压送管上加过滤助凝结剂，通过反应槽进入高梯度电磁过滤器净化处理，然后借助水的余压送冷却塔冷却，以保证循环系统中水的 SS 含量小于 100 mg/L。电磁过滤器冲洗出来的污水，经过污泥槽后提升至搅拌槽，在搅拌槽内投加药剂、搅拌、混合、反应；在浓缩槽内沉淀，澄清后废水返回温水池，冷却、循环使用，浓缩泥浆由泵压送至转炉烟气净化水处理系统中的污泥压缩机脱水，一同送至造球机造球，供烧结用。

工程实例：宝钢 RH 冷凝器排水处理系统采用高梯度电磁过滤设备。

2）多流向强化澄清池

根据 RH 浊环水系统水质、水温波动大，变化无规律的特点，采用多流向强化澄清池效果较好。多流向强化澄清池是集反应、澄清、浓缩及污泥回流为一体的高效水处理系统，分为絮凝反应区、预沉浓缩区、斜管分离区等几部分，污水中的胶体、悬浮物及乳化油等在此得到有效的去除。絮凝反应区中的污水在助凝剂和回流污泥的作用下生成比较致密的矾花，通过预沉区均匀流速和碰撞浓缩后进入分离区，分离区的上部活性污泥通过回流系统回到絮凝反应区，与来水进行充分混合，底部浓缩的污泥被浓缩区底部的刮泥机刮入泥斗，由排泥泵送至污泥处理系统进行脱水处理。沉淀后的清水由集水槽收集后进入后混凝池，进一步完成混合反应，调节 pH 后，进入砂滤池进行过滤处理。

工程实例：新余钢铁有限责任公司真空精炼浊环水处理系统和全厂污水处理厂采用多流向强化澄清池。

8.16 钢渣的处理与综合利用

目前，国内先进的钢渣处理方法主要有两种：热闷法和滚筒法。

1）热闷法

热闷法是将热融钢渣冷却至 800 ～ 300℃，装入热闷装置中，水雾遇热渣产生的饱和蒸汽与钢渣中的 fCaO、fMgO 发生反应，使钢渣自解粉化。

其特点是：利用钢渣本身的余热产生蒸汽，消解钢渣中的游离氧化钙和氧化铁，而不需外供蒸汽，节约能源；适用于处理任何种类和各种流动性的钢渣；金属回收率高；处理后的钢渣稳定性好，为实现钢渣 100% 利用创造了条件。

工程实例：由中国京冶工程技术有限公司自主研发的热态钢渣热闷处理方法已被中国钢铁工业协会列为钢铁工业可持续发展支持技术之一，应用在鞍钢鲅鱼圈钢铁项目 80 万 t/a 钢渣处理生产线、本溪北营钢铁公司 46 万 t/a 钢渣处理生产线等。

2）滚筒法

滚筒法是将高温液态钢渣（1 500 ～ 1 600℃）从液罐倒入溜槽，由溜槽进入旋转且通水冷却的特殊结构的滚筒内急冷，液态钢渣在滚筒内同时完成冷却、固化、破碎及钢 / 渣分离，产生的蒸汽通过风机由烟囱集中排放，排出的钢与渣互不包融，呈混合状态，易磁选分离，分离出的钢渣可直接利用。

其特点是：工艺流程短，占地面积小，设备简单；基建投资、设备维护和运行费用低；处理后的钢渣稳定性好，可直接回收利用；大大减轻了对环境的污染；但金属回收率相对较低。

工程实例：宝钢三期工程 250 t 转炉炼钢产生的钢渣采用滚筒法处理。

钢渣经热闷法或滚筒法处理后，通过破碎、磁选、筛分等过程回收钢渣中的废钢铁，并返回炼钢或炼铁工序作为原料加以利用；其余尾渣可用作烧结原料、冶炼熔剂、水泥原料、建筑材料和铺路材料等。

8.17 转炉尘泥的处理和综合利用

转炉尘泥具有含铁高（主要以氧化物形式存在）、含水高、颗粒细、化学成分波动大等特点。目前，国内转炉尘泥的处理和综合利用途径主要有以下几种：

1）作为含铁原料和熔剂返烧结工序

混合法——将 OG 泥浆浓缩、过滤成 OG 泥滤饼后，与其他干粉尘和烧结返矿等配料、混合等，作为烧结原料予以利用；小球法——将转炉尘泥滤饼送烧结厂小球工段进行烧结利用；喷浆法——将炼钢厂的 OG 泥原浆用渣浆泵直接送烧结厂，经催化处理、浓缩后，浓度为 30% 的 OG 泥浆喷入烧结厂一次混合机；碳化球团法——转炉一次烟气湿法除尘收集的泥浆经过滤得到泥饼，滤饼与活性石灰粉、白云石粉混合，经堆置消化、碾碎混匀、堆置、压球，生球送碳化罐与 CO_2 反应成碳化球。

工程实例：首钢将湿法除尘泥与生石灰按 1 :（0.3 ～ 0.7）的配比进行破碎混匀，经消化后，使其产生松散的、无扬尘的粉状物料直接配入烧结拌和料中。

宝钢、济钢将湿尘泥加水制成浓度为 15% ～ 20% 的泥浆，作为烧结配料水在一次混料工序中直接加入到圆筒混料机的料面上。上钢一厂将炼钢粗尘泥通过螺旋给料机与钢渣、高炉灰、烧结灰、轧钢氧化铁皮、白云石等按一定比例混合、搅拌后，作为烧结料。马钢自行开发出烧结配用炼钢尘泥系统，使转炉湿尘泥无须处理而直接用于烧结生产。其工艺过程为：采用自卸汽车把转炉尘泥拉到烧结混匀料场尘泥专用矿槽，由行车抓斗将其从矿槽装入滚筒给料机；在电气设备控制下，湿尘泥由滚筒给料机缓缓给出，经胶带运输机连续地到达对辊打碎机，高速运转的对辊将其打碎后撒落在移动的配料皮带料面上，进入烧结混匀系统供烧结生产使用。

2）作为炼钢造渣剂、冷却剂和助熔剂的原料

将转炉尘泥与其它含铁尘泥混合，并配入 8% 的水泥，再经研磨、造球、筛分、自然干燥等，制成 8 ～ 12 mm 的冷固球团，供高炉和转炉使用；小于 8 mm 的冷固球团供烧结利用。

工程实例：宝钢采用冷固结工艺将转炉尘泥制成冷固球团返回转炉，作为冷却剂和化渣剂来替代部分铁矿石和氧化铁皮，使用量为 5 ～ 10 kg/t 钢水，具有化渣速度快、冷却效果较好、改善渣料结构、防止“返干”、提高金属收得率等效果。

8.18 电炉粉尘的处理和综合利用

电炉粉尘粒度很细，除含 Fe 外，还含 Zn、Pb、Cr 等金属，其化学成分及含量与冶炼钢种有关，通常冶炼碳钢和低合金钢的粉尘含较多的 Zn 和 Pb，冶炼不锈钢和特种钢的粉尘含 Cr、Ni、Mo 等。目前，国内电炉粉尘的处理和综合利用途径主要有两种：

1）替代生铁作电炉炼钢增碳造渣剂

电炉粉尘替代生铁作电炉炼钢的增碳造渣剂，增碳准确率达 94%，并有一定脱磷效果；同时，在节电、缩短冶炼时间、延长炉龄等方面也具有明显效果。其工艺为：粉尘 + 碳素→配料→混合→轮碾→成型→烘干→成品。

工程实例：首钢将电炉粉尘加工成炼钢增碳造渣剂，以替代生铁。

2）用作水泥原料

电炉除尘灰替代铁矿粉生产水泥，可降低生产成本，节约含铁资源，防止二次污染。但电炉除尘灰中含有 MnO、ZnO、Cr_2O_3 等成分，这些矿物成分对水泥质量及水泥混凝的影响还有待进一步探讨。

工程实例：上钢五厂将电炉除尘灰作为铁质原料生产 425 号矿渣硅酸盐水泥，出厂水泥质量符合 GB 1344—1992 水泥标准，取得了良好的技术经济效果。

9

轧钢工序全过程污染控制技术时政研究

9.1 热轧加热炉系统优化技术

9.1.1 技术介绍

该技术综合考虑了本体能耗与运行能耗的降低。在本体能耗降低方面，技术设计开发了单控双通道拓展火焰烧嘴，取消炉膛压下及延长不供热的热回收段的长度，设计了预热段和热回收段独特的扰流墙，开发了高效预热器。突破了传统工业炉低温排烟的技术瓶颈，将排烟温度降低到了 250℃以下，达到了目前国内热轧加热炉排烟温度最低。在运行能耗降低的方面，该技术采用了脉冲燃烧技术，并配套研发了系列的脉冲燃烧控制技术。脉冲燃烧宽温度场自动调节装置使用时，燃烧器根据设定温度与检测温度的偏差进行两侧供热比例分配，从而实现炉宽温度场的自动调节，有效提高炉宽温度场温度均匀性，最终提高产品质量。该技术通过对炉型优化、工艺装备及控制技术的研发，形成了独有的炉膛高效传热、低温排烟、极限余热回收，先进燃烧控制等技术，大大地降低了加热炉的燃耗和氮氧化物排放水平。

9.1.2 技术效果

目前国内加热炉的吨钢燃耗多在 1.20 GJ 以上，应用该技术后吨钢燃耗可减少至 1.07 GJ，比国内先进水平节能 10% 以上，氮氧化物排放仅 3.9×10^{-5} mg/m^3，吨钢约减排二氧化碳 12 kg。

9.1.3 技术案例

宝钢集团有限公司 2050 热轧 3 号加热炉，节能率 11.7%，运行效果良好，能耗在同类生产线及示范项目中较低。产量为 350 t/h 的热轧加热炉投资为 1 500 余万元，投资回收期 1 ~ 2 年。

9.2 连铸坯热装热送技术

9.2.1 技术介绍

20 世纪 70 年代初，热装热送技术首先由日本钢铁企业开发并使用。随后，德国、法国、美国等国家的钢铁企业也采用了此项技术。该技术在日本发展最快，目前，日本钢铁企业连铸坯的热装率一般达 65% ~ 80%，有的高达 90% 以上；热装温度一般达 600 ~ 700℃，有的高达 800℃以上。我国一些钢铁企业如宝钢、鞍钢、武钢等，从 20 世纪 80 年代中期开始了热送热装工艺的研究和应用。到 90 年代，许多钢厂在不同程度上采用了这一工艺技术。目前，国内企业热装热送温度普遍为 400℃，热装率为 20%。热装热送技术是指在冶金企业连铸车间与轧钢车间之间，利用连铸坯输送辊道或输送火车（汽车），通过增加保温装置，将原有的冷坯输送改为热连铸坯输送，进行热装加热或直接轧制的技术。它可实现连铸与轧钢工序的紧凑式生产，是提高生产率、降低轧钢工序能耗的有效措施，也是回收钢坯显热的最佳方式。这项热衔接工艺和钢坯的热装热送程度已成为衡量钢铁厂轧钢工序生产技术管理水平高低的重要指标之一。目前该技术主要有三种形式，即连铸坯热装（HCR- Hot Charge Rolling）、连铸坯直接热装（DHCR-Direct Hot Charge Rolling）和连铸坯直接轧制（DR- Direct Rolling）。三种形式热送热装技术与普通冷装工艺的流程比较见图 9-1。

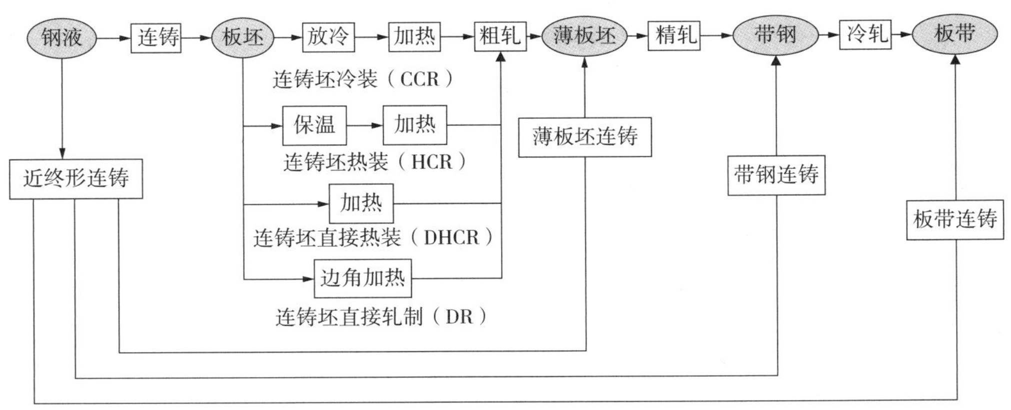

图 9-1 三种热装技术与普通冷装工艺流程比较

与传统冷装工艺相比，连铸坯热装热送技术有以下几方面优点：

降低能耗：热装热送技术可充分利用连铸坯显热，连铸坯每提高 100℃装炉温度，加热炉就可节约 5% ～ 6% 燃料，燃料消耗随热装温度和热装率的提高而大幅度降低。

提高加热炉产量：连铸坯装炉温度每提高 100℃，加热炉产量可增加 10% ～ 15%；减少钢坯氧化烧损，提高成材率。连铸坯装炉温度提高，在炉时间大幅缩短，钢坯氧化烧损相应减少，一般冷装炉钢坯的烧损为 1.5% ～ 2%，有的甚至高达 2.5% 以上。热装条件下氧化烧损可降至 0.5% ～ 0.7%，这对提高成材率非常有利。

其他方面：连铸坯热送热装工艺还具有缩短生产周期、减少板坯库房面积、降低运费等优点。

9.2.2 技术适用条件

连铸坯热装热送技术实现的前提是炼钢厂必须能够持续不断地提供质量良好、稳定的连铸坯，否则就不得不将连铸坯冷却下来进行检查、处理，然后送往轧钢厂，这样就谈不上热装热送。另外，要得到尽可能高的铸坯装炉温度，甚至达到直接轧制的目的，必须严格控制好铸坯在连铸机内的冷却过程。也就是说，要实现连铸坯热装热送，必须解决两个先决条件：生产无缺陷铸坯；生产高温连铸坯。此外，连铸坯热装热送技术使得炼钢与轧钢更加紧密地联系起来，使之成为一体化的生产系统。这个紧密的生产系统是一个在物流、时间上缓冲余地小、抗干扰能力差的系统。这个生产系统能否有效运行，不仅取决于各工序间在计划、操作方面的时序保持高度一致，还取决于各工序产品在温度和质量方面的严格控制，因此，必须采取如下技术和管理措施，实现该系统的运行达到预期效果：

（1）做到设计上的合理考虑：要使炼钢、轧钢做到合理匹配，不仅要考虑到连铸机与轧机在宽度、厚度、生产能力等方面的匹配，还要考虑炼钢厂的炼成率、浇注成功率及其他操作、质量、设备方面的故障。要确定合理的厂房布置和送坯方式。

（2）开发炼钢、轧钢同步生产的支撑技术：提高炼钢成分命中率和钢水洁净度，提高连铸机作业率，轧钢车间应配备一座冷、热连铸坯均可加热的加热炉，其燃烧系统调节灵活，能适应轧机小时产量的波动和经常性的冷、热坯交替装炉的情况。采用结晶器在线调宽技术、自由规程轧制技术和轧机调宽轧制技术等，以增强炼钢、轧钢之间的相互适应能力，提高两大工序间的物流一致性和生产的稳定性、可靠性。

（3）建立炼钢——轧钢一体化的生产管理系统：高效的热装热送工艺需要一个可使炼钢、轧钢工序间实现物流直接连接和高速化的生产管理系统做支撑。这一管理系统必须具备炼钢、轧钢计划的同步化，物流管理顺畅，实时操作监控，操作、质量异常时的动态调整以及信息传递高效快速等功能。

采用连铸坯热装热送工艺技术有一定的难度。首先，各工序生产能力不匹配以及生产时物流控制为技术实施带来难题。从炼钢到连铸再到连轧过程中，生产线相对较长，生产受设备故障、操作技能以及特炼和特轧定修等问题的影响，连铸坯热装热送组织起来较为困难。其次，温降控制也有一定的难度。连铸坯从炼钢冷床到轧钢加热炉入炉辊道距离长，无保温措施，温降大，连铸坯送到轧钢加热炉往往达不到 500℃，节能效果小，且表面不再氧化，同时在轧钢生产过程中可能会发生轧制事故，部分连铸坯必须下线变成冷坯后再组织生产，无法利用现有的热能，达不到连铸坯热装热送的目的。最后，表面质量和内在质量控制困难。合金钢种对入炉温度的敏感性比较强，入炉温度的高低往往容易形成轧材的表面裂纹，如果能够有效进行连铸坯热装热送，坯料在加热炉内的加热时间大大缩短，由于轧制大规格圆钢时压缩比较小，轧材中心容易产生缩孔、疏松等内在质量缺陷，使组织不致密，影响其力学性能。针对以上问题，钢铁企业在采用连铸坯热装热送技术时应该注意以下环节：对钢种进行最佳成分控制，实施内部按目标值进行控制，合金料加入前进行烘烤，对钢水进行真空脱气处理，采用无氧化保护浇铸等；加强连铸坯在运送过程中的保温控制，防止连铸坯在运送过程中的温降，充分利用连铸坯的热能，节约能耗；制定合理的温送工艺和加热工艺制造，不同的钢种由于其含碳量和合金成分的不同，热送的温度也就不同，如低碳钢和白点敏感性钢种应采用冷装和低温温送，中碳钢应采用中低温温送，高碳铬轴承钢应采用高温红送等；加大技改投入、优化轧制工艺，通过技术改造提高轧材的内部质量，使其内部组织更加致密，质量更趋稳定，有效防止由于二次氧化铁皮引起的钢材的表面质量问题；合理制订生产计划和进行科学管理，加强各生产环节的协调，运用科学的管理，统一组织安排定修和检修。

9.2.3 节能减排效果

连铸坯热装热送技术可大大地降低轧钢加热炉加热连铸坯的能源消耗，减少钢坯的氧化烧损，提高轧机产量。根据有关的统计数据，采用热送热装技术后，在入炉温度为 500℃时，可节能 0.25×10^6 kJ/t；入炉温度为 600℃时，可节能 0.34×10^6 kJ/t；入炉温度为 800℃时，可节能 0.514×10^6 kJ/t。另外，由于缩短了连铸坯的加热时间，减少烧损，使成材率可提高 0.5% ～ 1.5%。

9.2.4 成本效益分析

连铸坯热装热送技术建设投资约 100 万元。以年产 50 万 t 棒线材生产线为例进行成本效益分析，总投资 2.12 元 /t 钢坯，其中建设投资 2.00 元 /t 钢坯，建设期利息 0 元 /t 钢坯（建设投资），铺底流动资金 0.12 元 /t 钢坯。连铸坯热装热送技术经济效益包括：在入炉温度为 500℃时，可节能 0.25×10^6 kJ/t，即收入 3.74 元 /t 钢坯。连铸坯热装热送技术的应用，增加了固定资产折旧、修理等费用，上述各项费用合计 1.95 元 /t 钢坯（达产年）。

9.3 低温轧制技术

9.3.1 技术介绍

低温轧制是指在低于常规热轧温度下的轧制，国外也称中温轧制或温轧。其目的是大幅度降低坯料加热所消耗的燃料，减少金属烧损，而把开轧温度从 1 000 ～ 1 150℃降低至 850 ～ 950℃。虽然如此会增大粗、中轧部分的轧制压力，从而需要提高粗、中轧机的强度，增大轧钢能耗；但综合考虑加热炉加热温度的降低而节约的燃料，综合平衡后仍可节能 20% 左右。低温轧制技术是降低轧钢工序能耗的重要节能措施。降低加热炉出钢温度，可减少加热过程的燃料消耗，减少坯料的烧损。随着出钢温度的降低，氧化铁皮量也显著减少。采用低温轧制可以缓解轧制过程轧辊温度变化，减少因热应力引起的轧辊消耗。降低轧制温度，可以减少轧制过程中二次氧化铁皮生成量，降低轧辊磨损量，从而降低辊耗。同时在降低轧制温度后，轧件的塑性也随之降低，这将会导致轧制力矩、轧制力增大，咬入条件恶化，从而使轧制功率增加。统计数据显示，低温轧制在燃料消耗和氧化铁皮量上降低所得的效益，完全能抵消并超过提高轧制功率增加的成本。因此，如果轧机的刚度、轧制力、辊身强度、主电机功率等能满足低温轧制的要求，轧后产品性能也能满足要求，则降低钢坯的加热温度可在节能降耗、减少金属烧损等方面获得明显的经济效益。具体来看，低温轧制的优点是：减少加热能耗；减少氧化烧损、提高成材率；提高轧钢加热炉的加热产量、延长加热炉的寿命；减少轧辊的热应力疲劳裂纹和断辊以及氧化皮引起的磨损；降低脱碳层深度；提高产品的表面质量；细化晶粒、改善产品性能。低温轧制的缺点是：加大了轧材的变形抗力，从而加大了轧制力和轧制功率；降低了轧制时轧材的塑性，从而影响轧材的咬入；有时需降低道次压下量，增加道次。

9.3.2 技术适用条件

适用于低温轧制的钢种很多，从低碳钢、中碳钢、高碳钢到调质钢、轴承钢和弹簧钢，都可用低温轧制工艺；对于合金含量较高的钢种，轧制变形抗力大，不适用低温轧制；轧机的刚度和电力设备都能满足要求；轧机为连续紧凑式布置，轧件本身的变形热与轧制过程中的散热基本上平衡，温降小。采用低温轧制技术，要严格控制轧制温度。在不同温度条件下形成的二次氧化铁皮的组成不同，工作辊的磨损也不同。当温度低于 900℃时，钢板表面的氧化层主要是 FeO，并带有少量的 Fe_3O_4，没有 Fe_2O_3；但当温度在 900℃以上时，FeO 量减少，随之 Fe_3O_4 增多，会有 Fe_2O_3 生成。Fe_3O_4 和 Fe_2O_3 比 FeO 硬度高，更耐磨。因此，当钢材温度超过 900℃时，轧辊的磨损比温度较低时更为严重。从减缓轧辊磨损、提高钢材表面质量的角度出发，希望精轧阶段钢板温度尽可能低，但是还应考虑轧机的轧制能力。

低温轧制的温度应考虑到以下几个方面：①为保证被轧产品的性能均匀，精轧最后道次的变形必须在奥氏体区完成；②为了既保证由于外加各种合金元素引起的碳化物的固溶，又防止由于加热温度过高引起的晶粒过度粗大对最终成品质量带来不利影响，板坯出炉温度应当控制在一合适的范围内；③轧机的轧制能力。不同钢种适宜低温轧制的温度见表 9-1。

表 9-1 不同钢种适宜低温轧制的温度

序号	钢种	低温轧制 /℃	常化轧制 /℃
1	低碳钢	800 ～ 850	880 ～ 920
2	中碳钢	800 ～ 850	860 ～ 900
3	高碳钢	750 ～ 800	850 ～ 900
4	齿轮钢	750 ～ 800	850 ～ 900
5	淬火回火低合金钢	750 ～ 800	850 ～ 900
6	弹簧钢	750 ～ 800	850 ～ 900
7	冷墩刚	780 ～ 800	850 ～ 900
8	轴承钢		850 ～ 900
9	微合金钢	750 ～ 800	850 ～ 900

此外，实现低温轧制的关键是粗轧机的能力问题，只要粗轧机有足够的能力，在轧件塑性允许的范围内，适当降低钢坯的加热温度，实现轧钢节能是完全可行的，今后无论是老轧机改造还是新轧机的建设，粗轧机的能力要给予足够的重视。

9.3.3 节能减排效果

现代钢铁生产由连铸坯到精轧成品过程中，大部分能量消耗在钢坯再加热过程中，即总能耗的 60% 左右用于加热炉的燃耗（即冷坯加热）。用于轧制的能耗仅占 40% 左右。轧钢节能的潜力主要来源于加热炉，低温轧制可有效降低钢坯加热温度，减少吨钢燃耗，从而达到节能减排的目的。据统计，棒材开轧温度从 1 000 ～ 1 100℃降低到 950 ～ 1 050℃时，虽然轧钢能耗有所提高，但由于加热炉燃料消耗大大减少，因而可综合节能 10% ～ 20%，氧化铁皮厚度可减少 0.15 ～ 0.2 mm。

2008 年，首钢水城钢铁（集团）有限公司轧钢厂通过实施《低温轧制降低煤气消耗》节能攻关项目，积极开展节能降耗攻关活动。他们结合焦炉煤气和转炉煤气在使用过程中热值较高，温度均匀的性能，进一步优化工艺流程，大力倡导低温轧制，6 月，轧钢厂在二轧钢车间生产班组开始推行低温轧制技术，结果全年高线煤气单耗为 66.2 m^3/t，比公司考核指标 72 m^3/t 低 5.8 m^3/t，而电耗量没有增加，轧制电流也没有变化，氧化铁皮平均减少 0.2 mm。7 月，二棒生产班组开始执行新的炉温控制制度后，在电耗量没有增加的情况下，二棒煤气消耗平均每吨材降低到 122.82 m^3/t，比考核指标 136 m^3/t 低 13.18 m^3/t；氧化铁皮厚度由原来 0.9 mm 减小到 0.75 mm，平均减少 0.15 mm。高线、二棒不仅降低了煤气消耗，而且减少了烧损，创经济效益 200 余万元。瑞典 Fagersta 公司用直径 70 mmS1650 中碳钢坯经 14 道轧成 10.5 mm 方钢时，750 ℃加热轧制比 1150 ℃加热轧制节约能量约 182 kW · h/t。瑞典年产 22 万 t 普通低碳钢线棒材轧机采用低温轧制的节能创效情况见表 9-2。

表 9-2　常规轧制与低温轧制的能耗

项目	钢坯加热温度 /℃		节能 /（kW · h/t）
	1 150	750	
加热能耗	507	302	205
轧制能耗	49	72	–23
合计	556	374	182

9.3.4 技术应用情况

低温轧制技术较多运用于棒线材，在热连轧、中厚板生产线应用也较多。早在20世纪90年代，宝钢就已成功应用低温轧制技术。宝钢2 050 mm热连轧板坯常规出炉温度为1 250 ℃，个别低合金高强度钢种按1 180 ℃控制。由于出炉温度高，氧化烧损高达0.8%以上，而新日铁名古屋热轧厂1994年4月至1995年3月烧损最高0.84%，最低0.31%。要提高成材率就必须降低板坯出炉温度，减少氧化烧损。降低板坯出炉温度，则必须减少轧线温降，并降低粗轧出口温度及终轧温度。目前，宝钢2 050 mm热连轧采用低温轧制后，出炉温度降低到1 090 ℃，烧损降低到0.8%以下，产品质量得到明显改善。如宝钢2 050 mm热连轧在O5板和轿车用轮辐板的生产过程中，通过降低粗轧出口温度从1 000℃以上降至960～980℃，带钢表面氧化铁皮压入细孔问题得到显著改善。在取向硅钢方面，低温生产工艺是取向硅钢工艺的发展方向，难度更大，仅新日铁、浦项等国外少数钢铁企业掌握。经过近几年的研发，我国宝钢、武钢生产取向硅钢均已掌握低温取向硅钢生产技术。宝钢生产低温取向硅钢加热温度1 150 ℃，而高温工艺加热温度要达到1 400 ℃，加热温度下降了250℃，热轧吨钢能耗下降约40%。按30万t产能计算，每年节约1万t标准煤。热轧成材率从85%提高到95%，省去加热炉清渣等降低生产效率的特殊维护环节。

9.4 热带无头轧制、半无头轧制技术

9.4.1 技术介绍

为缩短工艺流程、节约能源和降低生产成本，热轧生产逐渐向紧凑、连续、高效、节能、高技术集成的无头/半无头轧制方向发展。无头/半无头轧制就是实现钢坯在轧机中的连续轧制，或者实现连铸坯的直接轧制。热带无头轧制技术目前有两种：一是在常规热连轧线上，在粗轧与精轧之间将粗轧后的中间板坯快速连接起来，在精轧过程中实现无头轧制；二是ESP技术，即无头连铸连轧技术。半无头轧制是在薄板坯连铸连轧线上，采用比通常单坯轧制的连铸坯长数倍的超长尺寸薄板坯进行连续轧制的技术。

（1）中间坯连接无头轧制

技术传统的板带热连轧精轧机组生产均以单块中间坯进行轧制，进精轧机组时

的穿带、加速轧制、减速轧制、抛钢、甩尾等过程不可避免。因此，难以保证带钢头尾厚差和穿带质量均匀性，轧制作业率、成材率也受到一定限制。中间坯连接无头轧制技术就是在常规热连轧线上，在粗轧与精轧之间将粗轧后的中间板坯快速连接起来，在精轧过程中实现无头轧制。无头轧制的目的在于解决间断轧制问题的同时超越间断轧制的限制。其中主要有：通过无头尾轧制解决穿带问题；通过无非稳定轧制提高质量稳定性和成材率；通过提高连接部位穿带速度并使间隙时间为零提高生产效率；可生产超越过去极限轧制尺寸的超薄带钢或宽幅薄板，以及通过润滑轧制和强制冷却轧制新品种。

1）提高穿带效率：JFE 制铁千叶厂 3 号热带轧机采用由最多 15 块中间坯组成的无头轧制，在该组轧制中除了头块坯的头部和最后一块坯的尾部外，从精轧机组到卷取机如同轧制一块板一样。弯曲和蛇形多是由于无张力产生的头尾特有现象，当施加张力后，几乎不发生蛇形现象并可实现稳定轧制。

2）提高质量稳定性和成材率：无头轧制使整个带卷保持恒定张力，实现稳定轧制并且不发生由轧辊热膨胀和磨损模型引起的预测误差及调整误差产生的板厚变化和板凸度变化，可显著提高板厚精度。超薄热带的厚度精度可达 ±30 μm，合格率超过 99%，1.0 mm 带钢合格率甚至比 1.2 mm 还要高。超薄热带还显示出优良的延伸率和正常的微观组织结构。另外，通过稳定轧制也提高了温度精度。在无头轧制中几乎不发生板带头部到达卷取机前这段约 150 m 长的尺寸板形不良或非稳定轧制引起的质量不良。

3）提高生产率：通常在热轧厂生产 1.2 ～ 1.8 mm 的薄规格板带时，由于板带头部在辊道上发飘，穿带速度限制在 800 m/min 左右，而无头轧制已不受此限制，各板坯连接处的穿带速度可达 1 000 m/min 以上。另外，单块坯轧制中的间歇时间在无头轧制中减为零，可显著提高薄规格轧制效率。

4）可生产薄而宽的钢板和超薄规格板：无头轧制的主要目的之一在于稳定生产过去热轧工艺几乎不可能生产的薄宽板和超薄规格钢板。例如，过去热轧最薄轧制到 1.2 mm，最宽到 1 250 mm。采用无头轧制时，可将非常难轧的材料夹在较容易轧制的较厚材料之间，使其头尾加上张力进行稳定轧制。因此，板厚 1.2 mm 的可轧到 1 600 mm 宽，板宽 1 250 mm 以下的可轧到 0.8 mm 厚。

5）通过润滑轧制和强制冷却轧制生产新品种：热轧时采用强制润滑轧制可生产具有优良性能的钢板，但实际上，为了防止因喷润滑油产生的头部咬入打滑，稳定的润滑区仅限于每卷的中部区域。因此产品质量难以稳定，成材率也低。在无头轧制中，当第一块板坯的头部通过精轧机组后，直到最后部分板带通过机组的较长时间内都可实现稳定润滑，因此，在能进行稳定润滑的同时又可减少材料损耗1/6 ～ 1/10。

（2）ESP 无头轧制技术

2009 年 6 月，世界第一条薄板坯无头连铸连轧生产线（ESP）在意大利阿尔维迪公司克莱蒙纳厂正式投入工业化运行。这是历史上首次以连续不间断的生产工艺通过薄板坯连铸连轧设备从钢水直接生产出热轧带卷。该设备基于阿尔维迪 ISP 技术，由西门子奥钢联冶金技术制造安装，能够实现钢水热能最大程度地开发利用。这套新的铸轧生产设备是世界上生产热轧带钢最紧凑的生产线，总长仅有 190 m，连铸和轧制工艺直接串联，显著降低成本。而且，ESP 生产线是第一条能够在 7 min 内完成从钢水到地下卷曲机上的全连续生产线。这套设备额定产能为 200 万 t/a，生产带卷最宽可达 1 600 mm，最薄可达 0.8 mm。所生产的薄规格和超薄规格热轧带卷可以直接下游生产加工。ESP 无头带钢生产线能够生产从低碳钢到高碳钢以及合金钢的完整产品系列，包括高等级优质钢种，比如高硅钢和用于制造汽车车身面板的 IF 钢。ESP 无头带钢生产线拥有众多先进的技术和系统，主要包括：其中包括液芯压下以及动态辊缝调宽和轻压下等工艺包，从而确保最佳内部铸流质量。铸机直接与配有 AGC 和辊形控制的 3 机架四辊大压下轧机相连；在单独控制设置点的基础上，感应加热炉可在 1 100 ～ 1 200℃的温度范围内灵活地将传送钢带均匀加热。5 机架精轧机配有 SmartCrown 辊以确保带钢具有非常好的平直度。钢带在走出最后一个机架后，由层流冷却系统进行冷却，从而根据需要调整带钢的力学特点。钢带经高速剪切机切割之后，由三个地下卷曲机中的一个进行卷取，单卷重量可达 32 t。整条生产线完全由集成的 1 级和 2 级自动化系统控制，该系统可以全面调节所有铸轧操作。另外还有一个全面质量控制系统进行辅助，可确保产品达到所需的质量标准。与传统薄板坯连铸连轧工艺相比，ESP 无头带钢生产线所需的能源和水消耗大幅降低。根据最终产品的不同，能量消耗可降低 50% ～ 70%，水消耗可减少 60% ～ 80%。

（3）半无头轧制技术

半无头轧制技术就是在薄板坯连铸连轧线上，采用比通常单坯轧制的连铸坯长数倍的超长尺寸薄板坯进行连续轧制的技术。该技术适合于在已有的薄板坯连铸连轧线上实施。在薄板坯连铸连轧线层冷线后端、卷取机前设置高速飞剪，采用超长尺寸薄板坯进行连续轧制，采用高速飞剪切割分卷。该技术仅需在已有的薄板坯连铸连轧线上设置高速飞剪（有的生产线已有飞剪），投资估算约 2 000 万元，生产高精度薄规格热轧板带及降低消耗等可实现吨钢效益增加 20% ～ 30%。

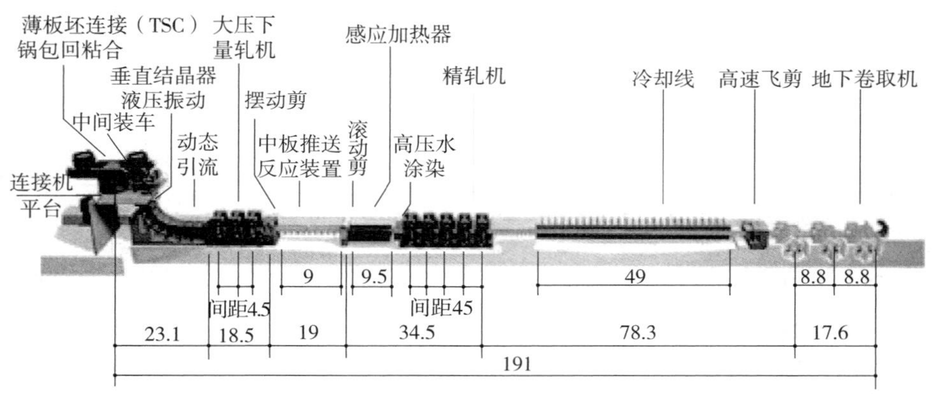

图 9-2　意大利阿尔维迪公司克莱蒙纳厂 ESP 生产线

9.4.2　技术适用条件

1）中间坯连接无头轧制技术

中间坯焊接热带无头轧制技术适合于对现有常规热连轧线进行局部改造后实施。其关键技术是在粗轧与精轧之间将粗轧后的中间板坯在几秒钟之内快速连接起来，在精轧过程中实现无头轧制，并在卷取机前采用高速飞剪切割分卷。作为无头轧制的关键技术，目前的中间坯连接技术仍有其局限性，有必要研究开发新的连接技术以提高连接强度，进一步缩短连接时间、扩大连接范围（尤其是异钢种坯），从而推动热带无头轧制技术的进一步应用。

2）ESP 无头轧制技术

ESP 无头带钢生产线拥有众多先进的技术和系统，主要包括：其中包括液芯压下以及动态辊缝调宽和轻压下等工艺包，从而确保最佳内部铸流质量。铸机直接与配有 AGC 和辊形控制的 3 机架四辊大压下轧机相连；在单独控制设置点的基础上，感应加热炉可在 1 100 ～ 1 200℃的温度范围内灵活地将传送钢带均匀加热。5 机架精轧机配有 SmartCrown 辊以确保带钢具有非常好的平直度。钢带在走出最后一个机架后，由层流冷却系统进行冷却，从而根据需要调整带钢的力学特点。钢带经高速剪切机切割之后，由三个地下卷曲机中的一个进行卷取，单卷重量可达 32 t。整条生产线完全由集成的 1 级和 2 级自动化系统控制，该系统可以全面调节所有铸轧操作。另外还有一个全面质量控制系统进行辅助，可确保产品达到所需的质量标准。

3）半无头轧制技术

半无头轧制技术适合于在已有的薄板坯连铸连轧线上实施。在薄板坯连铸连轧线层冷线后端、卷取机前设置高速飞剪，采用超长尺寸薄板坯进行连续轧制，采用高速飞剪切割分卷。

9.4.3 节能减排效果

1）中间坯连接热带无头轧制和半无头轧制技术

中间坯连接热带无头轧制和半无头轧制技术在低成本大批量生产薄规格和超薄规格板带（厚度为 2 ～ 0.8 mm）实现以热代冷、提高成材率 1% ～ 2%、提高板厚板形精度、降低生产成本（能耗、辊耗、材料消耗）间接综合节能超过 20%，减少排放 20% ～ 30%。

2）ESP 无头轧制技术

ESP 无头轧制技术能耗低主要源于：大压下轧机轧制操作利用了连铸的热量，加上压下时材料中心依然很软，需要的变形能量降到最低；在高拉速下，ESP 生产线在极限条件时的感应加热器能量输入将降至零。所生产的薄规格热轧带钢替代冷轧带钢，可以节省冷轧、退火和光整所需要的能量，前景更加诱人。与 ISP 技术相比，ESP 无头轧制技术能耗减少约 25% ～ 30%；与传统热带钢轧机相比，ESP 技术减少约 40%。ESP 生产线不仅能耗低，而且温室气体和有害气体（NO_x 和 CO_x）的直接和间接排放量也有所减少，生产普通规格时仅为传统生产工艺的 40% ～ 50%，生产薄规格时仅为传统生产工艺的 65% ～ 70%。

9.4.4 技术应用情况

1）中间坯连接无头轧制技术

1996 年，JFE 钢铁公司千叶厂投产了世界上首套连续热带轧机即 3 号热带轧机，在这套轧机的精轧机人口侧，先将中间坯连接在一起，然后经过精轧进行连续轧制。传统工艺中，热轧机组的轧制周期为 2 min 左右，而新工艺中的连续精轧时间可长达 20 ～ 30 min，且该工艺实现了无头轧制。无头轧制工艺由薄带坯供给工序、焊接后处理工序、精轧工序和卷取工序组成。无头轧制工艺流程见图 9-3。

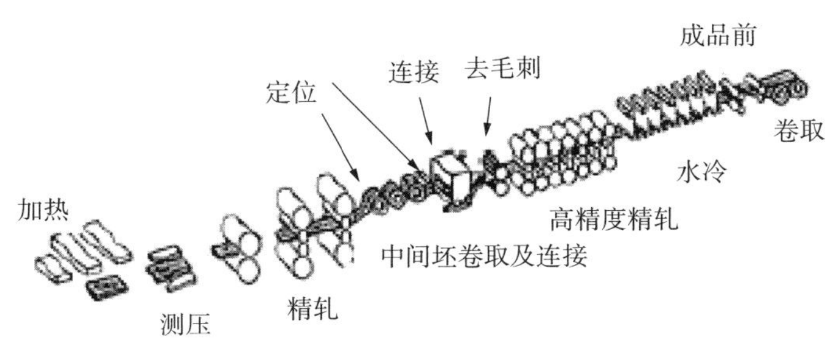

图 9-3　无头轧制工艺简图

到目前为止，无头轧制工艺仍在不断调整，使之有序地过渡到标准化生产模式。目前，由间歇式轧制很难生产的厚度在 1.2 mm 以下的超薄热轧带钢，在采用无头轧制工艺后，已经能够进行标准化生产。

采用无头轧制技术，不仅能避免精轧时首尾部的非稳定现象，大幅度提高轧制稳定性，而且能降低板厚及终轧出口温度和卷取温度等波动，大幅度提高热轧钢板的品质。同时，在极薄热轧带钢、应用热轧润滑轧制实现超深冲钢板的生产以及高品质高强度钢板和不锈钢板新产品生产方面有着巨大的应用前景，是热带无头轧制技术今后的发展方向。

中间坯连接热带无头轧制在国外已有成功先例（日本、韩国），效果很好，国内最近也已形成自己的专利技术。为适应当今世界热轧技术发展趋势，提高产品竞争力，我国现有热轧厂应考虑采用无头轧制技术进行技术改造，开发更适合消费者需求的新产品。我国现有各类宽带钢热轧生产线 50 多条，热带钢生产能力约 2 亿 t。这意味着该技术在国内的应用前景广阔。

2）ESP 无头轧制技术

2009 年 6 月，世界第一条薄板坯无头连铸连轧生产线（ESP）在意大利阿尔维迪公司克莱蒙纳厂正式投入工业化运行。ESP 无头轧制生产工艺由 4 个主要工段构成。第 1 段包括薄板坯连铸机和位于连铸机出口的 3 机架四辊大压下轧机。该大压下轧机对板坯（厚度为 55 ～ 65 mm）进行轧制。铸坯中心具有较低的变形阻力，因而有利于材料结构的改善、材料性能的均匀化、能耗的降低以及凸度指标的明显改善。经过大压下轧机后，中间坯的厚度在 10 ～ 20 mm。第 2 段是在感应加热器内将中间坯的温度调节到满足精轧要求的水平。带钢的温度是工艺性能的关键。感应加热能够在近距离内精确地控制温度，并且提供大能量输入。第 3 段包括在精确去除氧化铁皮的同时减少温度损失的高压除鳞机以及 5 机架精轧机。轧机的设计能够轧制最大宽度 1 570 mm，厚度 0.8 ～ 12.0 mm（甚至更薄）的带钢。精轧机出口处安装的先进冷却系统为各种钢种（包括高强度低合金钢和多相钢）的生产奠定了基础。第 4 段包括高速飞剪，其在地下卷取机前进行切割。卷取带钢的最大卷重可以达到 32 t。

ESP 生产线能够生产从低碳钢到高碳钢，以及合金钢的完整产品系列，包括高等级优质钢种（如取向和非取向硅钢，用于制造汽车车身面板的 IF 钢）。而且，该 ESP 设备可以生产出达到冷轧表面质量（A 级）的热轧产品（可以直接用于汽车裸露部件的制造）；还可以使用转炉钢水生产出具有 IF 钢特点的热轧产品。ESP 连续无头轧制避免了带钢向最后机架穿带的问题，因而可以大量生产能够在许多用途中替代冷轧产品的薄规格（厚度 0.8 ～ 1 mm）热轧产品，包括：①屈服极限高达 315 MPa 的厚 1 mm 钢种；②屈服极限高达 420 MPa 的厚 1.25 mm 钢种；③厚度 ≤ 2 mm 的高强度钢种（强度 700 ～ 800MPa）；④ 1.2 ～ 1.5 mm 的 DP600-DP1000 钢种。2009 年产量达 45 万 t，2010 年已达 150 万 t。已经证实，ESP 无头轧制技术非常适合薄规格板带的生产。在 2010 年 3 月的生产数据中，大约 50% 的带钢厚度小于或等于 2 mm，超过 30% 的产品厚度小于等于 1.5 mm，其中 21% 为超薄规格。此外，在 ESP 无头轧制生产线上生产出的热轧超薄带钢，还可以在后序的连续酸洗线和冷轧线上进行处理（3 机架六辊串列式冷轧机），这些设备于 2010 年年底投入运行。应用这两条总长不超过 500 m 的生产线，不经过中间退火就可以得到厚度小于 0.2 mm 的薄板。

3）半无头轧制技术

半无头轧制技术是轧钢领域的前沿技术，但是在薄板坯连铸连轧生产线上的应用，尚处于开发阶段，其技术、设备及生产组织协调等方面都不是十分成熟。唐钢薄板坯连铸连轧生产线上，为生产超薄带钢而采用了此项技术。半无头轧制技术主要应用于超薄带钢生产，它的主要优点如下：①因为保持高速轧制，轧机生产效率大大提高。②机架间带钢张力可以保持稳定，使带钢厚度及平直度偏差减至最小。③因为解决了超薄带钢直接穿带及甩尾困难的问题，从而使薄带钢的生产趋于稳定可靠。④减少了单块轧制时因带钢头尾形状不良所带来的废品量，提高了产品质量及成材率。允许的情况下，可实现小吨位钢卷的分卷轧制，既满足市场需求，又不影响轧机生产能力。

半无头轧制工艺可以归纳为以下三种方案：①减薄提速方案：主要用于生产 0.8 ～ 1.2 mm 厚度的产品；即长铸坯头部低速穿带，轧制成较厚的产品，带头进入卷取机后整个轧线开始升速，并进行动态压下，使厚度减薄（也可以轧制要求的长度后再进行升速及动态压下）；经几次升速、减薄后，达到要求的产品厚度及终轧温度。当长坯尾部到达轧机前，辊缝必须动态打开并降速，使较厚的产品低速甩尾（也可以按要求的尾部长度进行降速及打开辊缝），完成半无头轧制的全过程。②恒厚度提速方案：主要用于生产 1.2 ～ 1.5 mm 厚度的产品；即长铸坯低速咬入，卷取后即可提速，以保证达到要求的终轧速度及终轧温度。但轧制过程中不需要进行辊缝的动态压下。③恒厚度恒速度方案：主要用于生产 1.5 ～ 4.0 mm 厚度的产品。

半无头轧制必须采用的关键技术及设备：①轧制过程中动态变厚度（FGC）的技术。②工艺润滑技术。③动态凸度控制技术。④高速飞剪分卷功能。⑤卷取机前的高速通板装置。⑥高速双地下卷取机。⑦大功率的主驱动马达。

当进行半无头轧制时，带钢最高速度可达 16 ～ 18 m/s，为实现高速分卷功能，该生产线装备了高速飞剪和剪前后夹送辊；两台高速地下卷取机及夹送辊。在高速飞剪剪切分卷后，为了保证薄规格带钢头部稳定通过输送辊道，在两台卷取机前装备了特殊的高速通板装置。当分段剪切点出精轧机后，飞剪前夹送辊闭合，以保证剪切点到轧机间的张力恒定，飞剪剪切后，剪后夹送辊闭合，防止尾端甩尾；1 号卷取机前夹送辊通过上下辊组合运动实现辊缝方向的改变，可将带头导入所要求的卷取机，并在带头稳定卷取前夹持带钢，保持带钢张力稳定。

4）无头 / 半无头轧制技术推广应用前景

热带无头轧制在国外已有成功先例，效果很好，国内最近也已形成自己的专利技术。半无头轧制技术已有一家成功批量生产应用，另外两家在积极开发和应用。

9.5 在线热处理技术

9.5.1 技术介绍

钢材热处理是通过一定的加热、保温和冷却等工艺改变固态钢铁材料组织和性能的一种工艺。与其他加工工艺相比，热处理一般不改变工件的形状和整体的化学成分，而是通过改变工件内部的显微组织，或改变工件表面的化学成分，赋予或改善工件的使用性能，其特点是改善工件的内在质量。热处理对于钢铁材料特别重要，这是因为钢铁材料在加热和冷却过程中会发生非常复杂的相变，如果能够控制热处理过程中加热、保温、冷却过程的参数，就可以在很大程度上控制钢材的相变，从而在很大的范围内改变钢材的组织，赋予其不同的性能。热处理是人们驾驭钢铁材料、调控钢铁材料组织、挖掘钢铁材料潜力的极为重要的手段。传统热处理工艺都是轧制成形完成之后进行的。由于钢材的成形过程通常要加热到奥氏体区，如果在适宜的温度终止热加工过程，并进行随后的保温、冷却、回火等过程，则这种将变形与热处理结合在一起的过程通常称为形变热处理。形变热处理是形变强化和相变强化相结合的一种综合强化工艺。它包括金属材料的塑性变形和固态相变两种过程，并将两者有机地结合起来，利用金属材料在形变过程中组织结构的改变，影响相变过程和相变产物，以得到所期望的组织与性能。形变（在线）热处理将金属材料的成形与获得材料的最终性能结合在一起，简化了生产过程，减少能源消耗及设备投资。

热处理工艺伴随钢铁材料的发展而发展。普通的离线热处理已经有上千年的历史了。而形变热处理则在20世纪得到了迅速的发展，控制轧制和控制冷却技术就是一个有代表性的例子。直至20世纪70年代，人们逐渐认识到控制冷却技术对提高材料性能的重要意义，各个大公司分别开发了各种类型的加速冷却系统。控制轧制和控制冷却从理论到实践取得了长足的进步。在此阶段，采用一定的合金设计和相应的控制冷却，可以实现相变强化，借此开发了低碳贝氏体钢、针状铁素体钢、超低碳贝氏体钢等。以后，随着汽车轻量化的需求日益迫切，热轧汽车用双相钢、TRIP钢等相变强化钢受到人们的重视，人们采用合理的热轧后冷却路径控制实现钢材的性能控制，控制冷却又取得新的进展。到20世纪80年代，日本等钢厂开发了在线淬火设备，直接淬火技术逐渐应用于实际。随着冷却技术的应用，国际上开发了一批控制冷却实用装置，例如，日本的OLAC（日本钢管）、CLC（新日铁）、DAC（住友）和欧洲的水枕式冷却等。至世纪之交，以UFC、Super-OLAC、CLC-μ等为代表的超快速冷却装置的出现，为在线热处理的冷却过程提供了新的手段。采用超快冷的新的控制轧制和控制冷却技术与传统的控制轧制控制冷却在细晶、析出、相变等过程的控制上，采用不同的思路，因而可赋予材料更为优良的性能。简而言之，在线热处理就是利用轧制余热对钢材进行热处理，可以省去离线热处理的二次加热工序，因而达到节省能源、简化操作、缩短产品交货期的目的。同时，在线热处理可以利用材料热轧过程中积累的应变硬化，因此有些情况下可以得到比离线热处理更优的产品性能和质量。由于在线热处理能生产出强度高、韧性好且焊接性优良的钢材，而且能降低产品生产成本。因此，在线热处理技术在中厚板、钢轨以及棒线材生产中得到了广泛的应用。

1）中厚板

20世纪80年代后，板材在线加速冷却系统在日本问世，部分系统已达到直接淬火时的冷却速率，直接淬火技术进入了真正意义的工业化。工业实践表明，通过优化化学成分和合理地控制淬火前的热轧条件，直接淬火工艺比再加热淬火工艺具有更加优良的强韧匹配。至此，直接淬火—回火技术陆续在工业发达国家的中厚板企业得到推广应用。近年来，随着构件大型化、大跨度化和减量化制造的需求增强，对低合金高强度钢板的规格和使用性能提出了更加苛刻的要求。尤其是下游企业为提高施工效率和降低成本采用大线能量焊接方法，使焊接接头的强度和韧性变差，且产生焊接冷裂纹等缺陷。因此，如何应对大线能量焊接的需求，更有效地降低碳当量和钢中的合金含量，并通过生产工艺控制改善钢材组织以提高焊接热影响区（HAZ）韧性成为新型高强度钢研究开发的难点和热点。因此以相变强化为主的直接淬火技术再度受到关注，许多企业相继研发出一批新的装备及其对应的工艺控制技术。直接淬火工艺：指钢板热轧终了后在轧制作业线上实现直接淬火、回火的新工艺，这种工艺有效地利用了轧后余热，有机地将形变与热处理工艺相结合，从而有效地改善钢材的综合性能，即在提高强度的同时，保持较好的韧性。直接淬火工艺根据控制轧制温度的不同可以分为再结晶控轧直接淬火（DQ-T）、未再结晶控轧直接淬火（CR-DR-T）和再结晶控轧直接淬火 + 两相区淬火（DQ-L-T）三种不同的工艺类型。直接淬火 + 在线回火工艺（Super-OLAC+HOP）：经过在线超快速冷却装置（Super-OLAC）淬火的钢板，当其通过高效的感应加热装置 HOP 时进行快速回火，这样可以对碳化物的分布和尺寸进行控制，使其非常均匀、细小地分布于基体之上，从而实现调质钢的高强度和高韧性。将 Super-OLAC 与 HOP 组合起来，在轧制线上完成调质过程，可以灵活地改变轧制线上冷却、加热的模式，因此与传统的离线热处理相比，过去不可能进行的在线淬火—回火热处理，可以依照需要自由地设计和实现，组织控制的自由度大幅度增加。

2）钢轨

随着炼钢技术的进步，炉外精炼、真空脱气、连铸等技术相继在钢轨生产中采用，使钢质更加纯净均匀，并可以取消钢轨缓冷，为在线热处理工艺的开发应用创造了条件。在线检测和计算机过程控制技术的发展，也促进了在线热处理技术在工业上的应用。再加上铁路运输向高速、重载及大运量方向的发展，对钢轨的强韧性、耐磨损性和抗疲劳损伤性提出了更高要求。国外从 20 世纪 80 年代中期开始开发利用轧制余热生产高强度钢轨的热处理技术，也称钢轨在线热处理工艺，国内在 20 世纪 90 年代晚期才开始研究与开发。攀钢从 1996 年开始了在线热处理钢轨的技术研究和生产。之后，攀钢在线热处理钢轨的技术发展经历了四个阶段：以 PD3 为标志的第一代在线热处理钢轨；以 U71Mn 为标志的第二代在线热处理钢轨；以连铸坯为原料生产 U75V 的第三代在线热处理钢轨；随后又开发出 1 300 MPa 的 PG4 第四代在线热处理钢轨。2008 年，攀钢成功批量生产出 1 300 MPa75 kg/mPG4 在线热处理钢轨，其使用寿命达到 PD3 热轧钢轨的 2.7 倍以上、U75V 在线热处理钢轨的 1 倍以上，产品性能明显优于国内其他钢轨。钢轨在线热处理工艺指的是利用轧制余热在生产线上直接冷却钢轨，使其轨头硬化层得到细珠光体组织的一种高强度钢轨热处理方法。其步骤是将一支经热轧后保持在奥氏体区域的高温状态的钢轨（确切地说，钢轨头部的表面温度范围为 680 ～ 850℃）连续输入设有自动控制系统和冷却装置的热处理机组中，钢轨以 0.2 ～ 1.2 m/s 的运行速度通过热处理机组。钢轨加速冷却后，钢轨头部横断面在离表面 30 mm 范围内都转变为微细珠光体组织，得到的硬度范围为 HV320 ～ 400。钢轨在线热处理所需的装置包括输送装置、冷却系统和自动控制系统。由于在线热处理技术具有明显的优势，很快在一些先进工业国家推广采用，其发展呈取代离线淬火工艺的趋势，如日本目前已全部采用钢轨在线热处理。在线热处理钢轨较离线热处理钢轨具有生产效率高、节约能源、简化工艺和轨头硬化层深等显著优点。因此，在线热处理钢轨是热处理钢轨发展的必然趋势。但这种技术使用的设备一次性投资较高，工艺控制较为复杂。

9.5.2 技术适用条件

1）中厚板直接淬火

近年来，直接淬火、回火工艺在中厚板生产中的应用逐渐增多，促进了中厚板生产方法由单纯依赖合金化和离线调质的传统模式转向了采用微合金化和形变热处理技术相结合的新模式。这不仅可使钢材的强度成倍提高，而且在低温韧性、焊接性能、抑制裂纹扩散、钢板均匀冷却以及板形控制等方面都比传统工艺优越。

一般情况下，中厚钢板厂生产的产品除一部分需要热处理外，大部分产品仍需经精轧后直接进入冷却系统进行常规的快速冷却并精整出库，因此直接淬火设备应满足四点要求：①由于直接淬火设备为在线设置，这就要求设备必须具有双重功能，既要能胜任热处理要求，又要能胜任快速冷却要求。因此，淬火设备必须具有较大的工作范围，能适应各类钢种热处理及快速冷却的需要；②直接淬火需要的冷却速率大，这就要求该设备的冷却能力要比常规的快速冷却设备能力大，一般比正常值大 15% 左右；③为了防止钢板挠曲，在冷却过程中钢板上下表面的冷却条件要尽量趋于一致，一般的热处理设备多采用钢板上表面限制辊方式来减轻钢板挠曲及浪形程度，但限制辊的使用往往又影响冷却控制精度，因此要尽量减少限制辊的数量，要做到这一点，必须采用合理的冷却装置；④为了使钢板的力学性能具有较高的均匀性和保证获得良好的板形，还要求该设备具有较高的冷却均匀性。在线淬火技术目前仅适用于低合金钢生产工艺领域。而且，并不是所有厚度的中厚板都适用于轧后直接淬火。对于 20 mm 以下的中厚板，钢板规格薄散热快，由于精轧开轧温度要求不大于 950℃，所以其终轧温度比较低，这样控冷过程中易发生中温转变，故控冷后再回火，钢板强度较难降下来；对于 50 mm 以上厚度的钢板，由于板厚效应，控冷过程中钢板冷却不均匀，板形无法控制，不适于轧后在线淬火 + 回火工艺的生产。因此，20 ～ 50 mm 厚度规格可采用直接淬火 + 回火工艺生产，但厚度小于 20 mm 或大于 50 mm 的钢板还要按照原控轧 + 离线热处理工艺生产。近年来，超级钢、超低碳贝氏体钢等生产技术蓬勃发展，许多传统调质处理生产的屈服强度 450 MPa 以上的钢板利用超细晶等技术已经可以生产，但对于压力容器、石油储罐、桥梁、军工等重要结构钢板，很多标准和用户还是要求钢板以调质状态交货。因此，一条现代化的调质钢板生产线对于提高中厚钢板厂的产品档次是不可或缺的。

2）钢轨在线热处理

在线热处理技术用于载重钢轨生产，该技术应配备真空脱气设备，取消钢轨缓冷坑工艺；钢轨热处理要求钢轨的化学成分最好为 0.65% ～ 0.85% C，0.21% ～ 1.2%Si，0.50% ～ 1.5%Mn，以及 V、Cr、Ti、Mo、Cu、Ni 和稀土元素中的至少一种。进入热处理机组时钢轨头部的表面温度范围 680 ～ 850℃，通过热处理机组的运行速度为 0.2 ～ 1.2 m/s。冷却系统要求能分别对钢轨头部和底部进行冷却。冷却方式可以是先雾或水冷却 + 后压缩空气冷却的组合冷却方式，也可以是压缩空气单一介质冷却方式。对钢轨头部的冷却要求由雾或水冷却段和压缩空气冷却段组成，每个冷却段都设置有单独电路和冷却介质流路。对钢轨底部的冷却是由与钢轨头部的冷却段相对应的冷却段，有单独的电、水、气路控制。对自动控制系统的要求为：①热处理机组辊道速度可分段自动调节，以满足不同入口温度的钢轨对热处理时间的要求，并实现连续进钢，以提高生产效率；②雾冷喷头数量分段自动控制，即雾冷时间可实现自动控制；③风机风量可自动调节，结合风嘴距轨头表面的位移量以实现硬度等级控制；④钢轨变形采用机械约束和轨底冷却的复合控制法，轨底冷却不受头部冷却影响，可独立控制。

9.5.3 节能减排效果

直接淬火（DQ）利用轧制余热直接实现钢材的在线淬火，省去了传统的再加热淬火，因此能耗大幅降低。以济钢为例，采用直接淬火工艺生产中厚板的吨钢综合能耗水平从离线淬火的 90 kg/t（标准煤）钢材降低到 68 kg/t（标准煤）钢材，能耗降低 24.4%。直接淬火 + 在线回火工艺（Super-OLAC+HOP）真正实现了轧制与热处理工艺的一体化，省去了传统的离线再加热淬火和离线再加热回火工艺，因此可节约大量能源。而且，该工艺在线回火从传统的煤气加热改为感应加热，从而可大幅降低 CO_2 的排放量。钢轨在线热处理技术同样也是省去了传统的离线再加热淬火和离线再回火工艺，因此能耗大幅降低，这也就意味着温室气体的排放量大幅减少。以攀钢为例，在线热处理钢轨的综合能耗为 82 kg/t（标准煤）钢，其中燃料消耗为 69 kg/t（标准煤）钢，电力消耗为 120 kW • h/t 钢。

9.5.4 技术应用情况

1）直接淬火

济南钢铁股份有限公司采用在线淬火工艺生产低合金高强韧厚钢板，该公司将钢坯加热至 1 100 ～ 1 250℃；分奥氏体再结晶区和未再结晶区两阶段轧制成钢板，终轧温度为 860 ～ 950℃；采用气雾及水幕两阶段冷却方式实现钢板在线淬火，冷却区平均冷却速度为 25 ～ 45℃ /s，温度降至 150 ～ 300℃淬火终止；对淬火后的钢板高温下回火。此工艺克服了常规调质处理方式生产周期长、成本高及传统 TMCP 工艺生产高强韧钢板性能稳定性差的缺点，可以生产性能稳定的 20 ～ 50 mm 高强高韧钢板。生产流程短、能耗低，可广泛用于制造冶金、石化、水电及船舶等行业所需钢板。此外，国内河北钢铁集团舞阳钢铁公司历时 5 个多月的一在线直接淬火工艺攻关告捷，产品涵盖欧洲牌号、国标牌号、舞钢牌号等 10 余个牌号的 D、E 高质量级钢种。舞钢采用该工艺生产的钢板强度级别、质量等级均为国内之最，且吨钢成本可降 200 元左右。

2）直接淬火 + 在线回火工艺

目前，全球仅有日本 JFE 钢铁公司一家采用了直接淬火 + 在线回火工艺。该公司从 1998 年开始先后将其属下 3 家中厚板企业的在线快速冷却系统（曾被称为世界第一的 OLAC）改造成在线超快速冷却装置（Super-OLAC），使中厚板的轧后冷却能力和冷却均匀性达到近乎极致的水平，2004 年在其福山厚板厂超快速冷却装置的后部安装了世界首条感应加热在线热处理线（Heat Treatment Online Process，HOP）。许多过去需要离线调质处理的 600 MPa 以上级别高强度钢板均可采用新型的直接淬火—在线热处理工艺实现连续化制造。超快速冷却与在线快速感应加热的组合，给钢材的组织细化和碳化物分布状态等带来积极的影响，获得在常规再加热淬火—回火和直接淬火—回火条件下很难获得的微细组织和强韧性能。在提高高强厚板质量的同时，由于淬火—回火处理的连续化，制造工期可以缩短到 20 天左右，高强厚板的供货能力每月也可以超过 1 万 t，在交货期和数量等方面满足客户需求。日本 JFE 公司采用直接淬火—在线热处理工艺生产的 780 MPa 级钢板，抗拉强度达到 900 MPa 以上，0℃冲击功仍能达到 216J 的较高水平，而且屈强比≤ 0.80，焊接施工性能和焊接接头试验的各项力学性能良好。目前，直接淬火—在线热处理工艺已经在低屈强比 780 MPa 级建筑用钢和 X80 级管线钢等高强度钢板的生产中得到应用。

另外，通过对化学成分的调整和直接淬火前轧制条件的控制，还可以获得再加热淬火所得不到的强度和韧性组合；同时采用直接淬火工艺还有助于提高钢材的淬透性，在生产相同力学性能的产品时可大幅度减少合金元素含量而降低碳当量，改善焊接等工艺性能，收到高效、节材、节能和降耗的多重效果。由此可见，直接淬火工艺在中厚板生产中具有非常广阔的发展前景。目前，HOP 工艺最大的问题是投资太大，希望此问题在不久的将来能得到解决，届时该工艺将得到广泛应用，见图 9-4。

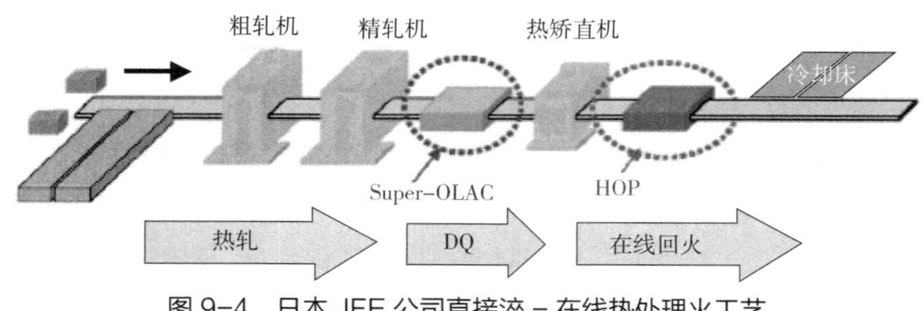

图 9-4　日本 JFE 公司直接淬 - 在线热处理火工艺

3）钢轨在线热处理

在线热处理是提高钢轨强度的先进技术，国内仅攀钢独家拥有。2007 年，攀钢又建成中国首条 100 m 长定尺热处理钢轨生产线，改变了国内只能生产长度 25 m 以内的热处理钢轨的历史。目前，攀钢生产的 PD3 在线热处理钢轨已成为我国主流钢轨品种，对降低线路维护费用，提高铁路运输能力和安全性发挥了重要作用。目前，攀钢利用在 U75V 中加入 Cr 的合金化 + 在线热处理工艺的技术路线已经批量生产出 75 kg/m PG4 钢轨，钢轨 Rm ≥ 1300 MPa，Rp0.2 ≥ 880 MPa，A ≥ 10%，疲劳极限为 554.6 MPa，每米长度的钢轨重量达 75 kg，是目前世界上断面最大即重量最大、强度级别最高的钢轨。而且 PG4 钢轨焊接性能优良，在线热处理钢轨中该钢轨强度级别为世界最高，钢轨综合性能世界领先。

9.6　轧钢加热炉蓄热式燃烧技术

9.6.1　技术介绍

蓄热式燃烧技术的应用首先始于 20 世纪 80 年代的英国，随后在加拿大、德国和日本加以应用，直到 90 年代末，中国冶金热工领域的科技工作者通过消化吸收和再创新，率先将高温蓄热燃烧技术应用于钢铁工业的轧钢加热炉，并获得了成功，其良好的节能效果引起热工界的高度关注。从2000年起，蓄热式燃烧技术在我国推广范围之广、速度之快、成效之大却是其他任何一个国家都无法比拟的。高温蓄热燃烧技术在我国的蓬勃兴起，得益于进入21世纪以来我国钢铁工业的高速发展，得益于通过消化吸收形成的我国高温蓄热燃烧技术自主创新能力的提升，以及火焰炉热工理论的完善与发展。蓄热式燃烧技术是一种烟气余热回收技术，其核心是高温空气燃烧技术，即利用高温烟气对助燃空气和（或）煤气进行预热，当空气预热温度达1 000℃时，含氧2%就可燃烧，也就是说空气预热温度越高，能维持稳定燃烧的最低氧浓度也越小。燃料在贫氧环境下燃烧时，其燃烧过程属于一种扩散控制式反应，与传统燃烧现象相比较，火焰根部离烧嘴喷口的距离缩小，常见的火焰白炽区消失，火焰区的体积成倍增大，甚至可以扩大到所给定的整个炉膛，这时整个炉膛构成一个温度相对均匀（温差最小可降到10℃）的高温强辐射黑体，炉膛传热效率显著提高，NO_x排放量能数十倍地减少，从而达到节能与环保的双重效果。

蓄热式燃烧技术的工作原理是，一组蓄热式烧嘴在正常工作时，两只燃烧器不会处于同一种工作状态。当一只烧嘴处于燃烧工作状态时，此燃料通路开通、常温空气（常温煤气）通过炽热的蓄热体，被加热为热空气（热煤气）去助燃（燃烧）；另一只烧嘴一定处于蓄热状态作为烟道，此燃料通路关闭，燃烧产物在引风机的作用下经燃烧通道到蓄热体，使蓄热体蓄下热量后，经烟道由烟囱低温排出。经过一段时间后，换向阀换向，两只烧嘴的工作状态互换，两种工作状态交替进行，周而复始。通过蓄热体，出炉烟气的余热得到回收利用。具有足够传热能力和含热能力的蓄热体，能使烟气余热得到充分的回收，将空气预热到很高的温度。通过蓄热式烧嘴，烟气排出温度可降到150～200℃或更低，空气可预热到1 000℃以上，热回收率达到85%以上，温度效率达到90%以上，见图9-5。

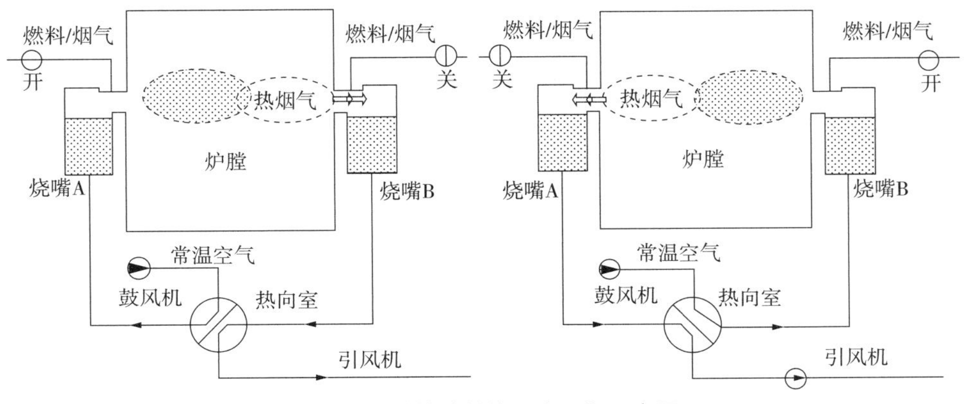

图9-5 蓄热式燃烧一个周期示意图

随着蓄热装置和控制技术的发展，目前蓄热式加热炉在国内发展很快，国内高效蓄热式加热炉从技术风格上主要有烧嘴式、内置式和外置式三种。总体来说，各种蓄热式加热炉各有优缺点，但总的发展趋势是朝着烧嘴式蓄热加热炉方向发展。蓄热式燃烧技术已运用在大型环形加热炉、板坯加热炉、方坯加热炉以及各种热处理炉。蓄热式工业炉通常使用的燃料有高炉煤气、转炉煤气、发生炉煤气、高炉焦炉混合煤气、焦炉煤气，天然气以及重油等。采用重油做燃料时，只蓄热空气；用高热值煤气（天然气或焦炉煤气）作为燃料时，可以只蓄热空气；用低热值煤气（如高炉煤气）作为燃料时，必须同时蓄热空气和煤气；用中热值煤气（如混合煤气或转炉煤气）作为燃料时，可以单蓄热，也可双蓄热。

9.6.2 技术适用条件

蓄热式燃烧技术的适用条件根据其燃料 / 炉型等生产条件不同应作不同设计。蓄热式燃烧技术可以适用于钢铁行业加热炉、热处理炉、烘烤装置等工业炉窑的各种炉型。该技术可以适用于不同燃料的工业炉窑，有烧高炉煤气双预热、烧混合煤气双预热或单预热、烧转炉煤气双预热、烧发生煤气单预热以及烧煤单预热等多种燃料适应形式。其中以高炉煤气双预热效果最好；燃油炉可采用陶瓷瓦片做蓄热体，顺流式安装，需定时清洗更换，采用重油不换向，助燃空气单预热方式；使用高炉煤气的工业炉窑采用高炉煤气和助燃空气双预热，燃烧温度高，全炉热效率高，排烟损失小，节能效果明显；使用混合煤气的工业炉窑主要有双预热和单预热，主要根据其混合比或发热值来定。低热值用双预热，高热值用单预热。双预热时空气和煤气都换向。单预热时分煤气换向和煤气不换向，其中煤气换向用得较多，煤气不换向主要用于小型工业炉窑；对于含尘大的燃料，如煤、发生炉煤气等，应在烟气入口设计集尘装置；对于燃料与燃烧产物水当量不平衡的工业炉窑在采用蓄热式燃烧技术时，可以考虑用换热器的副烟道。然而，该技术对其关键部件的要求很高。蓄热体作为其关键部件，要求单位体积蓄热体的蓄热量要大，这样可减小蓄热室的体积；而且，要求其导热系数 λ 要大，导热系数大可以迅速地将热量由表面传至中心，充分发挥蓄热室的能力；高温时，要求材料的辐射率要高；此外，要求蓄热体的热震稳定性要好，蓄热体需要在反复加热和冷却的工况下运行，在巨大温差和高频变换的作用下，很容易脆裂、破碎和变形等，导致气流通道堵塞，压力损失加大，甚至无法继续工作；还要求蓄热体具备抗氧化和耐腐蚀性，其需要在一定的温度和气氛下使用，易发生氧化和腐蚀，这样会堵塞气体通道，增加流通阻力。另外，经济性是蓄热体的一个重要指标，一种蓄热体如果上述各种性能都好，那成本就高，其推广和应用必然受到限制。换向阀必须在一定的时间间隔内实现空气、煤气与烟气的频繁切换，因此换向阀也成为与余热回收率密切相关的关键部件之一。尽管经换热后的烟气温度很低，对换向阀材料无特殊要求，但必须考虑换向阀的工作寿命和可靠性。因为烟气中含有较多的微小粉尘以及频繁动作，势必对部件造成磨损，这些因素应当在选用换向阀时加以考虑。如果出现阀门密封不严、压力损失过大、体积过大、密封材料不易更换、动作速度慢等问题，会影响系统的使用性能和节能效果。蓄热式燃烧系统的关键是蓄热体和换向阀的设计、选型和性能，这是加热炉能否可靠、安全运行的关键，也是减少加热炉的故障和维护的关键。与常规燃烧技术相比，蓄热式燃烧技术最大的成功是将高炉煤气直接用到轧钢加热炉，最大限度地回收了高炉煤气，这是最大的节能和减少环境污染。而其他一些煤气在加热炉上采用蓄热燃烧技术，对产品质量、综合节能效果和环境改善，效果并不显著，反而增加了加热炉的投资、运行维护成本和故障率。

蓄热式燃烧技术具有高效、节能和环保的优势，但因该技术在加热炉上使用，还需在工艺上进一步完善，装置和材料性能、寿命还需提高，这在一定程度上制约了蓄热式燃烧技术在轧钢加热炉上的优势发挥。从目前蓄热式燃烧技术在加热炉上的实际使用情况看，还应视工厂的具体条件和工艺要求，有选择的使用该技术，即以高炉煤气和天然气为燃料的加热炉，建议采用蓄热式燃烧技术，其综合经济效益明显；以混合煤气和焦炉煤气为燃料的加热炉，因其综合经济效益并不明显，选择时一定要慎重。当然，随着蓄热式燃烧技术的进一步发展，工艺技术的不断完善，蓄热装置、换向装置寿命的提高和成本的降低，蓄热式燃烧技术在加热炉上的运用更加可靠、能达到轧钢加热炉节能、降耗、环保的目的。2010 年，该技术普及率约为 40%，“十二五”期末，该技术的推广比例达到 70%。

9.6.3 节能减排效果

轧钢加热炉采用蓄热式燃烧技术后，可将加热炉排放的高温烟气降至 150℃以下，热回收率达 85% 以上，节能 30% 以上；可将空气和煤气预热到 700 ～ 1 000℃以上，减少氧化烧损，使氧化烧损小于 0.7%；通过组织贫氧燃烧，大大降低了烟气中 NO_x 的排放（NO_x 排放减少 40% 以上），同时，由于其显著的节能效果，也减少了温室气体的排放（CO_2 减少 10% ～ 70%）；采用蓄热方式实现加热炉废气余热的极限回收，同时将助燃空气、煤气预热至高温，从而大幅度地提高加热炉的热效率，生产效率可提高 10% ～ 15%；另外，低热值的燃料（如高炉煤气、发生炉煤气、低热值固体燃料、低热值的液体燃料等）借助高温预热的空气可获得更高的燃烧温度，从而扩展了低热值燃料的应用范围。

9.6.4 技术应用情况

目前，蓄热式燃烧技术已应用于冶金、机械、建材、化工等行业中的各种工业燃料炉，特别是在冶金及机械行业，蓄热燃烧技术的应用尤为普遍，如推钢式连续轧钢加热炉、步进式连续加热炉、室式加热炉、台车炉、钢管连续退火炉、钢包烘烤器、罩式炉等中多有应用。2000 年以后，该项技术在国内钢铁企业迅速推广，目前已有太钢、武钢、南钢、天钢、首秦、济钢、唐钢、宝钢、沙钢、攀钢等 500 多座蓄热式加热炉投入运行，部分取得了十分显著的节能效果。首秦宽厚板工程加热炉自 2006 年 8 月投入至今，运行稳定，通过以上新工艺、新技术的应用，按照年产量按 120 万 t 计算，每年至少为企业取得 14 384.60 万元的经济效益。伴随着燃用纯高炉煤气的双蓄热燃烧技术在首秦二期工程的推广，将为企业取得更加巨大的经济效益。蓄热式燃烧技术具有高效、节能和环保的优势，但因该技术在加热炉上使用，还需在工艺上进一步完善，装置和材料性能、寿命还需提高，这在一定程度上制约了蓄热式燃烧技术在轧钢加热炉上的优势发挥。从目前蓄热式燃烧技术在加热炉上的实际使用情况看，还应视工厂的具体条件和工艺要求，有选择地使用该技术，即以高炉煤气和天然气为燃料的加热炉，建议采用蓄热式燃烧技术，其综合经济效益明显；以混合煤气和焦炉煤气为燃料的加热炉，因其综合经济效益并不明显，选择时一定要慎重。

9.7 轧钢氧化铁皮资源化技术

9.7.1 技术介绍

钢材锻造和热轧时，由于钢铁和空气中氧的反应，常会形成大量氧化铁皮，造成堆积，浪费资源。氧化铁皮的主要成分是 Fe_2O_3、Fe_3O_4、FeO。其中，氧化铁皮最外层为 Fe_2O_3，约占氧化铁皮厚度的 10%，阻止氧化作用；中间为 Fe_3O_4，约 50%，最里面与铁相接触为 FeO，约 40%。如果对这些资源合理利用，可以降低生产成本，同时可以起到环保节能作用。因此对这些氧化铁皮的综合利用是非常必要的。大多数企业将氧化铁皮与矿料混合经烧结制成烧结球团到高炉炼铁回收，氧化铁皮还可以作为还原铁粉、化工产品、硅铁合金以及海绵铁的原料进行回收利用。①烧结辅助含铁原料。氧化铁皮是烧结生产较好的辅助含铁原料，一方面，氧化铁皮相对粒度较为粗大，可改善烧结料层的透气性，另一方面，氧化铁皮中 FeO 在燃烧氧化成 Fe_2O_3 的过程中会大量放热，可以降低固体燃料消耗，同时提高烧结生产率，经验表明，8% 的氧化铁皮可增产约 2% 左右。秦皇岛首秦金属材料有限公司以不影响烧结矿产量、质量及生产稳定为前提，在烧结工序中配加 3% 氧化铁皮，降低了烧结成本和燃耗成本。2008 年 8—11 月，该公司烧结共消耗氧化铁皮 3.05 万 t，可替代精矿粉 2.37 万 t，降低烧结成本 460 多万元。另外，配加 3% 氧化铁皮使烧结矿平均燃耗从之前的 61.22 kg/t 降为 59.12 kg/t，每吨烧结矿可节省燃料 2.08 kg，氧化铁皮在燃耗方面可降低成本 20 多万元。综上所述，烧结工序中配加 3% 氧化铁皮，可使生产成本降低 490 万元左右。同时，还减少了工业垃圾的排放，减小了厂区及周边地区的环境污染，在取得经济效益的同时，也取得了较好的社会效益。此外，国内宝钢、包钢、鞍钢、酒钢和太钢所产生的氧化铁皮处理后均回用于烧结。②粉末冶金原料。在粉末冶金工业中，氧化铁皮是生产还原铁粉的主要原料。生产还原铁粉的工艺流程是：将氧化铁皮经干燥炉干燥去油去水后，经磁选、破碎、筛分入料仓，作为还原剂的焦粉配入 10% ～ 20% 的脱硫剂（石灰石）后经干燥处理入料仓。将氧化铁皮按环装法装入碳化硅还原罐内，中心和最外边装焦炭粉，将装好料的还原罐放在窑车上送入隧道窑进行一次还原，停留超过 90 h 后冷却出窑。此时氧化铁皮被还原成海绵铁，Fe 含量为 98% 以上，卸锭机将还原铁卸出，经清渣、破碎、筛分磁选后，进行二次精还原，生产出合格的还原铁粉。进入球磨机细磨，然后进入分级筛，从而得到不同粒度的高纯度铁粉。将这种铁粉用于制作设备的关键部件，只需压模，即可一次成型，获得强度高、耐磨、耐腐的部件。这种性能好的部件主要用于高科技领域，如国防工业、航空制造、交通运输、石油勘探等行业。粒度较粗的铁粉主要用于生产电焊条。③应用化工行业。在化工行业，氧化铁皮可用作生产氧化铁红、氧化铁黄、氧化铁黑、氧化铁棕、三氯化铁、硫酸亚铁、硫酸亚铁铵、聚合硫酸铁等产品的原料，这些化工产品用途广泛。利用液相沉淀法制取氧化铁红，我国的氧化铁红绝大多数是采用液相沉淀法生产的，主要原料是氧化铁皮。用此工艺可生产从黄相红到紫相红各个色相的铁红。生产过程是从制备晶种开始，后将晶种置于二步氧化桶中，加氧化铁皮和水，再加亚铁盐为反应介质，以直接蒸汽升温至 80 ～ 85℃。并在此温度下鼓入空气，待反应持续至铁红颜色与标样相似停止氧化，后放出料浆，经水洗、过滤、干燥、粉碎即为产品。根据晶种制备和所用亚铁盐的不同，此工艺又可分为硫酸法、硝酸法和混酸法。

④氧化铁皮替代钢屑冶炼硅铁合金。硅铁是钢铁工业的重要原材料，是随着钢铁工业的发展而发展。一般硅铁生产原料为硅石、冶金焦或兰炭和钢屑，并对原料粒度有一定的要求，其中硅石的粒度要求一般为 30 ～ 100 mm；冶金焦或兰炭的粒度要求一般为 0 ～ 18 mm。在正常生产中，硅石破碎时会产生约 10% ～ 15% 的粒度小于 30 mm 不符合冶炼要求的硅石粉，目前硅石粉没有很好的利用方法，只能废弃堆积；而冶金企业在炼焦过程中会产生粒度小于 8 mm，约占焦炭量 10% 的焦粉。焦粉也没有找到有效的成型办法，只能当作低级燃料廉价处理。我国钢铁行业轧钢过程中氧化铁皮的产生量占钢材产量的 3% ～ 5%，其铁含量高达 80% ～ 90%，而且数量可观。为实现对废弃物的再利用，开发出以废弃的硅石粉代替硅石、废弃的焦粉代替冶金焦 / 兰炭、用氧化铁皮代替钢屑，通过压块来生产硅铁合金的新工艺，见图 9-6。新工艺生产硅铁合金所需主要原料按照以下重量百分比组成：含 SiO_2 为 97% ～ 99% 的废弃硅石粉占 55% ～ 60%；碳含量为 84% ～ 90% 的废弃焦粉占 25% ～ 32%；氧化铁皮占 7% ～ 10%。其中：硅石粉粒度为 3 ～ 30 mm，焦粉粒度为 3 ～ 10 mm，氧化铁皮粒度为 5 ～ 15 mm。另外，还添加一些膨润土、石灰、工业糖浆、水玻璃以及水作为黏结剂，与上述主要原料进行混合，均匀搅拌，然后压成块度为符合入炉标准的压块，在 100 ～ 120℃下烘干（6 ～ 8 h），最后入炉冶炼，得到符合标准要求的硅铁合金。

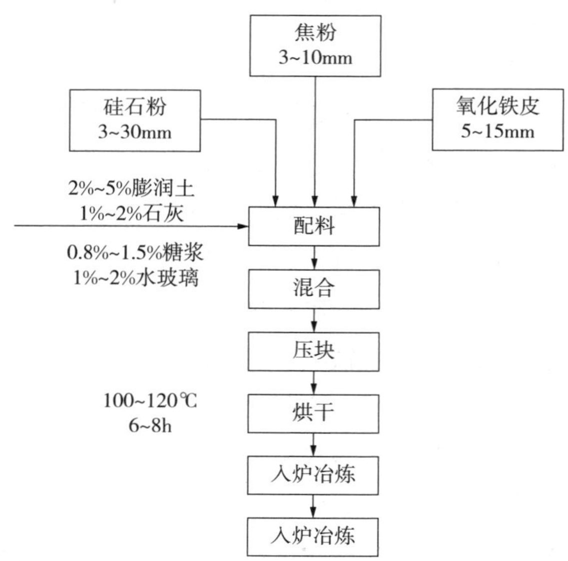

图 9-6　氧化铁皮替代钢屑冶炼硅铁合金

与传统硅铁合金冶炼工艺相比，新工艺能较好地实现电极平稳深插，提高炉内的热效率，从而加快了硅铁合金的冶炼速度，缩短了硅铁合金的冶炼时间，还节约了电能，节省了约 15% 的冶炼成本。而且使冶炼具有良好的炉况和操作条件，改善了工人工作环境，减轻了工人劳动强度。

9.7.2 技术适用条件

氧化铁皮可以用多种方式进行回收利用。企业需要按照自己的需求和技术条件来进行氧化铁皮的回收利用，从而提高整体经济效益。

9.7.3 节能减排效果

钢铁企业轧钢工序生产过程产生大量的氧化铁皮。据估测我国钢铁行业每年产生的氧化铁皮有 500 万 t 以上，通过对其进行处理回收，不仅可以创造极大的经济效益，而且可以大大地减少废弃物排放，否则将出现占用土地、污染环境、浪费资源等问题。以秦皇岛首秦金属材料有限公司为例：其在烧结工序中配加 3% 氧化铁皮，这使烧结矿平均燃耗降低 3.4%，同时，还减少了工业垃圾的排放，减小了厂区及周边地区的环境污染，在取得经济效益的同时，也取得了较好的社会效益。

9.8 加热炉黑体技术强化辐射节能技术

目前，各种工业炉窑均在采用多项节能技术来提高锅炉效率，如加热炉筑炉材料的优化（轻型）、炉膛结构的改动（如降低炉膛高度、增设炉膛内隔墙、增加气流扰动）、采用蓄热式燃烧技术、涂料技术、预热利用技术等，虽然也取得一些节能效果，但其效果均有限，要达到 10% 左右均比较困难。目前该技术可实现节能量 83 万 t/a（标准煤），减排约 219 万 t/a（CO_2）。

9.8.1 技术原理

根据红外物理的黑体理论及燃料炉炉膛传热数学模型，制成集“增大炉膛面积、提高炉膛发射率和增加辐照度”三项功能于一体的工业标准黑体—黑体元件，将众多的黑体元件安装于炉膛内壁适当部位，与炉膛共同构成红外加热系统；既可增大传热面积，又可提高炉膛的发射率到 0.95（1 002℃），同时能对炉膛内的热射线进行有效调控，使之从漫射的无序状态调控到有序，直接射向钢坯，从而提高炉膛对钢坯辐射换热效率，取得较好的节能效果。

9.8.2 关键技术

（1）高辐射系数黑体元件；

（2）黑体元件安装技术。

9.8.3 工艺流程

通过设计将一定数量高辐射系数（0.95 以上）的黑体元件，安装在轧钢加热炉内炉顶和侧墙，增加辐射面积，增加有效辐射，提高加热质量，降低燃料消耗。黑体元件布置见图 9-7。其工艺流程为：施工准备→炉衬清理及局部修补→黑体元件布置划线→炉衬工艺小孔加工→黑体元件安装→对炉衬做保护性处理和红外涂装→施工现场清理→正常烘炉→测试及验收。

图 9-7 黑体元件布置示意图

9.8.4 主要技术指标

黑体原件辐射系数大于 0.95；寿命大于 5 年；节能率为 10% ～ 20%。

9.8.5 典型应用案例

秦皇岛首秦金属材料有限公司，建设规模：150 万 t 中厚板轧钢加热炉。主要技改内容：在炉膛内增加 17 000 个黑体元件及红外加热系统，主要技术设备包括黑体元件和红外加热系统。节能技改投资额 350 万元，建设期 18 天。每年可节能 9 817 t（标准煤），年节能经济效益 825.8 万元，投资回收期约 5 个月。

9.9 塑烧板除尘技术

9.9.1 技术介绍

1）技术概况

在精轧机组的后段，由于轧制速度高，氧化铁皮颗粒微小，在轧制过程中产生大量的脱落氧化铁粉，冷却水蒸气及润滑油的燃烧灰分，在轧机机架间产生大量的有害烟尘。烟气的主要成分有 Fe_3O_4、Fe_2O_3、H_2O、油烟等。为了减轻和消除这些有害物质对环境的污染，改善操作条件，在精轧机机架必须设置排烟除尘系统。目前国内普遍使用的除尘装置型式有塑烧板式除尘、湿式电除尘及其他。由于塑烧板除尘器具有投资低、国产化程度高、体积小、效率高、维修保养方便、能过滤吸潮和含水量高的粉尘、过滤含油及纤维粉尘的独特优点，在宝钢 2 050 mm 热轧、鞍钢 1 780 mm、武钢 1 580 mm 热轧等生产线广泛应用，是主要推荐的除尘技术。

2）技术基本原理

除尘系统由吸尘罩、手动调节阀、风管、塑烧板除尘器、风机、消声器和排气烟囱组成。精轧机排烟除尘系统共有多个除尘点，除尘系统流程：由吸尘罩捕集到的各尘源点的含尘气体，经管道进入除尘器内，通过塑烧滤板进行尘气分离。

（1）系统的高效率是建立在黏附粉尘的二次过滤上。从实际测试的数据看，一般情况下除尘器排气含尘浓度最低可保持在 5 mg/m^3 以下。虽然排放浓度与含尘气体入口浓度及粉尘粒径有关，但通常对 5 μm 以下超细粉尘的捕集效率仍可保持 99.9% 的超高效率。

（2）压力损失稳定

由于塑烧板是通过表面的树脂涂层对粉尘进行捕捉的，其光滑的表面使粉尘极难透过与停留，即使有一些极细的粉尘可能会进入空隙，但随即会被设定的脉冲压缩空气流吹走，所以在过滤板母体层中不会发生堵塞现象，只要经过很短的时间，过滤元件的压力损失就趋于稳定并保持不变。这就表明，特定的粉体在特定的温度条件下，损失仅与过滤风速有关而不会随时间上升。因此，除尘器运行后的处理风量将不会随时间而发生变化，这就保证了吸风口的除尘效果。

（3）清灰效果

树脂本身固有的惰性与其光滑的表面，使粉体几乎无法与其他物质发生物理化学反应和附着现象。滤板的刚性结构，也使脉冲反吹气流从空隙喷出时，滤片无变形。脉冲气流是直接由内向外穿过滤片作用在粉体层上，所以滤板表层被气流托附的粉尘，在瞬间即可被消去。脉冲反吹气流的作用力不会如滤布袋变形后被缓冲吸收而减弱。

（4）强耐湿性

由于制成滤板的材料及涂层具有完全的疏水性，水喷洒其上将会看到凝聚水珠集成水流淌下。故纤维织物滤袋因吸湿而形成水膜，从而引起阻力急剧上升的情况在塑烧板除尘器上不复存在。这对于处理冷凝结露的高温油烟尘和吸湿性很强的粉尘将会得到很好的使用效果。

（5）使用寿命长

塑烧板的刚性结构，消除了纤维织物滤袋因骨架磨损引起的寿命问题。寿命长的另一个重要表现还在于，滤板的无故障运行时间长，它不需要经常的维护与保养。良好的清灰特性将保持其稳定的阻力，使塑烧板除尘器可长期有效的工作。事实上，如果不是温度未被控制好，塑烧板除尘器的工作寿命将会相当长。

（6）除尘器结构小型化

由于过滤板表面形状，故装配成除尘器所占的空间仅为相同过滤面积袋式除尘器的一半以下，并且可以叠加设计缩小占地面积。

（7）安装维护方便

安装更换滤片极为方便，只需打开除尘器检修门，拧紧固定塑烧板的两个螺栓即可完成一片滤片的装配。在日常生产中，几乎无须维修保养。

9.9.2 技术适用范围

塑烧板除尘技术广泛应用于钢板精轧过程中及其他除尘器不能使用的场合，能够治理长期以来不能解决的除尘问题，如含酸、含油、含强碱、含水等烟气粉尘。

过滤面积从小至不足 1 m^2 到大至数千平方米，处理风量从几个立方米 / 小时至数十万立方米 / 小时。

9.9.3 节能减排效果

塑烧板除尘技术不仅能够减轻和消除粉尘有害物质对环境的污染，而且收集的粉尘可进一步循环利用。以武钢 1 580 mm 热轧为例，年产材 280 万 t，每年可回收粉尘 1 000 t，其中粉尘成份主要为 Fe_3O_4 和 Fe_2O_3。

9.9.4 技术推广应用情况

2009 年我国重点大中型钢铁企业热轧宽带钢轧机产量约 1.2 亿 t，据初步估计其中 35% 采用塑烧板除尘技术、10% 采用湿式电除尘、55% 采用其他除尘技术。其中，宝钢 2 050 mm 热轧、鞍钢 1 780 mm、武钢 1 580 mm 热轧机组均采用该技术。

参考文献

[1] 黄导 .2016 年中国钢铁工业节能环保进展情况分析 [J]. 中国钢铁业，2017（7）：12-18.

[2] 朱翠翠 .2017 年我国钢铁行业运行特点及重点钢铁企业生产经营情况分析 [J]. 冶金经济与管理，2018（4）：18-27.

[3] 刘立 . 国际钢铁行业颗粒物排放标准评述 [A].《环境工程》编委会、工业建筑杂志社有限公司 .《环境工程》2018 年全国学术年会论文集（下册）[C].《环境工程》编委会、工业建筑杂志社有限公司：《环境工程》编辑部，2018：5.

[4] 中国钢铁工业协会 . 中国钢铁工业运行报告 [N]. 中国信息报，2018-06-11（008）.

[5] 黄维，胡云鹏，黄宝 . 中国钢铁工业运行现状与展望 [J]. 冶金经济与管理，2018（3）：20-23.

[6] 颜瑞，朱晓宁，张群 . 京津冀地区钢铁行业发展现状及未来趋势研究 [J]. 冶金经济与管理，2016（6）：23-26.

[7] 郭阳 . 我国钢铁产业发展现状及问题研究 [D]. 中央民族大学，2017.

[8] 于勇 . 环境监管趋严—促进钢铁行业绿色发展 [N]. 中国环境报，2018-08-31（003）.

[9] 何理，张茜 . 供给侧改革对钢铁行业影响分析 [J]. 中国市场，2018（16）：1-5.

[10] 程相魁 . 钢铁烧结环保标准的进步推动烧结绿色发展 [A]. 环境工程 2017 增刊 1 [C]. 工业建筑杂志社，2017：5.

[11] 曲涛 . 钢铁企业节能环保形势分析及应对措施 [J]. 科技风，2018（24）：140.

[12] 刘琳 . 钢铁行业节能减排的思路与对策 [J]. 资源节约与环保，2018（6）：145-146.

[13] 徐永智 . 钢铁行业废气污染物治理现状和优化对策研究 [J]. 世界有色金属，2017（4）：129，131.

[14] 韦建斌，张进 . 产能过剩下的中国钢铁出口现状与趋势分析 [J]. 金融经济，2016（24）：127-128.

[15] 姜琪，岳希，姜德旺 . 我国与欧盟、日本钢铁行业大气污染物排放标准对比分析研究 [J]. 冶金标准化与质量，2015（3）：18-22.

[16] 冶金原料，中国冶金报社，河北省环保厅，等 . 对比中国、韩国、日本、德国的钢铁生产超低排放标准 [EB/OL].2018-10-07.http：//www.sohu.com/a/257968935_796605.

[17] 中国冶金报，中国钢铁新闻网 .2017 年全球粗钢产量前十国家（地区）排行榜 [EB/OL].2018-01-25.https：//www.sohu.com/a/218833702_611198.

[18] 世界钢铁协会 .2017 年全球钢铁最大生产国粗钢产量排名一览 [EB/OL].2018-02-02.http：//www.360doc.com/content/18/0202/19/642066_727265902.shtml.

[19] 张建香，葛永红 . 河北省钢铁企业转型路径的研究 [J]. 河北企业，2018（10）：80-82.

[20] 王社斌 . 钢铁生产节能减排技术 [M] . 北京：化学工业出版社，2009.

[21] 大气氮氧化物控制技术指南 - 钢铁（烧结机、焦炉）.

[22] 李鹏飞，王博如 . 烧结烟气脱硫脱硝技术现状与发展趋势 [J] . 世界金属导报，2017-11-28（B12）.

[23] 樊彦玲，郑鹏辉，等 . 钢铁厂烧结烟气脱硫脱硝技术探讨 [J] . 资源与环境，2017，43（8）.

[24] 贾建廷，马良 . 钢铁联合企业大气污染控制技术探讨 [J] . 山西化工，2017，5.

[25] 张璞，王辉，等 . 烧结烟气中污染物防治技术应用现状 [J] . 环境工程，2017，35（7）.

[26] 湖北锐意自控系统有限公司 . 钢厂通过烧结烟气循环利用工艺节能减排的应用实例 [J]，2018，4，23.

[27] 杨波 . 山西某钢铁公司烧结环冷机烟气余热分析与利用研究 [D] . 西安建筑科技大学，2018.

[28] 刘军，范源远 . 烧结烟气联合脱硫脱硝技术的探讨与选择 [J] . 管理及其他，2018，4.

[29] 袁国勋 . 钢铁行业烧结烟气脱硫技术的发展论述与分析 [J] . 山东工业技术，2018.

[30] 吕平，雷国鹏 . 浅谈烧结烟气超低排放技术 [J] . 科技与创新，2018，16.

[31] 胡永浩 . 链篦机 - 回转窑球团智能控制技术的研究 [J] . 华北水利水电大学，2018，6.

[32] 毛艳丽，曲余玲 . 富氧燃烧技术及其在钢铁生产中的应用 [J] . 上海金属，2012，34（6）.

[33] 韩凤光，刘佩秋 . 铁矿石富氧烧结试验研究 [J] . 上海有色金属，2014，35（2）.

[34] 王维兴 . 我国钢铁工业能耗现状与节能潜力分析 [J] . 冶金管理，2017（8）：50-58.

[35] 周文涛，胡俊鸽 . 日韩烧结技术最新进展及工业化应用前景分析 [J] . 烧结球团，2013，3（38）.

[36] 段理杰，党照亮，魏未 . 独立焦化企业碳排放现状及减排途径分析 [J] . 资源节约与环保，2018（11）：37-39.

[37] 吕新哲，刘剡，王科 . 焦化行业清洁生产技术研究 [J] . 石化技术，2018，25（7）：108-109.

[38] 王勇 . 钢铁企业焦化节能减排技术研究 [J] . 中国石油和化工标准与质量，2018，38（11）：175-176.

[39] 薛迎迎，尹庆会 . 焦化废水减排及清洁生产措施探讨 [J] . 资源节约与环保，2018（3）：110，114.

[40] 连千里 . 焦化行业化产回收及清洁生产分析 [J] . 化工设计通信，2017，43（9）：200.

[41] 姬江峰，葛晓华，苏旭东 . 焦化行业碳减排效益探索分析 [J] . 能源与节能，2017（1）：73-74，85.

[42] 葛晓华，苏旭东，吉红洁，姬江峰 . 山西省焦化行业温室气体减排途径研究 [J] . 山西化工，2016，36（5）：43-45.

[43] 陈慧芬 . 炼焦及煤气净化工序清洁生产水平评价指标体系的分析与应用 [D] . 安徽工业大学，2016.

[44] 张红兵，岳献云 . 山西焦化行业氮氧化物排放现状及减排措施 [J] . 山西化工，2016，36

（2）：80-82，85.

［45］林宪喜，李训智 . 谈焦化废水减排优化途径［A］.2015 焦化行业节能减排及干熄焦技术交流会论文集［C］2015：3.

［46］王瑞鑫 . 焦化行业清洁生产技术研究［D］. 山东大学，2015.

［47］马芳芳，卢振兰 . 钢铁企业焦化工序节能减排途径探讨［J］. 绿色科技，2015（1）：227-229.

［48］刘妍，刘薇，李爽，等 . 焦化行业清洁生产指标体系的建立及应用研究［J］. 环境科学与管理，2014，39（7）：161-165.

［49］刘莉，范瑜，刘静，等 . 焦化行业环境影响评价中清洁生产定性及定量综合评价实例［J］. 黑龙江科学，2014，5（7）：107-109.

［50］甄玉科 . 济钢焦化节能减排技术［J］. 山东冶金，2013，35（6）：43-45.

［51］王军，郝福才 . 中国焦化行业存在的问题和对策探析［J］. 经济研究导刊，2013（30）：42-43.

［52］杨雪梅 . 焦化企业的清洁生产［J］. 河北化工，2011，34（12）：62-63.

［53］邱全山，张晓宁 . 焦化节能减排新技术在马钢的应用［A］.2011 年全国冶金节能减排与低碳技术发展研讨会文集［C］. 中国金属学会，河北省冶金学会，2011：7.

［54］刘建迅，朱颜苹 . 焦化企业清洁生产技术措施研究［J］. 中国新技术新产品，2011（2）：159.

［55］田颖，延克军，陈燕 . 包钢焦化厂循环水节水减排措施研究［J］. 包钢科技，2010，36（1）：71-74.

［56］郑文华，史正岩 . 焦化企业的主要节能减排措施［J］. 山东冶金，2008，30（6）：17-21.

［57］于勇，王新东 . 钢铁工业绿色工艺技术［M］. 北京：冶金工业出版社，2017.

［58］中国炼焦行业协会，山西焦化行业协会，等 . 中国焦化行业发展研究报告（2017—2018）.

［59］朱廷玉，王新东，郭旸旸，等 . 钢铁行业大气污染控制技术与策略［M］. 北京：科学出版社，2018.

［60］汪建新，陈晓娟，等 . 煤化工技术及装备［M］. 北京：化学工业出版社，2015.

［61］何秋生 . 煤焦化过程污染排放及控制［M］. 北京：化学工业出版社，2010.

［62］何志军，张军红，等 . 钢铁冶金过程环保新技术［M］. 北京：冶金工业出版社，2017.

［63］工信部 . 国家工业节能技术应用指南与案例 2017.

［64］工信部 . 国家重点节能低碳技术推广目录（2017 年本，节能部分）.

［65］工信部，国家工业节能技术应用指南与案例（2018）.

［66］张晓，张灵通，王举强 .BPRT 鼓风机组在高炉炼铁的应用［J］. 山东冶金，2015，37（4）：76-77.

［67］中冶京诚高炉炉顶均压煤气回收技术填补国内空白［N］. 世界金属导报，2017-11-07（B07）.

［68］钢铁行业能量系统优化案例研究，工业生产力研究所（IIP）.

[69] 钢铁白皮书，国际钢铁协会，2012.
[70] 钢铁行业大气污染防治最佳可行技术及减排潜力分析报告，环境保护部环境工程评估中心，2017.
[71] 钢铁行业炼钢工艺污染防治最佳可行技术指南 HJ-BAT-005.
[72] 钢铁行业清洁生产技术推行方案，关于印发聚氯乙烯等 17 个重点行业清洁生产技术推行方案的通知，工信部节 [2010] 104 号 .
[73] 钢铁行业污染防治最佳可行技术导则——炼钢工艺，HJ/JSDZ00x-2009.
[74] 贾建廷，马良 . 钢铁联合企业大气污染控制技术探讨 [J]. 山西化工，2017，5：140-143.
[75] 王社斌 . 钢铁生产节能减排技术 [M]. 北京：化学工业出版社，2009.
[76]《中国钢铁工业年鉴》编辑委员会 . 中国 2017 钢铁工业年鉴 [M]. 北京：《中国钢铁工业年鉴编辑部》，2017.
[77] 王维兴 . 提高高炉炉料中球团矿配比、促进节能减排 [J]. 冶金管理，2018（9）：53-58.
[78] 程志龙，杨剑 . 燃气喷吹技术调控铁矿烧结熔化特性的实验研究 [J]. 工程热物理学报，2017，5（38）.